O. Montenbruck
T. Pfleger
Astronomie
mit dem Personal Computer

O. Montenbruck   T. Pfleger

Astronomie mit dem Personal Computer

Mit 37 Abbildungen

Springer-Verlag Berlin Heidelberg New York
London Paris Tokyo Hong Kong

Dipl.-Phys. Oliver Montenbruck
DLR, Hauptabteilung Raumflugmissionen (GSOC)
D-8031 Oberpfaffenhofen, Fed. Rep. of Germany

Dipl.-Ing. Thomas Pfleger
Schleidener Straße 31, D-5210 Troisdorf, Fed. Rep. of Germany

ISBN 3-540-51386-8 Springer-Verlag Berlin Heidelberg New York
ISBN 0-387-51386-8 Springer-Verlag New York Berlin Heidelberg

CIP-Titelaufnahme der Deutschen Bibliothek

Montenbruck, Oliver:
Astronomie mit dem Personal-Computer / O. Montenbruck ;
T. Pfleger. – Berlin ; Heidelberg ; New York ; London ; Paris ;
Tokyo ; Hong Kong : Springer, 1989
    ISBN 3-540-51386-8 (Berlin ...) Gb.
    ISBN 0-387-51386-8 (New York ...) Gb.
NE: Pfleger, Thomas:

Druck: Zechnersche Buchdruckerei, 6720 Speyer
Bindearbeiten: J. Schäffer GmbH & Co. KG., 6718 Grünstadt
2156/3150-543210 – Gedruckt auf säurefreiem Papier

Vorwort

Wer sich heute privat oder beruflich mit der Berechnung astronomischer Ereignisse befaßt, wird dafür zwangsläufig auf einen Computer zurückgreifen. Dies gilt insbesondere, seit sich der „Personal Computer" als allgegenwärtiger Gehilfe einen festen Platz in unserem Leben erobert hat. Rechenleistungen, die vor kurzem noch nicht denkbar gewesen wären, stehen nun einem breiten Kreis von Anwendern direkt am Schreibtisch zur Verfügung.

Im gleichen Maß wie die technischen Möglichkeiten des Computers ist aber auch der Bedarf an leistungsfähigen, das heißt schnellen und genauen Programmen gewachsen. So erscheint der Wunsch, auf herkömmliche astronomische Jahrbücher so weit wie möglich zu verzichten, heute als völlig selbstverständlich.

Wir haben deshalb gerne die Anregung des Verlags aufgegriffen, in dem nun vorliegenden Buch die Umsetzung grundlegender Aufgabenstellungen der sphärischen Astronomie, der Ephemeridenrechnung und der Himmelsmechanik in Computerprogramme darzustellen.

Dem Leser, der selbst Programme entwickelt, bietet *Astronomie mit dem Personal Computer* eine umfangreiche Bibliothek von Pascal–Unterprogrammen mit fertigen Lösungen zu einer Vielzahl immer wiederkehrender Teilprobleme. Hierzu zählen Routinen für alle gängigen Koordinatentransformationen und zur Zeit– und Kalenderrechnung ebenso wie zur Behandlung des Zweikörperproblems. Gesonderte Unterprogramme ermöglichen die genaue Berechnung der Positionen von Sonne, Mond und Planeten unter Berücksichtigung der gegenseitigen Störungen. Dank der weiten Verbreitung der Sprache Pascal und des Verzichts auf rechnerabhängige Befehle können die Programme auf allen gängigen Computern vom PC bis hin zum Großrechner eingesetzt werden. Die Vielzahl der vorgestellten Routinen trägt hoffentlich ein wenig dazu bei, daß nicht jeder Anwender „das Rad neu erfinden" muß und sich stattdessen auf seine eigentliche Aufgabe konzentrieren kann.

Jedes Kapitel des Buches behandelt ein möglichst abgegrenztes Thema und schließt mit einem vollständigen Hauptprogramm. Ausgehend von einfachen Fragestellungen wie der Bestimmung von Auf– und Untergangszeiten oder der Berechnung von Mond– und Planetenephemeriden werden weiterführende Themen bis hin zur Berechnung von Sonnenfinsternissen und Sternbedeckungen behandelt. Die Programme zur astrometrischen Auswertung von Sternfeldaufnahmen und zur Bahnbestimmung ermöglichen es, selbst Bahnelemente von Kometen oder Planetoiden zu bestimmen. Auch Lesern ohne Programmiererfahrung stehen damit sofort fertige Anwendungen zur Verfügung.

Die astronomischen und numerischen Grundlagen, die zur Lösung eines speziellen Problems benötigt werden, sind jeweils so ausführlich dargestellt, wie es für ein Verständnis der vorgestellten Programme nötig ist. Mit diesem Wissen ist es dann auch möglich, alle Programme individuellen Wünschen anzupassen. Die enge Verbindung von Theorie und Praxis bietet darüberhinaus die Möglichkeit, die teilweise komplizierten Zusammenhänge leichter nachzuvollziehen, als es die Darstellung in klassischen Lehrbüchern erlaubt. Zusammenfassend hoffen wir, dem Leser mit diesem Buch eine fundierte Grundlage für den Einsatz des Computers in der Astronomie in die Hand zu geben.

An dieser Stelle möchten wir uns bei Dr. H. U. Daniel und R. Michels vom Verlag für die angenehme Zusammenarbeit und das Interesse an der Herausgabe dieses Buches bedanken. Unser Dank gilt ferner allen unseren Freunden und Kollegen, die mit ihren Ideen und Anregungen sowie durch ihre Unterstützung bei der Korrektur des Manuskripts und beim Testen der Programme einen wesentlichen Anteil am Gelingen des Werks hatten.

August 1989   O. Montenbruck und T. Pfleger

Inhaltsverzeichnis

1. Einführung

Die letzten Jahre brachten eine kontinuierliche Steigerung der Leistungsfähigkeit kleiner Computer bei gleichzeitigem Sinken ihrer Preise. Demzufolge stehen heute vielen an der Astronomie Interessierten solche Geräte zur Verfügung. Der Wunsch, den Computer auch für astronomische Berechnungen heranzuziehen, ist naheliegend. Welche konkreten Vorteile können sich durch den Einsatz des eigenen Rechners ergeben, zumal man die wichtigsten Daten, die zur Beobachtung benötigt werden, doch ebensogut in einem der zahlreichen Jahrbücher nachschlagen kann?

1.1 Anwendungsbeispiele

Betrachten wir zunächst einmal die Berechnung der Auf- und Untergangszeiten von Sonne und Mond. Von einem Beobachtungsort zum anderen ergeben sich schnell Zeitdifferenzen, die man nicht mehr vernachlässigen will. In einem Jahrbuch werden die Auf- und Untergangszeiten aber in der Regel nur für einige wenige Orte angegeben. Man ist deshalb häufig auf eine Interpolation oder die Anwendung von Nomogrammen angewiesen, wenn man die Zeiten für einen beliebigen Ort bestimmen möchte. Hier ist es wesentlich komfortabler und genauer, wenn der Rechner ohne zusätzliche Überlegungen direkt die gesuchten Daten liefern kann.

Den umfangreichsten Teil eines Jahrbuchs bilden die seitenlangen Tafeln der Sonnen-, Mond- und Planetenpositionen. Von den dort abgedruckten Daten ist oft nur ein kleiner Teil von Interesse. Mit Hilfe von entsprechenden Programmen lassen sich die tatsächlich benötigten Werte schnell berechnen und gleichzeitig in jedem gewünschten Koordinatensystem darstellen.

Noch wichtiger ist die Möglichkeit, die Bahn eines Himmelskörpers per Programm selbst zu berechnen, im Fall von Kometen. Bei Neuentdeckungen sind aktuelle Ephemeriden oft gar nicht oder nur mit Verzögerungen erhältlich. Ein einziger Satz von Bahnelementen genügt dagegen schon, um die Bewegung des Kometen ausreichend genau verfolgen zu können.

Wer Sternbedeckungen durch den Mond beobachten will, benötigt dazu Kontaktzeiten für seinen Beobachtungsort. Soweit Jahrbücher solche Vorhersagen überhaupt enthalten, beschränken sich diese in der Regel auf einige ausgewählte Großstädte. Wer in einem anderen Ort beobachtet, ist somit wieder auf Abschätzungen angewiesen. Das in diesem Buch vorgestellte Programm OCCULT erlaubt die Suche und Berechnung von Sternbedeckungen für eine beliebige Auswahl von Sternen.

Viele Amateurastronomen widmen sich der Astrofotografie. Mit Hilfe von Vergleichssternen bekannter Koordinaten läßt sich die Position eines Planetoiden oder Kometen aus selbstgemachten Aufnahmen bestimmen. Verfügt man über mindestens drei Aufnahmen, die in einigem Abstand voneinander aufgenommen wurden, dann lassen sich im Rahmen einer Bahnbestimmung die Bahnelemente berechnen. Wir stellen mit den Programmen FOTO, ORBDET und COMET das notwendige Handwerkszeug für die recht aufwendigen Rechnungen bereit.

1.2 Astronomie und Numerik

Eine Einführung in die Berechnung astronomischer Phänomene mit Computerprogrammen wäre unvollständig ohne eine Diskussion der dabei erreichbaren Genauigkeit. Wesentlich ist dabei zunächst die Feststellung, daß die Qualität solcher Programme vor allem von der mathematischen und physikalischen Beschreibung des jeweiligen Problems sowie der Güte der verwendeten Algorithmen abhängt. Dagegen erweist sich vielfach die Annahme als Irrtum, daß allein die Verwendung einer Rechnerarithmetik mit doppelter Stellenzahl die Korrektheit eines bestimmten Programms garantieren würde. Auch ein exakt gerechnetes Programm muß ungenaue Resultate liefern, wenn der verwendete Rechenweg keine bessere Genauigkeit erlaubt.

Ein Beispiel hierfür ist die Berechnung von Ephemeriden nach den Gesetzen des Zweikörperproblems. Dabei wird die Bahn eines Planeten in einfacher Weise durch eine Ellipse dargestellt. Neben der Anziehungskraft der Sonne, die für diese Bahnform verantwortlich ist, wirken jedoch weitere Kräfte von seiten der übrigen Planeten. Sie führen zu periodischen und langfristigen Störungen, die bei den inneren Planeten etwa eine Bogenminute, bei den äußeren Planeten sogar bis zu ein Grad betragen können. Die Theorie der Keplerbahnen stellt also lediglich eine Näherung der tatsächlichen Verhältnisse dar. Fordert man eine höhere Genauigkeit, dann ist es unumgänglich, kompliziertere Beschreibungen der Planetenbahnen heranzuziehen, die auch die gegenseitigen Störungen der Planeten modellieren. Mit der Verwendung einer hochgenauen Rechenarithmetik wäre noch kein entscheidender Schritt getan!

Wir haben bei der Entwicklung unserer Programme eine Genauigkeit angestrebt, die etwa im Bereich gängiger astronomischer Jahrbücher liegt. Die Fehler der grundlegenden Routinen zur Bestimmung der Sonnen-, Mond- und Planetenkoordinaten betragen rund $1''$-$3''$. Diese Genauigkeit reicht beispielsweise zur Berechnung von Sonnenfinsternissen oder Sternbedeckungen aus und sollte deshalb auch für die meisten anderen Anwendungen genügen.

Wer konsequent genau rechnen will, muß sich jedoch zunächst über die exakten Definitionen der verwendeten Koordinatensysteme im klaren sein. Leider zeigt die Praxis, daß hier gerne Angaben in unterschiedlichen Systemen miteinander verglichen werden. Schnell hört man dann, daß ein Programm ungenau rechne, weil in einem Jahrbuch andere Zahlenwerte abgedruckt sind. Oft läßt sich die Diskrepanz aber allein durch die unterschiedliche Bedeutung der Koordinatenangaben erklären, die der Benutzer nicht erkannt hat und deshalb einen

„Fehler" vermutet. Wir haben deshalb an allen relevanten Stellen auf wichtige Korrekturen wie Präzession und Nutation oder Aberration und Lichtlaufzeit hingewiesen. Auch auf den Unterschied zwischen Weltzeit und Ephemeridenzeit, der immer wieder Schwierigkeiten bereitet, wird mehrfach eingegangen. Der Leser sollte sich durch die häufigen Hinweise auf die genannten Effekte aber nicht verunsichern lassen. Wir hoffen vielmehr, daß diese Form der Darstellung und die direkte Umsetzung in Programme ein besseres Gefühl für die Größenordnung und die praktische Bedeutung der einzelnen Korrekturen ermöglichen. Die gelegentlichen Wiederholungen schienen uns nötig, um jedes Kapitel — und damit die Darstellung eines eng umrissenen Themas — auch aus dem Zusammenhang heraus lesen zu können. Da aber die Programme häufig aufeinander aufbauen, sollte man bei Gelegenheit auch die anderen Kapitel der Reihe nach lesen.

Die Leistungsfähigkeit eines Programms hängt über die mathematische Beschreibung hinaus auch von der Verwendung geeigneter Rechenverfahren ab. Sie werden jeweils im Zusammenhang mit den verschiedenen Anwendungen besprochen. Ein Beispiel hierfür ist die Auswertung von Winkelfunktionen bei der Berechnung der periodischen Bahnstörungen des Mondes und der Planeten. Durch Ausnutzung der Additionstheoreme und Rekursionsbeziehungen für die trigonometrischen Funktionen lassen sich die Rechenzeiten der Programme PLANPOS und LUNA deutlich verkürzen. Benötigt man für bestimmte Aufgaben besonders viele Positionen eines Himmelskörpers in kurzen Abständen, dann lohnt es sich, diese zunächst durch Tschebyscheff-Polynome zu approximieren. Man erhält so ohne Genauigkeitsverlust für einen begrenzten Zeitraum gültige Ausdrücke für die Koordinaten, die besonders schnell und einfach ausgewertet werden können. Hiervon wird in den Programmen ECLIPSE und OCCULT Gebrauch gemacht. Weitere Aspekte der numerischen Mathematik werden bei der Auflösung von Gleichungen mittels Newton-Verfahren, Regula Falsi oder quadratischer Interpolation angesprochen. Im Rahmen der astrometrischen Auswertung von Fotoplatten wird darüberhinaus ein einfacher, aber sicherer Algorithmus zur Ausgleichsrechnung vorgestellt.

1.3 Programmiersprache und -technik

Bei der Erstellung unserer Programme waren wir bemüht, einige Grundregeln zu beachten, die wir auch unseren Lesern nahelegen wollen. Sie lassen sich im weitesten Sinne mit dem Schlagwort „strukturiertes Programmieren" umschreiben. Was wir darunter im einzelnen verstehen, soll hier etwas näher ausgeführt werden.

Zunächst einmal sollten Programme lesbar und übersichtlich sein. Kommentare an wichtigen Stellen im Programmtext erleichtern nicht nur dem Anwender das Verständnis. Auch der Autor eines Programmes vergißt oft nach einiger Zeit wesentliche Zusammenhänge und kann dann aus seiner eigenen Dokumentation schöpfen, wenn er zu einem späteren Zeitpunkt am Programm weiterarbeiten möchte. Aus dem gleichen Grunde sind aussagekräftige Variablennamen zu empfehlen. Häufig ist dabei eine englische Bezeichnung wesentlich prägnanter als ein vergleichbarer deutscher Begriff. Wir haben uns deshalb meist an englischen Namen orientiert. Durch Einrücken von Blöcken oder die Verwendung von Leerzeilen läßt sich die logische Struktur besser erfassen. Im Quelltext braucht man nicht sparsam mit dem Platz umgehen, da der Compiler Leerzeichen ignoriert.

Wie die Bezeichnung „strukturiertes Programmieren" bereits andeutet, sollte man versuchen, seinem Programm einen möglichst klaren logischen Aufbau zu geben. Moderne Programmiersprachen unterstützen dieses Ziel zum Beispiel durch Kontrollstrukturen (Schleifen, bedingte Anweisungen) und strukturierte Datentypen (records) oder durch die Formulierung einzelner Programmblöcke als Funktionen und Unterprogramme. Inwieweit unbedingte Sprunganweisungen (goto-Befehle) notwendig oder zweckdienlich sind, mag jeder Leser für sich selbst entscheiden. Wir hatten keine Schwierigkeiten, darauf vollkommen zu verzichten.

Will man ein Programm in diesem Sinne entwickeln, so bietet es sich an, einer bestimmten Vorgehensweise zu folgen, die auch als Top-down-Strategie bezeichnet wird. Dies bedeutet, daß man ein Problem zunächst genau analysiert und nach und nach in kleinere Unteraufgaben zerlegt, bis diese so überschaubar geworden sind, daß sie leicht in Programmtext übertragen werden können. Ein derartiges Vorgehen erscheint unmittelbar einsichtig und sinnvoll. Leider zeigt es sich aber oft, daß Programmierer gleich den Rechner einschalten und damit beginnen, das Programm zu formulieren. Typischerweise entstehen bei dieser Arbeitsweise unübersichtliche Programme, die schwer zu verstehen sind. Häufig erzwingen nachträgliche Änderungswünsche einen hohen Arbeitseinsatz und „Tricksereien", die manchmal nur der Programmautor versteht. Diese Art der Programmierung eignet sich bestenfalls für kleine, unkomplizierte Programme, die nur wenig genutzt oder nicht weitergegeben werden. Man sollte deshalb bemüht sein, das Entstehen solcher Programme zu vermeiden.

Falls es möglich ist, sollte ein Unterprogramm, das eine bestimmte Aufgabe erledigt, so universell formuliert werden, daß es später auch in anderen Programmen wieder verwendet werden kann. Gerade bei der Erstellung astronomischer Programme begegnet man immer wieder bestimmten grundlegenden Teilproblemen, die sich dafür besonders gut eignen. Beispiele hierfür sind die Auswertung mathematischer Funktionen, die Umrechnung von Koordinatenangaben in verschiedenen Systeme oder die Bestimmung genauer Positionen der Planeten, der Sonne oder des Mondes. Es wäre sehr mühsam, sich jedesmal von neuem mit diesen Aufgaben befassen zu müssen. Hat man die immer wieder benötigten Funktionen in Form einer Bibliothek leistungsfähiger und zuverlässiger Unterprogramme zur Verfügung, dann kann man sich auf die eigentliche Funktionalität des neu zu erstellenden Programms konzentrieren und kommt damit schneller und leichter ans Ziel.

Die Funktionen und Unterprogramme, die wir in diesem Buch vorstellen, bilden den Grundstock einer solchen astronomischen Programmbibliothek. Hierzu gehören im wesentlichen

- technisch-wissenschaftliche Funktionen und Hilfsprogramme zu Problemen der numerischen Mathematik,

- Routinen zur Zeit- und Kalenderrechnung,

- diverse Unterprogramme zur sphärischen Astronomie,

- spezielle Routinen zur Berücksichtigung von Präzession und Nutation,

- Unterprogramme zur Berechnung elliptischer, parabolischer und hyperbolischer Keplerbahnen sowie

- Routinen zur Berechnung genauer Mond- und Planetenpositionen unter Berücksichtigung der verschiedenen Bahnstörungen.

Eine vollständige Liste der einzelnen Unterprogramme ist im Anhang wiedergegeben.

Bei der Entwicklung unserer Programme haben wir uns für die Programmiersprache PASCAL entschieden. Ein wichtiger Grund war dabei, daß PASCAL weit verbreitet ist und auf allen wichtigen Systemen vom Heimcomputer bis zum Großrechner eingesetzt wird. Mit TURBO PASCAL von Borland steht ein schneller und preiswerter Compiler für alle IBM Personal Computer und kompatible Geräte zur Verfügung. TURBO PASCAL ist darüberhinaus für den MACINTOSH von Apple und für das Betriebssystem CP/M erhältlich, das auf älteren 8bit-Rechnern läuft. Für die Computer der ATARI ST-Serie, die sich besonders in Deutschland einer zunehmenden Beliebtheit erfreuen, gibt es ST PASCAL PLUS von CCD. Auch auf größeren Anlagen ist praktisch immer ein PASCAL-Compiler vorhanden.

Im Gegensatz zu BASIC, das stark rechnerabhängige Dialekte bildet, lassen sich PASCAL-Programme fast vollständig portabel schreiben. Versucht man, bei der Programmierung nur mit Standardsprachelementen auszukommen, dann können die Programme auf nahezu jeden Rechner übertragen werden. Die dazu notwendigen Änderungen sind unerheblich und lassen sich problemlos durchführen. Entsprechende „Hinweise zur Rechneranpassung" finden sich im Anhang. Eine weitgehende Portabilität bringt natürlich auch Einschränkungen mit sich. So verwendet keines der vorgestellten Programme graphische Darstellungen oder spezielle Möglichkeiten des Betriebssystems. Der Leser, der beispielsweise eine Einbindung in die Benutzeroberfläche des Rechners (etwa GEM oder WINDOWS) oder graphische Ausgaben wünscht, kann die Programme allerdings jederzeit nach seinen eigenen Vorstellungen modifizieren.

PASCAL wurde als Lehr- und Lernsprache entwickelt und verlangt dem Anwender daher ein gewisses Maß an Disziplin bei der Programmierung ab. Wenn deshalb — nicht nur von Anfängern — immer wieder über die „Umständlichkeit" der Sprache geklagt wird, so steht dahinter doch letztlich eine Reihe von Vorteilen. Insbesondere lassen sich viele unnötige Programmierfehler allein durch den Zwang zur Vereinbarung aller Variablen vermeiden. In Sprachen wie FORTRAN oder BASIC kann man zwar munter drauflostippen, schafft aber mit jedem Tippfehler eine nicht gewollte Bedeutung im Programmtext. Die Korrektur dieser Fehler kann zu einer harten Geduldsprobe werden. Eine deklarative Sprache wie PASCAL deckt Inkonsistenzen bereits bei der Übersetzung auf und warnt den Benutzer mit einer entsprechenden Fehlermeldung. Von besonderer Bedeutung ist dabei die Überprüfung der verschiedenen Parameter einer Funktion oder eines

Unterprogramms. Nur wenn beim Aufruf alle Variablentypen mit der jeweiligen Vereinbarung übereinstimmen, kann das Programm fehlerfrei übersetzt werden. Ein Vergessen einzelner Parameter ist somit unmöglich. Diese Kontrolle durch den Compiler erleichtert die korrekte Anwendung einer fertigen Programmbibliothek erheblich.

Leider wird dieser Vorteil in PASCAL mit dem Nachteil erkauft, ein Programm immer als Ganzes übersetzen zu müssen. Weiterentwickelte Sprachen wie MODULA oder ADA behandeln die für den Aufruf notwendige Information über die Schnittstelle deshalb getrennt vom eigentlichen Unterprogramm und erlauben so eine separate Übersetzung einzelner Module unter Beibehaltung sämtlicher Prüfungen. Dies ist besonders bei der Entwicklung großer Programmpakete von Nutzen. Wegen der Ähnlichkeit zu PASCAL sollten Anwender von MODULA, das mittlerweile ebenfalls auf Personal Computern verbreitet ist, keine Schwierigkeiten bei der Adaptierung unserer Programme haben. Die neueren Versionen von TURBO PASCAL bieten im übrigen vergleichbare Möglichkeiten (sogenannte „units"), die jedoch über den eigentlichen PASCAL Sprachumfang hinaus gehen.

2. Koordinatensysteme

In der Astronomie werden nebeneinander eine ganze Reihe verschiedener Koordinatensysteme verwendet, um die Positionen von Sternen und Planeten festzulegen. Man unterscheidet hierzu zwischen heliozentrischen Koordinaten, die sich auf die Sonne als Ursprung beziehen, und geozentrischen Koordinaten, die vom Erdmittelpunkt aus gezählt werden. Ekliptikale Koordinaten geben den Ort eines Punktes bezüglich der Erdbahnebene an, während äquatoriale Koordinaten relativ zur Lage des Erd- bzw. Himmelsäquators gemessen werden. Die langsame Verschiebung dieser Bezugsebenen durch die Präzession macht zusätzlich eine Unterscheidung nach dem Äquinoktium des verwendeten Koordinatensystems nötig. Obwohl es eigentlich genügen würde, sich ein für alle Mal auf eine feste Zählweise der Koordinaten zu einigen, hat jedes System Eigenschaften, die es für bestimmte Zwecke besonders geeignet machen.

Mit der Vielfalt möglicher Koordinatensysteme stellt sich allerdings auch die oft lästige Aufgabe, Koordinaten von einem System in ein anderes zu übertragen. Das Programm KOKO („Koordinaten-Konversion") soll dabei behilflich sein. Es erlaubt die genaue Umrechnung zwischen ekliptikalen und äquatorialen und zwischen geozentrischen und heliozentrischen Koordinaten verschiedener Äquinoktien. Die einzelnen Transformationen, die im folgenden beschrieben werden, sind jeweils als eigene Unterprogramme formuliert. Sie können deshalb auch an anderen Stellen verwendet werden und bilden eine wichtige Grundlage für die späteren Programme.

2.1 Aller Anfang ist schwer

Wer in der Programmiersprache PASCAL mathematische Formeln programmieren will, der stellt schnell fest, daß ihm einige Mittel dazu fehlen, weil der Sprachumfang in dieser Hinsicht — verglichen mit FORTRAN oder BASIC — doch recht dürftig ist. Diesem Problem kann aber recht schnell abgeholfen werden, indem man sich einige kleine Unterprogramme und Funktionen selbst zurechtlegt.

Hierzu gehören die trigonometrischen Funktionen und ihre Umkehrfunktionen, die zum Teil gar nicht, zum Teil nur im Bogenmaß vorhanden sind.

```
(*------------------------------------------------------------------------*)
(* SN: Sinus-Funktion (Gradmass)                                          *)
(*------------------------------------------------------------------------*)
FUNCTION SN(X:REAL):REAL;
  CONST RAD=0.0174532925199433;
  BEGIN
    SN:=SIN(X*RAD)
  END;
```

```
(*--------------------------------------------------------------------*)
(* CS: Cosinus-Funktion (Gradmass)                                    *)
(*--------------------------------------------------------------------*)
FUNCTION CS(X:REAL):REAL;
  CONST RAD=0.0174532925199433;
  BEGIN
    CS:=COS(X*RAD)
  END;
(*--------------------------------------------------------------------*)
(* TN: Tangens-Funktion (Gradmass)                                    *)
(*--------------------------------------------------------------------*)
FUNCTION TN(X:REAL):REAL;
  CONST RAD=0.0174532925199433;
  VAR XX: REAL;
  BEGIN
    XX:=X*RAD; TN:=SIN(XX)/COS(XX);
  END;
(*--------------------------------------------------------------------*)
(* ASN: Arcus-Sinus-Funktion (Gradmass)                               *)
(*--------------------------------------------------------------------*)
FUNCTION ASN(X:REAL):REAL;
  CONST RAD=0.0174532925199433; EPS=1E-7;
  BEGIN
    IF ABS(X)=1.0
      THEN ASN:=90.0*X
      ELSE IF (ABS(X)>EPS) THEN ASN:=ARCTAN(X/SQRT((1.0-X)*(1.0+X)))/RAD
                           ELSE ASN:=X/RAD;
  END;
(*--------------------------------------------------------------------*)
(* ACS: Arcus-Cosinus-Funktion (Gradmass)                             *)
(*--------------------------------------------------------------------*)
FUNCTION ACS(X:REAL):REAL;
  CONST RAD=0.0174532925199433; EPS=1E-7; C=90.0;
  BEGIN
    IF ABS(X)=1.0
      THEN ACS:=C-X*C
      ELSE IF (ABS(X)>EPS) THEN ACS:=C-ARCTAN(X/SQRT((1.0-X)*(1.0+X)))/RAD
                           ELSE ACS:=C-X/RAD;
  END;
(*--------------------------------------------------------------------*)
(* ATN: Arcus-Tangens-Funktion (Gradmass)                             *)
(*--------------------------------------------------------------------*)
FUNCTION ATN(X:REAL):REAL;
  CONST RAD=0.0174532925199433;
  BEGIN
    ATN:=ARCTAN(X)/RAD
  END;
(*--------------------------------------------------------------------*)
```

Die Funktion CUBR berechnet die dritte Wurzel ihres Arguments. Sie wird in späteren Kapiteln gebraucht und ist der Vollständigkeit halber schon an dieser Stelle angegeben:

```
(*-----------------------------------------------------------------*)
(* CUBR: dritte Wurzel                                             *)
(*-----------------------------------------------------------------*)
FUNCTION CUBR(X:REAL):REAL;
  BEGIN
    IF (X=0.0)  THEN CUBR:=0.0  ELSE CUBR:=EXP(LN(X)/3.0)
  END;
(*-----------------------------------------------------------------*)
```

Eine Variante der ATN-Funktion, die man auch aus FORTRAN als ATN2 kennt, dient dazu, den Arcustangens des Bruchs y/x zu berechnen, aber gleichzeitig den Fall $x = 0$ abzusichern, für den dieser Bruch undefiniert wird.

```
(*-----------------------------------------------------------------*)
(* ATN2: Arcus-Tangens von y/x fuer zwei Argumente      01.05.88 *)
(*       (quadrantenrichtig mit -180 Grad <= ATN2 <= +180 Grad)  *)
(*-----------------------------------------------------------------*)
FUNCTION ATN2(Y,X:REAL):REAL;
  CONST RAD=0.0174532925199433;
  VAR   AX,AY,PHI: REAL;
  BEGIN
    IF (X=0.0) AND (Y=0.0)
      THEN ATN2:=0.0
      ELSE
        BEGIN
          AX:=ABS(X); AY:=ABS(Y);
          IF (AX>AY)
            THEN PHI:=ARCTAN(AY/AX)/RAD
            ELSE PHI:=90.0-ARCTAN(AX/AY)/RAD;
          IF (X<0.0) THEN PHI:=180.0-PHI;
          IF (Y<0.0) THEN PHI:=-PHI;
          ATN2:=PHI;
        END;
  END;
(*-----------------------------------------------------------------*)
```

Diese Funktion wird speziell dazu gebraucht, die kartesischen Koordinaten (x, y) eines Punktes in der Ebene in Polarkoordinaten r und φ umzurechnen. Während ATN(y/x) als Resultat einen Winkel zwischen $-90°$ und $+90°$ liefert (I. und IV. Quadrant), berücksichtigt ATN2(y,x), daß der zu x und y gehörige Winkel φ für negative x zwischen $+90°$ und $+270°$ liegt. Allerdings werden Winkel von $180°$ bis $360°$ (wie in FORTRAN) durch die negativen Werte von $-180°$ bis $0°$ ausgedrückt.

Etwas komplizierter sieht die Umwandlung von dreidimensionalen rechtwinkeligen Koordinaten (x, y, z) in Polarkoordinaten (r, ϑ, φ) aus. Zwischen ihnen besteht der Zusammenhang (Abb. 2.1)

$$
\begin{aligned}
x &= r\cos\vartheta\cos\varphi & r &= \sqrt{x^2 + y^2 + z^2} \\
y &= r\cos\vartheta\sin\varphi & \tan\varphi &= y/x \\
z &= r\sin\vartheta & \tan\vartheta &= z/\sqrt{x^2 + y^2} \ .
\end{aligned}
\tag{2.1}
$$

Für diese häufig benötigten Transformationen stehen die Unterprogramme CART und POLAR zur Verfügung. Die Prozedur POLAR arbeitet auch in den Ausnah-

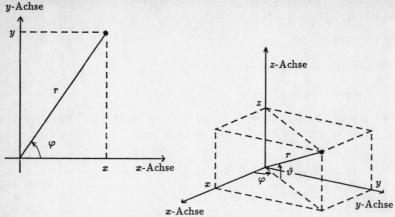

Abb. 2.1. Ebene und räumliche Polarkoordinaten

mefällen, in denen x und y gleichzeitig Null sind. Dabei wird φ (willkürlich) gleich Null gesetzt. ϑ ist je nach Vorzeichen von z gleich $-90°$, $0°$ oder $+90°$.

```
(*------------------------------------------------------------------*)
(* CART: Umwandlung von Polarkoordinaten (r,theta,phi)              *)
(*       in kartesische Koordinaten (x,y,z)                         *)
(*       ( theta = [-90 Grad,+90 Grad]; phi = [-360 Grad,+360 Grad] ) *)
(*------------------------------------------------------------------*)
PROCEDURE CART(R,THETA,PHI: REAL; VAR X,Y,Z: REAL);
  VAR RCST : REAL;
  BEGIN
    RCST := R*CS(THETA);
    X    := RCST*CS(PHI); Y := RCST*SN(PHI); Z := R*SN(THETA)
  END;
(*------------------------------------------------------------------*)
(* POLAR: Umwandlung von kartesischen Koordinaten (x,y,z) in        *)
(*        Polarkoordinaten (r,theta,phi)                            *)
(*        ( theta = -90 Grad .. +90 Grad, phi = -180 Grad .. +180 Grad ) *)
(*------------------------------------------------------------------*)
PROCEDURE POLAR(X,Y,Z:REAL;VAR R,THETA,PHI:REAL);
  VAR RHO: REAL;
  BEGIN
    RHO:=X*X+Y*Y;  R:=SQRT(RHO+Z*Z);
    PHI:=ATN2(Y,X); IF PHI<0 THEN PHI:=PHI+360.0;
    RHO:=SQRT(RHO); THETA:=ATN2(Z,RHO);
  END;
(*------------------------------------------------------------------*)
```

Bei der Angabe von Winkeln im Gradmaß werden Bruchteile eines Grades normalerweise in Bogenminuten und Bogensekunden angegeben. Dies entspricht der bei Zeiten üblichen Darstellung in Minuten und Sekunden. Eine Umwandlung der beiden Darstellungen ist normalerweise höchstens einmal bei der Ein- oder Ausgabe einer Größe notwendig. Solange alle Werte positiv sind, bereitet dies prinzipiell keine Schwierigkeiten. Man muß allerdings einige Vorkehrungen treffen, um auch bei negativen Winkeln das Vorzeichen immer korrekt zu berücksichtigen. Die Wirkung der Prozeduren GGG und GMS wird am einfachsten an einigen Beispielen deutlich:

```
GG          G  M   S

15.50000    15 30 00.0
-8.15278    -8 09 10.0
 0.01667     0  1  0.0
-0.08334     0 -5  0.0
```

Bei der Umwandlung einer negativen Zahl GG in Grad, Minuten und Sekunden wird jeweils nur die führende der drei Zahlen G, M und S negativ. Zu beachten ist noch, daß in beiden Prozeduren G und M, die naturgemäß nur ganzzahlige Werte annehmen können, als INTEGER-Größen definiert sind, während S als REAL-Zahl vereinbart ist.

```
(*-------------------------------------------------------------------------*)
(* GGG: Umwandlung von Grad, Minuten und Sekunden in Bruchteile eines Grades *)
(*-------------------------------------------------------------------------*)
PROCEDURE GGG(G,M:INTEGER;S:REAL;VAR GG:REAL);
 VAR SIGN: REAL;
  BEGIN
    IF ( (G<0) OR (M<0) OR (S<0) ) THEN SIGN:=-1.0 ELSE SIGN:=1.0;
    GG:=SIGN*(ABS(G)+ABS(M)/60.0+ABS(S)/3600.0);
  END;
(*-------------------------------------------------------------------------*)
(* GMS: Umwandlung von Bruchteilen eines Grades in Grad, Minuten, Sekunden  *)
(*-------------------------------------------------------------------------*)
PROCEDURE GMS(GG:REAL;VAR G,M:INTEGER;VAR S:REAL);
  VAR G1:REAL;
  BEGIN
    G1:=ABS(GG);   G:=TRUNC(G1);
    G1:=(G1-G)*60.0;   M:=TRUNC(G1);   S:=(G1-M)*60.0;
    IF (GG<0) THEN
      IF (G<>0) THEN G:=-G ELSE IF (M<>0) THEN M:=-M ELSE S:=-S;
  END;
(*-------------------------------------------------------------------------*)
```

2.2 Kalender und julianisches Datum

In der Ephemeridenrechnung benötigt man häufig die Zeitdifferenz zwischen zwei gegebenen Daten. Dafür erweist sich eine kontinuierliche Tageszählung als sehr praktisch, wie sie in der Astronomie schon seit langem verwendet wird. Das julianische Datum gibt die Anzahl der Tage an, die seit dem 1. Januar des Jahres 4713 v.Chr. vergangen sind. Es ist nach Julius Scaliger benannt, dem Vater von Joseph Justus Scaliger, der es erstmals für chronologische Zwecke verwendete. Da die Zählung in biblischen Zeiträumen beginnt, nimmt das julianische Datum heute bereits recht hohe Werte an. Am Mittag des 23.7.1980 betrug es zum Beispiel 2444444.0 Tage. Bedenkt man, daß eine Sekunde nur etwa 0.00001 Tage lang ist, dann braucht man zur Angabe eines genauen Zeitpunkts schon ein zwölf-stelliges julianisches Datum. Da sich die beiden ersten Ziffern aber über fast drei

Jahrhunderte hinweg nicht verändern, verwendet man neben dem eigentlichen julianischen Datum auch das sogenannte *modifizierte julianische Datum*:

$$MJD = JD - 2400000.5 \quad .$$

Es gibt die Zahl der seit dem 17.11.1858 0 Uhr vergangenen Tage an. Damit wechselt es wie das gewöhnliche Datum um Mitternacht und nicht am Mittag eines Tages wie das julianische Datum.

```
(*----------------------------------------------------------------------*)
(* MJD: Modifiziertes Julianisches Datum                                *)
(*      gueltig fuer jedes Datum seit 4713 v.Chr.                       *)
(*      julianischer Kalender bis zum 4. Oktober 1582                   *)
(*      gregorianischer Kalender ab dem 15. Oktober 1582                *)
(*----------------------------------------------------------------------*)
FUNCTION MJD(DAY,MONTH,YEAR:INTEGER;HOUR:REAL):REAL;
  VAR A: REAL; B: INTEGER;
  BEGIN
    A:=10000.0*YEAR+100.0*MONTH+DAY;
    IF (MONTH<=2) THEN BEGIN MONTH:=MONTH+12; YEAR:=YEAR-1 END;
    IF (A<=15821004.1)
      THEN B:=-2+TRUNC((YEAR+4716)/4)-1179
      ELSE B:=TRUNC(YEAR/400)-TRUNC(YEAR/100)+TRUNC(YEAR/4);
    A:=365.0*YEAR-679004.0;
    MJD:=A+B+TRUNC(30.6001*(MONTH+1))+DAY+HOUR/24.0;
  END;
(*----------------------------------------------------------------------*)
```

Hierzu ein Beispiel:

```
    VAR STUNDE,MODJD,JD: REAL;
    BEGIN
      GGG(3,30,10.0,STUNDE);            (* Datum 14.Jan.1961, 3:30:10 Uhr  *)
      MODJD := MJD(14,1,1961,STUNDE);   (* Modifiziertes Julianisches Datum *)
      JD := MODJD + 2400000.5;          (* Julianisches Datum               *)
      WRITELN(' 14.Jan.1961, 3h30m10s:');
      WRITELN(' MJD = ', MODJD:20:5);
      WRITELN('  JD = ',    JD:20:5);
    END.
```

MJD berücksichtigt, daß aufgrund der gregorianischen Kalenderreform auf den 4. Oktober 1582 (JD 2299159.5) der 15. Oktober (JD 2299160.5) folgte. Bis zu diesem Zeitpunkt galt der julianische Kalender, bei dem in jedem vierten Jahr ein 29. Februar eingeschoben wurde. Ab dem Reformdatum entfällt dieser Schalttag in jedem vollen Jahrhundert, dessen Jahreszahl nicht durch 400 teilbar ist. Die mittlere Jahreslänge des gregorianischen Kalenders beträgt demnach

$$365 + 1/4 - 1/100 + 1/400 = 365.2425 \text{ Tage}$$

und ist damit etwas kürzer als ein julianisches Jahr mit 365.25 Tagen.

Ein Unterprogramm, das aus dem modifizierten julianischen Datum das übliche Kalenderdatum berechnet, ist CALDAT. Es wird wegen seines engen Zusammenhangs mit dem Stoff dieses Abschnitts schon hier vorgestellt.

```
(*------------------------------------------------------------------*)
(* CALDAT: Bestimmung des Kalenderdatums                            *)
(*         aus dem Modifizierten Julianischen Datum (MJD)           *)
(*------------------------------------------------------------------*)
PROCEDURE CALDAT(MJD:REAL; VAR DAY,MONTH,YEAR:INTEGER;VAR HOUR:REAL);
  VAR B,D,F    : INTEGER;
      JD,JDO,C,E: REAL;
  BEGIN
    JD  := MJD + 2400000.5;
    JDO := TRUNC(JD+0.5);              (* Standard Pascal  *)
    (* JDO := INT(JD+0.5);        *)   (* TURBO Pascal     *)
    (* JDO := LONG_TRUNC(JD+0.5); *)   (* ST Pascal plus   *)
    IF (JDO<2299161.0)                           (* Kalender:     *)
      THEN BEGIN B:=0; C:=JDO+1524.0 END        (* -> julianisch    *)
      ELSE BEGIN                                (* -> gregorianisch *)
            B:=TRUNC((JDO-1867216.25)/36524.25);
            C:=JDO+(B-TRUNC(B/4))+1525.0
          END;
    D    := TRUNC((C-122.1)/365.25);      E     := 365.0*D+TRUNC(D/4);
    F    := TRUNC((C-E)/30.6001);
    DAY  := TRUNC(C-E+0.5)-TRUNC(30.6001*F); MONTH := F-1-12*TRUNC(F/14);
    YEAR := D-4715-TRUNC((7+MONTH)/10);   HOUR  := 24.0*(JD+0.5-JDO);
  END;
(*------------------------------------------------------------------*)
```

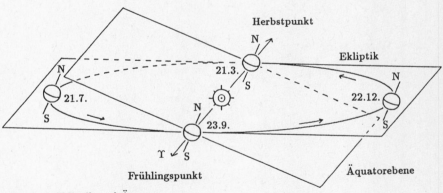

Abb. 2.2. Ekliptik und Äquator

2.3 Ekliptik und Äquator

Ekliptikale und äquatoriale Koordinaten unterscheiden sich hinsichtlich der Ebene, bezüglich derer sie gemessen werden. Im einen Fall handelt es sich bei der
x-y-Ebene um die Erdbahnebene (*Ekliptik*), im anderen Fall um die Ebene senkrecht zur Erdachse, also parallel zur Äquatorebene der Erde (Abb. 2.2). Die
gemeinsame x-x'-Richtung wird als Richtung zum Frühlingspunkt oder kurz nur
als *Frühlingspunkt* (Υ) bezeichnet. Sie steht senkrecht auf den Richtungen zum

Nordpol der Ekliptik (z-Achse) und zum Himmelsnordpol (z'-Achse). Der Winkel ε zwischen Ekliptik und Äquator beträgt rund $23°5$.

Wie lautet nun der Zusammenhang zwischen den ekliptikalen Koordinaten (x, y, z) und den äquatorialen Koordinaten (x', y', z') eines Punktes? Wegen $x = x'$ genügt es, die Transformation $(y, z) \leftrightarrow (y', z')$ zu untersuchen. Zunächst hat ein Punkt auf der y-Achse ($z = 0$) die äquatorialen Koordinaten $y' = +y \cos \varepsilon$ und $z' = +y \sin \varepsilon$. Liegt der Punkt auf der z-Achse ($y = 0$), dann lauten seine äquatorialen Koordinaten $y' = -z \sin(\varepsilon)$ und $z' = +z \cos \varepsilon$. Zusammengefaßt hat ein beliebiger Punkt (x, y, z) im Äquatorsystem die Komponenten

$$
\begin{aligned}
x' &= +x \\
y' &= +y \cos \varepsilon - z \sin \varepsilon \\
z' &= +y \sin \varepsilon + z \cos \varepsilon \quad .
\end{aligned}
\tag{2.2}
$$

Ganz entsprechend erhält man die Umkehrung

$$
\begin{aligned}
x &= +x' \\
y &= +y' \cos \varepsilon + z' \sin \varepsilon \\
z &= -y' \sin \varepsilon + z' \cos \varepsilon \quad .
\end{aligned}
\tag{2.3}
$$

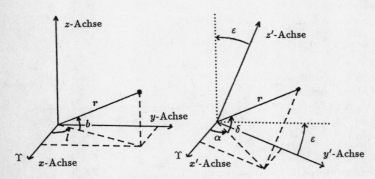

Abb. 2.3. Ekliptikale und äquatoriale Koordinaten

Die zu (x, y, z) gehörigen Polarkoordinaten bezeichnet man als ekliptikale Länge l, ekliptikale Breite b und Entfernung r (vgl. Abb. 2.3). Im äquatorialen System entsprechen diesen Koordinaten die Rektaszension α, die Deklination δ und wieder die Entfernung r, die in beiden Systemen den gleichen Wert hat.

$$
\begin{aligned}
x &= r \cos b \cos l & x' &= r \cos \delta \cos \alpha \\
y &= r \cos b \sin l & y' &= r \cos \delta \sin \alpha \\
z &= r \sin b & z' &= r \sin \delta \quad .
\end{aligned}
\tag{2.4}
$$

Aus diesen beiden Formeln ergibt sich, daß man das Unterprogramm POLAR dazu verwenden kann, Länge, Breite und Entfernung bzw. Rektaszension und Deklination aus den kartesischen Koordinaten zu bestimmen. Hierzu wieder ein kleines Programmbeispiel:

```
VAR X,Y,Z,R,B,L,EPS,CEPS,SEPS,
    XSTRICH,YSTRICH,ZSTRICH,ALPHA,DELTA: REAL;
BEGIN
  READ(X,Y,Z);
  POLAR(X,Y,Z,R,B,L);
  WRITELN(' Laenge: ',L,' Breite: ',B,' Radius: ',R);
  EPS:=23.5; CEPS:=CS(EPS); SEPS:=SN(EPS);
  XSTRICH := X;
  YSTRICH := CEPS*Y-SEPS*Z;
  ZSTRICH := SEPS*Y+CEPS*Z;
  POLAR(XSTRICH,YSTRICH,ZSTRICH,R,DELTA,ALPHA);
  WRITELN(' Rektaszension: ',ALPHA/15.0,' Breite: ',DELTA,' Radius: ',R);
END.
```

Der Wert der Rektaszension wird dabei — wie allgemein üblich — in Stunden ($1^h \cong 15°$) statt im Grad angegeben.

Bisher wurde noch nicht über den genauen Wert der Ekliptikschiefe ε gesprochen. ε ist nicht konstant, sondern verringert sich um rund 47″ pro Jahrhundert. Dies liegt im wesentlichen daran, daß die Erdbahn sich durch die Anziehungskräfte der übrigen Planeten langsam verlagert. Will man bei der Koordinatentransformation keine Fehler machen, dann spielt es also durchaus eine Rolle, ob man sich auf die Ekliptik des Jahres 1950 oder des Jahres 2000 bezieht. Man bezeichnet diese Jahresangabe als Äquinoktium der Koordinaten. Der genaue Wert der Ekliptikschiefe als Funktion der Zeit beträgt

$$\varepsilon = 23°\!43929111 - 46″\!8150\,T - 0″\!00059\,T^2 + 0″\!001813\,T^3 \quad , \qquad (2.5)$$

wobei T die Zahl der julianischen Jahrhunderte zwischen dem Äquinoktium und dem 1.1.2000 (12 Uhr) bezeichnet. Im Gegensatz zum Jahrhundert des gregorianischen Kalenders mit im Mittel 36524.25 Tagen ist ein julianisches Jahrhundert immer genau 36525 Tage lang. Wichtige julianische Epochen sind J1900 (0.5 Jan. 1900, JD 2415020.0) und J2000 (1.5 Jan. 2000, JD 2451545.0). Zwischen beiden liegt gerade ein volles julianisches Jahrhundert. T berechnet sich für ein Äquinoktium mit dem julianischen Datum JD damit nach der Formel

$$T = \frac{JD - 2451545}{36525} \quad .$$

Näherungsweise erhält man T für das Jahr y zu $T = (y - 2000)/100$.

```
(*---------------------------------------------------------------------*)
(* ECLEQU: Umwandlung ekliptikaler Koordinaten in aequatoriale         *)
(*         (T: Aequinoktium in julian.Jahrhunderten seit J2000)        *)
(*---------------------------------------------------------------------*)
PROCEDURE ECLEQU(T:REAL;VAR X,Y,Z:REAL);
  VAR EPS,C,S,V: REAL;
  BEGIN
    EPS:=23.43929111-(46.8150+(0.00059-0.001813*T)*T)*T/3600.0;
    C:=CS(EPS); S:=SN(EPS);
    V:=+C*Y-S*Z; Z:=+S*Y+C*Z; Y:=V;
  END;
```

```
(*-------------------------------------------------------------------*)
(* EQUECL: Umwandlung aequatorialer Koordinaten in ekliptikale        *)
(*         (T: Aequinoktium in julian.Jahrhunderten seit J2000)       *)
(*-------------------------------------------------------------------*)
PROCEDURE EQUECL(T:REAL;VAR X,Y,Z:REAL);
  VAR EPS,C,S,V: REAL;
  BEGIN
    EPS:=23.43929111-(46.8150+(0.00059-0.001813*T)*T)*T/3600.0;
    C:=CS(EPS);  S:=SN(EPS);
    V:=+C*Y+S*Z;  Z:=-S*Y+C*Z;  Y:=V;
  END;
(*-------------------------------------------------------------------*)
```

Die Unterprogramme ECLEQU und EQUECL sind so angelegt, daß die eingegebenen Koordinaten (x, y, z) durch die transformierten Koordinaten im anderen System überschrieben werden. Ruft man beide Routinen hintereinander (mit gleichem T) auf, dann erhält man wieder die ursprünglichen Werte.

Das obige Beispiel kann man mit Hilfe von ECLEQU folgendermaßen schreiben (Äquinoktium sei jetzt J1950 = JD 2433282.50):

```
CONST JD2000 = 2451545.0;
      JD1950 = 2433282.5;
VAR X,Y,Z,R,B,L,
    T,DELTA,ALPHA: REAL;
BEGIN
  READ(X,Y,Z);
  POLAR(X,Y,Z,R,B,L);
  WRITELN(' Laenge: ',L,' Breite: ',B,' Radius: ',R);
  T := (JD1950-JD2000) / 36525;
  ECLEQU(T,X,Y,Z);
  POLAR(X,Y,Z,R,DELTA,ALPHA);
  WRITELN(' Rektaszension: ',ALPHA/15.0,
          ' Breite: ',DELTA,' Radius: ', R);
END.
```

2.4 Präzession

Die Verschiebung der Erdachse und der Ekliptik durch die Kräfte von Sonne, Mond und Planeten führt nicht nur zu der leichten Änderung des Winkels ε zwischen Äquator und Ekliptik, sondern vor allem zu einer Verschiebung des Frühlingspunktes um etwa 1°5 pro Jahrhundert (1' pro Jahr). Das Äquinoktium der verwendeten Koordinatensysteme muß deshalb für eine genaue Rechnung mit angegeben werden. In Gebrauch sind vor allem

das Äquinoktium des Datums,

das Äquinoktium J2000 und

das Äquinoktium B1950.

Äquinoktium des Datums bedeutet, daß man sich auf Äquator, Ekliptik und Frühlingspunkt des gerade aktuellen Datums bezieht. Ein solcher täglicher Wechsel des Koordinatensystems ist zum Beispiel dann sinnvoll, wenn man die Koordinaten eines Planeten für die Arbeit an den Teilkreisen eines parallaktisch

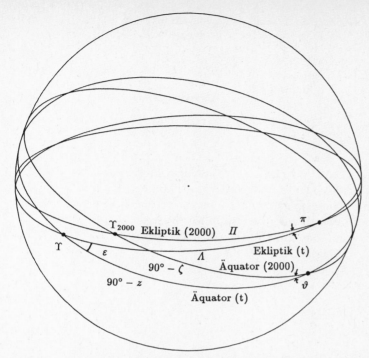

Abb. 2.4. Der Einfluß der Präzession auf Ekliptik, Äquator und Frühlingspunkt

montierten Fernrohrs oder an einem Meridiankreis benötigt. Durch die Verlagerung der Erdachse wird ja auch die Orientierung der Stundenachse des Fernrohrs verändert. Will man dagegen die tatsächliche räumliche Bewegung des Planeten studieren, dann arbeitet man besser mit einem festen Äquinoktium, etwa dem der julianischen Epoche J2000 (1.5 Januar 2000 = JD 2451545.0), das seit 1984 allgemein eingeführt ist. Das ältere Äquinoktium B1950 war davor lange in Gebrauch und wurde für viele Sternkataloge und Atlanten verwendet (z.B. SAO Star Catalogue und Atlas Coeli). Der Vorsatz B deutet an, daß es sich nicht um die Mitte zwischen den Epochen J1900 und J2000 handelt (dies wäre nämlich J1950 = JD 2433282.5), sondern um den Beginn des Besseljahres 1950 (0.923 Jan. 1950 = JD 2433282.423).

Die Transformation der Koordinaten von einem Äquinoktium zum anderen erfordert ähnliche Schritte wie die von ekliptikalen Koordinaten in äquatoriale. Während dort die beiden Koordinatensysteme durch eine einzige Drehung um die x-Achse auseinander hervorgingen, hat man es allerdings nun mit insgesamt drei Drehungen um die z-Achse, dann die x-Achse und schließlich noch einmal die z-Achse zu tun.

Betrachtet man zunächst die Ekliptik zur Zeit T_0 und zur Zeit $T_0 + T$, dann schließen diese beiden Ebenen miteinander den Winkel

$$\pi \;=\; (47\overset{''}{.}0029 - 0\overset{''}{.}06603 \cdot T_0 + 0\overset{''}{.}000598 \cdot T_0^2) \cdot T \tag{2.6}$$
$$+(-0\overset{''}{.}03302 + 0\overset{''}{.}000598 \cdot T_0) \cdot T^2 + 0\overset{''}{.}000060 \cdot T^3$$

ein. Legt man zwei Koordinatensysteme (x', y', z') und (x'', y'', z'') so, daß die x'-y'-Ebene mit der Ekliptik zur Zeit T_0 und die x''-y''-Ebene mit der Ekliptik zur Zeit $T_0 + T$ zusammenfällt, dann gilt:

$$x'' \;=\; x'$$
$$y'' \;=\; +\cos\pi \cdot y' + \sin\pi \cdot z'$$
$$z'' \;=\; -\sin\pi \cdot y' + \cos\pi \cdot z' \quad .$$

Hierbei wurde vorausgesetzt, daß die x'- und die x''-Achse in Richtung der gemeinsamen Schnittlinie beider Ebenen orientiert sind. Es seien nun (x_0, y_0, z_0) die ekliptikalen Koordinaten zum Äquinoktium T_0 und (x, y, z) die Koordinaten zum Äquinoktium $T_0 + T$. Dann gilt

$$x' \;=\; +\cos\varPi \cdot x_0 + \sin\varPi \cdot y_0$$
$$y' \;=\; -\sin\varPi \cdot x_0 + \cos\varPi \cdot y_0$$
$$z' \;=\; z_0$$

und

$$x \;=\; +\cos\varLambda \cdot x'' - \sin\varLambda \cdot y''$$
$$y \;=\; +\sin\varLambda \cdot x'' + \cos\varLambda \cdot y''$$
$$z \;=\; z'' \quad ,$$

mit

$$\varPi \;=\; (174\overset{\circ}{.}876383889 + 3289\overset{''}{.}4789T_0 + 0\overset{''}{.}60622T_0^2)$$
$$+(-869\overset{''}{.}8089 - 0\overset{''}{.}50491T_0)T + 0\overset{''}{.}03536T^2$$
$$p \;=\; (5029\overset{''}{.}0966 + 2\overset{''}{.}22226T_0 - 0\overset{''}{.}000042T_0^2)T \tag{2.7}$$
$$+(1\overset{''}{.}11113 - 0\overset{''}{.}000042T_0)T^2 - 0\overset{''}{.}000006T^3$$
$$\varLambda \;=\; \varPi + p \quad .$$

$\varPi$ und $\varLambda$ sind die Winkel zwischen der x'/x''-Achse und dem Frühlingspunkt Υ_0 zum Äquinoktium T_0 (x_0-Achse) bzw. dem Frühlingspunkt Υ zur Zeit T (x-Achse). p wird als Präzession in Länge bezeichnet, weil es im wesentlichen die Verschiebung des Frühlingspunktes in ekliptikaler Länge darstellt.

Setzt man diese drei Beziehungen ineinander ein, dann erhält man zusammengefaßt die Gleichungen

$$x \;=\; a_{11} \cdot x_0 + a_{12} \cdot y_0 + a_{13} \cdot z_0$$
$$y \;=\; a_{21} \cdot x_0 + a_{22} \cdot y_0 + a_{23} \cdot z_0 \tag{2.8}$$
$$z \;=\; a_{31} \cdot x_0 + a_{32} \cdot y_0 + a_{33} \cdot z_0$$

mit

$$a_{11} = +\cos\Lambda\cos\Pi + \sin\Lambda\cos\pi\sin\Pi$$
$$a_{21} = +\sin\Lambda\cos\Pi - \cos\Lambda\cos\pi\sin\Pi$$
$$a_{31} = +\sin\pi\sin\Pi$$

$$a_{12} = +\cos\Lambda\sin\Pi - \sin\Lambda\cos\pi\cos\Pi$$
$$a_{22} = +\sin\Lambda\sin\Pi + \cos\Lambda\cos\pi\cos\Pi$$
$$a_{32} = -\sin\pi\cos\Pi$$

$$a_{13} = -\sin\Lambda\sin\pi$$
$$a_{23} = +\cos\Lambda\sin\pi$$
$$a_{33} = +\cos\pi \quad .$$

(2.9)

In äquatorialen Koordinaten entsprechen den drei Winkeln π, Π und Λ die Winkel $90° - \zeta$, ϑ und $90° + z$:

$$\zeta = (2306\overset{''}{.}2181 + 1\overset{''}{.}39656T_0 - 0\overset{''}{.}000139T_0^2)T$$
$$+(0\overset{''}{.}30188 - 0\overset{''}{.}000345T_0)T^2 + 0\overset{''}{.}017998T^3$$
$$\vartheta = (2004\overset{''}{.}3109 - 0\overset{''}{.}85330T_0 - 0\overset{''}{.}000217T_0^2)T$$
$$+(-0\overset{''}{.}42665 - 0\overset{''}{.}000217T_0)T^2 - 0\overset{''}{.}041833T^3$$
$$z = \zeta + (0\overset{''}{.}79280 + 0\overset{''}{.}000411T_0)T^2 + 0\overset{''}{.}000205T^3 \quad .$$

(2.10)

Dies führt auf entsprechende Formeln mit

$$a_{11} = -\sin z\sin\zeta + \cos z\cos\vartheta\cos\zeta$$
$$a_{21} = +\cos z\sin\zeta + \sin z\cos\vartheta\cos\zeta$$
$$a_{31} = +\sin\vartheta\cos\zeta$$

$$a_{12} = -\sin z\cos\zeta - \cos z\cos\vartheta\sin\zeta$$
$$a_{22} = +\cos z\cos\zeta - \sin z\cos\vartheta\sin\zeta$$
$$a_{32} = -\sin\vartheta\sin\zeta$$

$$a_{13} = -\cos z\sin\vartheta$$
$$a_{23} = -\sin z\sin\vartheta$$
$$a_{33} = +\cos\vartheta \quad .$$

(2.11)

Den aufwendigsten Teil bei der Berechnung der Präzession bildet die Bestimmung der verschiedenen Winkelgrößen und der a_{ij}. Diese Werte hängen aber nur von den beiden Äquinoktien T_0 und T_0+T ab und können daher wiederverwendet werden, wenn man eine ganze Reihe verschiedener Positionen von einem festen Äquinoktium zum anderen transformieren möchte. Dementsprechend sind diese Teile als eigene Unterprogramme formuliert.

```
(*-------------------------------------------------------------------*)
(* PMATECL: Berechnung der Praezessionsmatrix A[i,j] fuer            *)
(*          ekliptikale Koordinaten vom Aequinoktium T1 nach T2      *)
(*          ( T=(JD-2451545.0)/36525 )                               *)
(*-------------------------------------------------------------------*)
PROCEDURE PMATECL(T1,T2:REAL;VAR A: REAL33);
  CONST SEC=3600.0;
  VAR DT,PPI,PI,PA: REAL;
      C1,S1,C2,S2,C3,S3: REAL;
  BEGIN
    DT:=T2-T1;
    PPI := 174.876383889 +( ((3289.4789+0.60622*T1)*T1) +
              ((-869.8089-0.50491*T1) + 0.03536*DT)*DT )/SEC;
    PI   := ( (47.0029-(0.06603-0.000598*T1)*T1)+
              ((-0.03302+0.000598*T1)+0.000060*DT)*DT )*DT/SEC;
    PA   := ( (5029.0966+(2.22226-0.000042*T1)*T1)+
              ((1.11113-0.000042*T1)-0.000006*DT)*DT )*DT/SEC;
    C1:=CS(PPI+PA);  C2:=CS(PI);  C3:=CS(PPI);
    S1:=SN(PPI+PA);  S2:=SN(PI);  S3:=SN(PPI);
    A[1,1]:=+C1*C3+S1*C2*S3; A[1,2]:=+C1*S3-S1*C2*C3; A[1,3]:=-S1*S2;
    A[2,1]:=+S1*C3-C1*C2*S3; A[2,2]:=+S1*S3+C1*C2*C3; A[2,3]:=+C1*S2;
    A[3,1]:=+S2*S3;          A[3,2]:=-S2*C3;          A[3,3]:=+C2;
  END;
(*-------------------------------------------------------------------*)
(* PMATEQU: Berechnung der Praezessionsmatrix A[i,j] fuer            *)
(*          aequatoriale Koordinaten vom Aequinoktium T1 nach T2     *)
(*          ( T=(JD-2451545.0)/36525 )                               *)
(*-------------------------------------------------------------------*)
PROCEDURE PMATEQU(T1,T2:REAL;VAR A:REAL33);
  CONST SEC=3600.0;
  VAR DT,ZETA,Z,THETA: REAL;
      C1,S1,C2,S2,C3,S3: REAL;
  BEGIN
   DT:=T2-T1;
    ZETA  := ( (2306.2181+(1.39656-0.000139*T1)*T1)+
              ((0.30188-0.000345*T1)+0.017998*DT)*DT )*DT/SEC;
    Z     := ZETA + ( (0.79280+0.000411*T1)+0.000205*DT)*DT*DT/SEC;
    THETA := ( (2004.3109-(0.85330+0.000217*T1)*T1)-
              ((0.42665+0.000217*T1)+0.041833*DT)*DT )*DT/SEC;
    C1:=CS(Z);  C2:=CS(THETA);  C3:=CS(ZETA);
    S1:=SN(Z);  S2:=SN(THETA);  S3:=SN(ZETA);
    A[1,1]:=-S1*S3+C1*C2*C3; A[1,2]:=-S1*C3-C1*C2*S3; A[1,3]:=-C1*S2;
    A[2,1]:=+C1*S3+S1*C2*C3; A[2,2]:=+C1*C3-S1*C2*S3; A[2,3]:=-S1*S2;
    A[3,1]:=+S2*C3;          A[3,2]:=-S2*S3;          A[3,3]:=+C2;
  END;
(*-------------------------------------------------------------------*)
(* PRECART: Praezessions-Transformation  bei bekannter Matrix A[i,j] *)
(*          fuer ekliptikale und aequatoriale Koordinaten            *)
(*          ( zu verwenden in Verbindung mit PMATECL und PMATEQU )   *)
(*-------------------------------------------------------------------*)
PROCEDURE PRECART(A:REAL33; VAR X,Y,Z:REAL);
  VAR U,V,W: REAL;
  BEGIN
    U := A[1,1]*X+A[1,2]*Y+A[1,3]*Z;
    V := A[2,1]*X+A[2,2]*Y+A[2,3]*Z;
```

```
    W := A[3,1]*X+A[3,2]*Y+A[3,3]*Z;
    X:=U; Y:=V; Z:=W;
  END;
(*-------------------------------------------------------------------------*)
```

Die Matrix *A* ist als Datentyp REAL33 definiert. Eine entsprechende globale Typdeklaration

```
    TYPE REAL33 = ARRAY[1..3,1..3] OF REAL;
```

ist im Vereinbarungsteil des Hauptprogramms einzufügen.

Um ein Gefühl für den Einfluß der Präzession zu gewinnen und die Verwendung der verschiedenen Routinen einzuüben, folgt hier ein etwas längeres Beispiel. Aus einem Satz ekliptikaler Koordinaten zum Äquinoktium B1950 sollen die zugehörigen äquatorialen Koordinaten zum Äquinoktium J2000 berechnet werden. Dies kann auf zwei Wegen geschehen, je nachdem, ob man die Präzession oder den Wechsel Ekliptik-Äquator zuerst behandelt.

```
    CONST B1950 = -0.500002108; (* B1950=(2433282.423-2451545)/36525 *)
          J2000 =  0.0;
    VAR   A                 : REAL33;
          R,B,L,X0,Y0,Z0,
          X,Y,Z,DEC,RA      : REAL;
          I                 : INTEGER;
    BEGIN

      (* ekliptikale Koordinaten B1950 (Winkel in Grad): *)
      L := 200.0; B:=10.0; R:=1.0;
      CART (R,B,L,X0,Y0,Z0);

      (* Weg 1: *)
      PMATECL(B1950,J2000,A); (* Matrix B1950->J2000 ekliptikal: *)
      FOR I:=1 TO 3 DO WRITELN(A[I,1]:15:10,A[I,2]:15:10,A[I,3]:15:10);
      X:=X0; Y:=Y0; Z:=Z0;    (* ekl.  B1950 *)
      PRECART(A,X,Y,Z);       (* ekl.  J2000 *)
      POLAR(X,Y,Z,R,B,L);
      WRITELN(L:15:10,B:15:10,R:15:10);
      ECLEQU(J2000,X,Y,Z);    (* aequ. J2000 *)
      POLAR(X,Y,Z,R,DEC,RA);
      WRITELN(RA/15:15:10,DEC:15:10,R:15:10);

      (* Weg 2: *)
      PMATEQU(B1950,J2000,A); (* Matrix B1950->J2000 aequatorial: *)
      FOR I:=1 TO 3 DO WRITELN(A[I,1]:15:10,A[I,2]:15:10,A[I,3]:15:10);
      X:=X0; Y:=Y0; Z:=Z0;    (* ekl.  B1950 *)
      ECLEQU(B1950,X,Y,Z);    (* aequ. B1950 *)
      POLAR(X,Y,Z,R,DEC,RA);
      WRITELN(RA/15:15:10,DEC:15:10,R:15:10);
      PRECART(A,X,Y,Z);       (* aequ. J2000 *)
      POLAR(X,Y,Z,R,DEC,RA);
      WRITELN(RA/15:15:10,DEC:15:10,R:15:10);

    END.
```

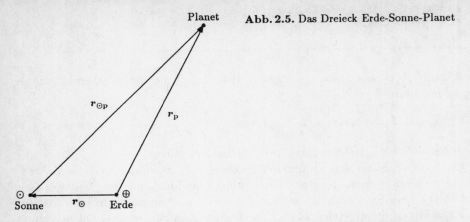

Abb. 2.5. Das Dreieck Erde-Sonne-Planet

2.5 Geozentrische Koordinaten und die Sonnenbahn

Zur Vervollständigung des Programms fehlt nun noch die Möglichkeit, heliozentrische (auf den Mittelpunkt der Sonne bezogene) und geozentrische (auf den Mittelpunkt der Erde bezogene) Koordinaten ineinander umzuwandeln. Dieser Wechsel des Koordinatenursprungs wird durch die Gleichungen

$$r_\mathrm{p} = \dot{r}_{\odot\mathrm{p}} + r_\odot \quad \text{und} \quad r_{\odot\mathrm{p}} = r_\mathrm{p} - r_\odot \tag{2.12}$$

beschrieben, die sich aus dem in Abb. 2.5 dargestellten Dreieck ergeben. $r_{\odot\mathrm{p}}$ und r_p sind darin der heliozentrische und der geozentrische Ortsvektor eines Punktes P, während $r_\odot$ den geozentrischen Ort der Sonne bezeichnet. Komponentenweise geschrieben lauten die Transformationsformeln

$$\begin{aligned}
x_\mathrm{p} &= x_{\odot\mathrm{p}} + x_\odot & \qquad x_{\odot P} &= x_P - x_\odot \\
y_\mathrm{p} &= y_{\odot\mathrm{p}} + y_\odot & \quad \text{und} \quad y_{\odot P} &= y_P - y_\odot \\
z_\mathrm{p} &= z_{\odot\mathrm{p}} + z_\odot & \qquad z_{\odot P} &= z_P - z_\odot \;,
\end{aligned}$$

wobei es keine Rolle spielt, ob man zur Darstellung der verschiedenen Vektoren ekliptikale oder äquatoriale Koordinaten verwendet.

Da sich jeder Fehler in der Position der Sonne unweigerlich auf die Genauigkeit der Umrechnung auswirkt, lohnt es sich, einige Mühe auf die Berechnung der Sonnenkoordinaten zu verwenden. Die Prozedur SUN200, die hier eingesetzt wird, erreicht eine Genauigkeit von rund $1''$, was für die meisten Zwecke ausreichen sollte. Sie liefert zu einem Zeitpunkt

$$T = (\text{JD} - 2451545)/36525$$

die ekliptikale Länge (L) und Breite (B) der Sonne sowie deren Entfernung (R) von der Erde. Aus diesen Angaben lassen sich dann die rechtwinkeligen ekliptikalen Koordinaten

$$\begin{aligned}
x_\odot &= R \cos B \cos L \\
y_\odot &= R \cos B \sin L \\
z_\odot &= R \sin B
\end{aligned}$$

bestimmen. Diese beziehen sich wie L und B zunächst auf das Äquinoktium des Datums, können aber mit den bereits behandelten Formeln jederzeit auf ein anderes Äquinoktium übertragen werden.

```
(*-----------------------------------------------------------------*)
(* SUN200: Sonne; ekliptikale Koordinaten L,B,R (in Grad und AE)    *)
(*         Aequinoktium des Datums                                  *)
(*         (T: Zeit in julianischen Jahrhunderten seit J2000)       *)
(*           ( = (JED-2451545.0)/36525                       )      *)
(*-----------------------------------------------------------------*)
PROCEDURE SUN200(T:REAL;VAR L,B,R:REAL);
  CONST P2=6.283185307;
  VAR C3,S3:         ARRAY [-1..7] OF REAL;
      C,S:           ARRAY [-8..0] OF REAL;
      M2,M3,M4,M5,M6: REAL;
      D,A,UU:        REAL;
      U,V,DL,DR,DB:  REAL;
      I:             INTEGER;


  FUNCTION FRAC(X:REAL):REAL;
    (* evtl. TRUNC fuer T<-24 durch LONG_TRUNC oder INT ersetzen! *)
    BEGIN  X:=X-TRUNC(X); IF (X<0) THEN X:=X+1.0; FRAC:=X  END;

  PROCEDURE ADDTHE(C1,S1,C2,S2:REAL; VAR C,S:REAL);
    BEGIN  C:=C1*C2-S1*S2; S:=S1*C2+C1*S2; END;

  PROCEDURE TERM(I1,I,IT:INTEGER;DLC,DLS,DRC,DRS,DBC,DBS:REAL);
    BEGIN
      IF IT=0 THEN ADDTHE(C3[I1],S3[I1],C[I],S[I],U,V)
              ELSE BEGIN U:=U*T; V:=V*T END;
      DL:=DL+DLC*U+DLS*V; DR:=DR+DRC*U+DRS*V; DB:=DB+DBC*U+DBS*V;
    END;

  PROCEDURE PERTVEN;   (* Keplerterme und Stoerungen durch Venus *)
    VAR I: INTEGER;
    BEGIN
      C[0]:=1.0; S[0]:=0.0; C[-1]:=COS(M2); S[-1]:=-SIN(M2);
      FOR I:=-1 DOWNTO -5 DO ADDTHE(C[I],S[I],C[-1],S[-1],C[I-1],S[I-1]);
      TERM(1, 0,0,-0.22,6892.76,-16707.37, -0.54, 0.00, 0.00);
      TERM(1, 0,1,-0.06, -17.35,   42.04, -0.15, 0.00, 0.00);
      TERM(1, 0,2,-0.01,  -0.05,    0.13, -0.02, 0.00, 0.00);
      TERM(2, 0,0, 0.00,  71.98, -139.57,  0.00, 0.00, 0.00);
      TERM(2, 0,1, 0.00,  -0.36,    0.70,  0.00, 0.00, 0.00);
      TERM(3, 0,0, 0.00,   1.04,   -1.75,  0.00, 0.00, 0.00);
      TERM(0,-1,0, 0.03,  -0.07,   -0.16, -0.07, 0.02,-0.02);
      TERM(1,-1,0, 2.35,  -4.23,   -4.75, -2.64, 0.00, 0.00);
      TERM(1,-2,0,-0.10,   0.06,    0.12,  0.20, 0.02, 0.00);
      TERM(2,-1,0,-0.06,  -0.03,    0.20, -0.01, 0.01,-0.09);
      TERM(2,-2,0,-4.70,   2.90,    8.28, 13.42, 0.01,-0.01);
      TERM(3,-2,0, 1.80,  -1.74,   -1.44, -1.57, 0.04,-0.06);
      TERM(3,-3,0,-0.67,   0.03,    0.11,  2.43, 0.01, 0.00);
      TERM(4,-2,0, 0.03,  -0.03,    0.10,  0.09, 0.01,-0.01);
      TERM(4,-3,0, 1.51,  -0.40,   -0.88, -3.36, 0.18,-0.10);
      TERM(4,-4,0,-0.19,  -0.09,   -0.38,  0.77, 0.00, 0.00);
```

```
    TERM(5,-3,0, 0.76,  -0.68,    0.30,  0.37, 0.01, 0.00);
    TERM(5,-4,0,-0.14,  -0.04,   -0.11,  0.43,-0.03, 0.00);
    TERM(5,-5,0,-0.05,  -0.07,   -0.31,  0.21, 0.00, 0.00);
    TERM(6,-4,0, 0.15,  -0.04,   -0.06, -0.21, 0.01, 0.00);
    TERM(6,-5,0,-0.03,  -0.03,   -0.09,  0.09,-0.01, 0.00);
    TERM(6,-6,0, 0.00,  -0.04,   -0.18,  0.02, 0.00, 0.00);
    TERM(7,-5,0,-0.12,  -0.03,   -0.08,  0.31,-0.02,-0.01);
  END;

PROCEDURE PERTMAR;  (* Stoerungen durch Mars *)
  VAR I: INTEGER;
  BEGIN
    C[-1]:=COS(M4); S[-1]:=-SIN(M4);
    FOR I:=-1 DOWNTO -7 DO ADDTHE(C[I],S[I],C[-1],S[-1],C[I-1],S[I-1]);
    TERM(1,-1,0,-0.22,   0.17,   -0.21, -0.27, 0.00, 0.00);
    TERM(1,-2,0,-1.66,   0.62,    0.16,  0.28, 0.00, 0.00);
    TERM(2,-2,0, 1.96,   0.57,   -1.32,  4.55, 0.00, 0.01);
    TERM(2,-3,0, 0.40,   0.15,   -0.17,  0.46, 0.00, 0.00);
    TERM(2,-4,0, 0.53,   0.26,    0.09, -0.22, 0.00, 0.00);
    TERM(3,-3,0, 0.05,   0.12,   -0.35,  0.15, 0.00, 0.00);
    TERM(3,-4,0,-0.13,  -0.48,    1.06, -0.29, 0.01, 0.00);
    TERM(3,-5,0,-0.04,  -0.20,    0.20, -0.04, 0.00, 0.00);
    TERM(4,-4,0, 0.00,  -0.03,    0.10,  0.04, 0.00, 0.00);
    TERM(4,-5,0, 0.05,  -0.07,    0.20,  0.14, 0.00, 0.00);
    TERM(4,-6,0,-0.10,   0.11,   -0.23, -0.22, 0.00, 0.00);
    TERM(5,-7,0,-0.05,   0.00,    0.01, -0.14, 0.00, 0.00);
    TERM(5,-8,0, 0.05,   0.01,   -0.02,  0.10, 0.00, 0.00);
  END;

PROCEDURE PERTJUP;  (* Stoerungen durch Jupiter *)
  VAR I: INTEGER;
  BEGIN
    C[-1]:=COS(M5); S[-1]:=-SIN(M5);
    FOR I:=-1 DOWNTO -3 DO ADDTHE(C[I],S[I],C[-1],S[-1],C[I-1],S[I-1]);
    TERM(1,-1,0, 0.01,   0.07,    0.18, -0.02, 0.00,-0.02);
    TERM(0,-1,0,-0.31,   2.58,    0.52,  0.34, 0.02, 0.00);
    TERM(1,-1,0,-7.21,  -0.06,    0.13,-16.27, 0.00,-0.02);
    TERM(1,-2,0,-0.54,  -1.52,    3.09, -1.12, 0.01,-0.17);
    TERM(1,-3,0,-0.03,  -0.21,    0.38, -0.06, 0.00,-0.02);
    TERM(2,-1,0,-0.16,   0.05,   -0.18, -0.31, 0.01, 0.00);
    TERM(2,-2,0, 0.14,  -2.73,    9.23,  0.48, 0.00, 0.00);
    TERM(2,-3,0, 0.07,  -0.55,    1.83,  0.25, 0.01, 0.00);
    TERM(2,-4,0, 0.02,  -0.08,    0.25,  0.06, 0.00, 0.00);
    TERM(3,-2,0, 0.01,  -0.07,    0.16,  0.04, 0.00, 0.00);
    TERM(3,-3,0,-0.16,  -0.03,    0.08, -0.64, 0.00, 0.00);
    TERM(3,-4,0,-0.04,  -0.01,    0.03, -0.17, 0.00, 0.00);
  END;

PROCEDURE PERTSAT;  (* Stoerungen durch Saturn *)
  BEGIN
    C[-1]:=COS(M6); S[-1]:=-SIN(M6);
    ADDTHE(C[-1],S[-1],C[-1],S[-1],C[-2],S[-2]);
    TERM(0,-1,0, 0.00,   0.32,    0.01,  0.00, 0.00, 0.00);
    TERM(1,-1,0,-0.08,  -0.41,    0.97, -0.18, 0.00,-0.01);
    TERM(1,-2,0, 0.04,   0.10,   -0.23,  0.10, 0.00, 0.00);
```

```
        TERM(2,-2,0, 0.04,    0.10,    -0.35, 0.13, 0.00, 0.00);
    END;


  PROCEDURE PERTMOO;  (* Differenz Erde-Mond-Schwerpunkt zu Erdmittelpunkt *)
    BEGIN
      DL := DL +  6.45*SIN(D) - 0.42*SIN(D-A) + 0.18*SIN(D+A)
                              + 0.17*SIN(D-M3) - 0.06*SIN(D+M3);
      DR := DR + 30.76*COS(D) - 3.06*COS(D-A)+ 0.85*COS(D+A)
                              - 0.58*COS(D+M3) + 0.57*COS(D-M3);
      DB := DB + 0.576*SIN(UU);
    END;


BEGIN  (* SUN200 *)

  DL:=0.0; DR:=0.0; DB:=0.0;
  M2:=P2*FRAC(0.1387306+162.5485917*T); M3:=P2*FRAC(0.9931266+99.9973604*T);
  M4:=P2*FRAC(0.0543250+ 53.1666028*T); M5:=P2*FRAC(0.0551750+ 8.4293972*T);
  M6:=P2*FRAC(0.8816500+  3.3938722*T); D :=P2*FRAC(0.8274+1236.8531*T);
  A :=P2*FRAC(0.3749+1325.5524*T);      UU:=P2*FRAC(0.2591+1342.2278*T);
  C3[0]:=1.0;      S3[0]:=0.0;
  C3[1]:=COS(M3); S3[1]:=SIN(M3);  C3[-1]:=C3[1]; S3[-1]:=-S3[1];
  FOR I:=2 TO 7 DO ADDTHE(C3[I-1],S3[I-1],C3[1],S3[1],C3[I],S3[I]);
  PERTVEN; PERTMAR; PERTJUP; PERTSAT; PERTMOO;
  DL:=DL + 6.40*SIN(P2*(0.6983+0.0561*T)) + 1.87*SIN(P2*(0.5764+0.4174*T))
         + 0.27*SIN(P2*(0.4189+0.3306*T)) + 0.20*SIN(P2*(0.3581+2.4814*T));
  L:= 360.0*FRAC(0.7859453 + M3/P2 + ((6191.2+1.1*T)*T+DL)/1296.0E3 );
  R:= 1.0001398 - 0.0000007*T  + DR*1E-6;
  B:= DB/3600.0;

END;  (* SUN200 *)
(*--------------------------------------------------------------------------*)
```

Der Umfang des Unterprogramms SUN200 erklärt sich daraus, daß die Relativbewegung von Sonne und Erde bei der geforderten Genauigkeit nicht durch eine einfache Ellipsenbahn beschrieben werden kann. Neben den Störungen der übrigen Planeten — allen voran Venus und Jupiter — wird deshalb auch die monatliche Schwankung des Erdmittelpunktes um den Schwerpunkt des Erde-Mond-Systems berücksichtigt. Strenggenommen bewegt sich ja nicht die Erde selbst, sondern dieser Schwerpunkt in der Ekliptik um die Sonne. Der Umlauf des Mondes um die Erde spiegelt sich dadurch in einer kleinen periodischen Störung der geozentrischen Sonnenbahn wieder. Auf die Einzelheiten des Unterprogramms und seine Grundlagen soll hier nicht eingegangen werden. Beides wird ausführlich in Kap. 5 behandelt, wo entsprechende Routinen für alle Planeten vorgestellt werden.

2.6 Das Programm KOKO

Die bisher behandelten Unterprogramme werden nun zu einem vollständigen Programm zusammengefaßt. Im folgenden sind nur die Ein- und Ausgaberoutinen sowie das Hauptprogramm abgedruckt. Die bereits bekannten Unterprogramme sind an der angegebenen Stelle einzufügen.

```
(*-----------------------------------------------------------------------*)
(*                              KOKO                                      *)
(*                    Koordinatentransformationen                        *)
(*                      Version 28.12.88                                  *)
(*-----------------------------------------------------------------------*)


PROGRAM KOKO(INPUT,OUTPUT);

  TYPE REAL33 = ARRAY[1..3,1..3] OF REAL;

  VAR X,Y,Z,XS,YS,ZS: REAL;
      T,TEQX,TEQXN  : REAL;
      LS,BS,RS      : REAL;
      A             : REAL33;
      ECLIPT        : BOOLEAN;
      MODE          : CHAR;


  (*-----------------------------------------------------------------------*)
  (* An dieser Stelle sind folgende Unterprogramme in der angegebenen      *)
  (* Reihenfolge einzugeben:                                               *)
  (*    SN, CS, ATN, ATN2, CART, POLAR, GGG, GMS                           *)
  (*    MJD                                                                 *)
  (*    ECLEQU, EQUECL                                                      *)
  (*    PMATECL, PMATEQU, PRECART, Sun200                                   *)
  (*-----------------------------------------------------------------------*)


PROCEDURE GETEQX(VAR TEQX:REAL);
  BEGIN
    WRITE  (' Aequinoktium (JJJJ) ? ');
    READLN (TEQX); TEQX := (TEQX-2000)/100;
  END;


  (*-----------------------------------------------------------------------*)


PROCEDURE GETDAT(VAR T:REAL);
  VAR D,M,Y  : INTEGER;
      HOUR,JD: REAL;
  BEGIN
    WRITE (' Datum (Tag Monat Jahr Stunde) ?   ');
    READLN (D,M,Y,HOUR);
    JD := MJD(D,M,Y,HOUR) + 2400000.5;
    WRITELN; WRITELN (' JD',JD:13:4); WRITELN;
    T := (JD-2451545.0) / 36525.0;
  END;


  (*-----------------------------------------------------------------------*)


PROCEDURE GETINP (VAR X,Y,Z,TEQX:REAL;VAR ECLIPT:BOOLEAN);

  VAR I,G,M  : INTEGER;
      L,B,R,S: REAL;

  BEGIN (* GETINP *)

    WRITELN;
```

```
     WRITELN('              KOKO: Koordinatentransformationen      ');
     WRITELN('                      Version 28.12.88               ');
     WRITELN('          (c) 1988 Thomas Pfleger,Oliver Montenbruck ');
     WRITELN;
     WRITELN (' Koordinateneingabe: bitte auswaehlen ');
     WRITELN;
     WRITELN ('  1  ekliptikal  kartesisch    2  ekliptikal  polar');
     WRITELN ('  3  aequatorial kartesisch    4  aequatorial polar');
     WRITELN;
     WRITE    (' '); READLN (I); WRITELN;

     CASE I OF
       1: BEGIN
            WRITE (' Koordinaten (x,y,z) ?  '); READLN(X,Y,Z); ECLIPT:=TRUE;
          END;
       2: BEGIN
            WRITE (' Koordinaten (L (o '' "), B (o '' "), R) ?  ');
            READ(G,M,S); GGG(G,M,S,L); READLN(G,M,S,R); GGG(G,M,S,B);
            CART(R,B,L,X,Y,Z); ECLIPT:=TRUE;
          END;
       3: BEGIN
            WRITE (' Koordinaten (x,y,z) ?  '); READLN(X,Y,Z); ECLIPT:=FALSE;
          END;
       4: BEGIN
            WRITE (' Koordinaten (Ra (h m s), Dec (o '' "), R) ?  ');
            READ(G,M,S); GGG(G,M,S,L); READLN(G,M,S,R); GGG(G,M,S,B);
            L:=L*15.0; CART(R,B,L,X,Y,Z); ECLIPT:=FALSE;
          END;
     END; (* CASE *)

   GETEQX (TEQX); (* Aequinoktium einlesen *)

 END; (* GETINP *)

(*----------------------------------------------------------------------------*)

PROCEDURE RESULT (X,Y,Z: REAL; ECLIPT: BOOLEAN);

  VAR L,B,R,S: REAL;
      G,M    : INTEGER;

  BEGIN (* RESULT *)

    WRITELN; WRITELN (' (x,y,z) = (',x:13:8,',',y:13:8,',',z:13:8,')');
    WRITELN;

    POLAR (X,Y,Z,R,B,L);
    IF ECLIPT
      THEN
        BEGIN
          WRITELN (' ':5,'  o '' "','  ':8,'  o '' "  ');
          GMS(L,G,M,S); WRITE(' L = ',G:3,M:3,S:5:1,' ':3);
          GMS(B,G,M,S); WRITE(' B = ',G:3,M:3,S:5:1,' ':3);
        END
      ELSE
```

```
      BEGIN
        WRITELN (' ':5,'  h  m  s ',' ':10,'  o '' " ');
        GMS(L/15,G,M,S); WRITE(' RA = ',G:2,M:3,S:5:1,' ':3);
        GMS(B,G,M,S);    WRITE(' DEC = ',G:3,M:3,S:5:1,' ':3);
      END;

    WRITELN (' R = ',R:12:8); WRITELN;

  END; (* RESULT *)

(*-----------------------------------------------------------------------------*)

BEGIN (* KOKO *)

  GETINP (X,Y,Z,TEQX,ECLIPT);   RESULT (X,Y,Z,ECLIPT);

  REPEAT

    WRITE (' Kommando (?=Hilfe): '); READLN (MODE);   WRITELN;

    IF MODE IN ['?','P','p','E','e','A','a','H','h','G','g'] THEN
    CASE MODE OF

      '?'    : BEGIN (* Hilfe *)
                 WRITELN;
                 WRITELN ('   A: -> aequatorial       E: -> ekliptikal     ');
                 WRITELN ('   P: -> Praezession        G: -> geozentrisch  ');
                 WRITELN ('   H: -> heliozentrisch    S: -> STOP           ');
                 WRITELN;
               END;

      'P','p': BEGIN (* Praezession *)
                 WRITE (' Neues');
                 GETEQX(TEQXN); (* neues Aequinoktium lesen *)
                 IF ECLIPT THEN PMATECL(TEQX,TEQXN,A)
                           ELSE PMATEQU(TEQX,TEQXN,A);
                 PRECART(A,X,Y,Z);
                 TEQX := TEQXN;
                 WRITELN;
                 WRITELN (' Koordinaten Aequinoktium T =',TEQX:13:10);
               END;

      'E','e': BEGIN (* -> ekliptikal *)
                 WRITELN;
                 IF NOT ECLIPT THEN EQUECL (TEQX,X,Y,Z);
                 ECLIPT := TRUE;
                 WRITELN (' ekliptikale Koordinaten: ');
               END;

      'A','a': BEGIN (* -> aequatorial *)
                 WRITELN;
                 IF ECLIPT THEN ECLEQU (TEQX,X,Y,Z);
                 ECLIPT := FALSE;
                 WRITELN (' aequatoriale Koordinaten: ');
               END;
```

```
        'G','g', (* -> geozentrische Koordinaten *)
        'H','h': (* -> heliozentrische Koordinaten *)
                  BEGIN
                    GETDAT(T); (* Datum einlesen *)
                    SUN200(T,LS,BS,RS);
                    CART(RS,BS,LS,XS,YS,ZS);
                    PMATECL(T,TEQX,A);
                    PRECART(A,XS,YS,ZS);
                    IF NOT ECLIPT THEN ECLEQU(TEQX,XS,YS,ZS);
                    IF MODE IN ['G','g']
                      THEN (* -> geozentrisch *)
                        BEGIN
                          X:=X+XS; Y:=Y+YS; Z:=Z+ZS;
                          WRITELN(' geozentrische Koordinaten:');
                        END
                      ELSE (* -> heliozentrisch *)
                        BEGIN
                          X:=X-XS; Y:=Y-YS; Z:=Z-ZS;
                          WRITELN(' heliozentrische Koordinaten:');
                        END;
                  END;
          END;

      IF NOT (MODE IN ['?','S','s']) THEN RESULT(X,Y,Z,ECLIPT);

    UNTIL MODE IN ['S','s'];

  END. (* KOKO *)

(*-------------------------------------------------------------------------*)
```

Über ein einfaches Menü lassen sich die einzelnen Funktionen des Programms
aufrufen. Nach der Eingabe der ekliptikalen oder äquatorialen Koordinaten eines
Punktes kann man mittels verschiedener Kommandos in ein beliebiges anderes
Koordinatensytem wechseln:

A Umwandlung in äquatoriale Koordinaten,

E Umwandlung in ekliptikale Koordinaten,

P Präzession (Wechsel des Äquinoktiums),

G Umwandlung in geozentrische Koordinaten,

H Umwandlung in heliozentrische Koordinaten,

S STOP (Programmende) .

Das im folgenden angegebene Beispiel soll die Bedienung und die Möglichkeiten
von KOKO veranschaulichen. Die umzurechnenden Koordinaten können sowohl
im äquatorialen als auch im ekliptikalen System angegeben werden. Dabei kann

man jeweils zwischen der Darstellung in kartesischen Koordinaten und in Polarkoordinaten wählen. Diese Auswahl fordert KOKO als erste Eingabe an (alle Eingaben sind durch kursive Schrift gekennzeichnet).

```
        KOKO: Koordinatentransformationen
               Version 28.12.88
        (c) 1988 Thomas Pfleger,Oliver Montenbruck

Koordinateneingabe: bitte auswaehlen

 1  ekliptikal  kartesisch    2  ekliptikal  polar
 3  aequatorial kartesisch    4  aequatorial polar


   4
```

Wir wählen äquatoriale Koordinaten in polarer Darstellung und geben die Koordinaten des Frühlingspunktes bezogen auf das Äquinoktium 1950 ein. Die Entfernung ist willkürlich zu 1 AE gewählt. Sie muß stets positiv und größer als Null sein. KOKO quittiert die Eingabe, indem es diese Daten in kartesischen Koordinaten und in Polarkoordinaten anzeigt.

```
Koordinaten (Ra (h m s), Dec (o ' "), R) ?   0 0 0.0  0 0 0.0  1.0
Aequinoktium (JJJJ) ?   1950.0


(x,y,z) = (   1.00000001,   0.00000000,   0.00000000)


      h  m  s                 o  '  "
RA =  0  0  0.0     DEC =   0  0  0.0    R =    1.00000001
```

Wir wollen die eingegebene Position zunächst auf das Äquinoktium 2000 umrechnen und wählen daher die Option P für die Berechnung der Präzession. Nach der Eingabe des Jahres erhalten wir die Position des Frühlingspunkts des Jahres 1950 bezogen auf das neue Äquinoktium 2000. Die Präzession beträgt dabei über ein halbes Grad.

```
Kommando (?=Hilfe):  P

Neues Aequinoktium (JJJJ) ?   2000.0

Koordinaten Aequinoktium T = 0.0000000000

(x,y,z) = (   0.99992572,   0.01117889,   0.00485898)


      h  m  s                 o  '  "
RA =  0  2  33.7    DEC =   0 16 42.2    R =    1.00000002
```

Jetzt sollen die im äquatorialen System gegebenen Koordinaten in ekliptikale Koordinaten umgerechnet werden. Dazu wählen wir die Option E und erhalten die umgerechneten Werte wiederum in kartesischer und polarer Darstellung. An die Stelle von Rektaszension RA und Deklination DEC treten nun die ekliptikale Länge L und Breite B. Die Entfernung bleibt wie auch beim vorhergehenden Rechenschritt unverändert.

```
Kommando (?=Hilfe):  E

ekliptikale Koordinaten:

(x,y,z) = (   0.99992572,   0.01218922,   0.00001132)

         o  ,  "              o  ,  "
L =    0 41 54.3    B =   0  0  2.3    R =    1.00000002
```

Mit der Option H ist es nun möglich, die gegebenen Koordinaten von geozentrischen Koordinaten in heliozentrische umzuwandeln. KOKO prüft allerdings nicht, auf welches dieser beiden Systeme sich die aktuellen Daten beziehen. Man kann also mehrmals nacheinander die Optionen H oder G aufrufen, erhält dabei aber nur sinnlose Resultate! Der Benutzer ist hier selbst für die Kontrolle verantwortlich. Wählt man die Transformation „geozentrisch→heliozentrisch" (H) oder ihre Umkehrabbildung (G), so ist es nötig, Datum und Zeit einzugeben. KOKO antwortet mit dem zugehörigen julianischen Datum und den transformierten Daten im aktuellen Koordinatensystem. Da wir beim letzten Dialogschritt die Umrechnung in ekliptikale Koordinaten gewählt hatten, erhalten wir nun heliozentrische, ekliptikale Koordinaten. Man beachte, daß sich die Entfernung dabei verändert.

```
Kommando (?=Hilfe):  H

Datum (Tag Monat Jahr Stunde) ?    1 1 1989 0.0

JD 2447527.5000

heliozentrische Koordinaten:

(x,y,z) = (   0.81725250,   0.97838164,   0.00003596)

         o  ,  "              o  ,  "
L =   50  7 39.5    B =   0  0  5.8    R =    1.27480677
```

Die Umrechnung in ekliptikale Koordinaten kann mit der Option A wieder rückgängig gemacht werden, die eine Umrechnung der aktuellen (ekliptikalen) Koordinaten in äquatoriale Koordinaten bewirkt.

```
Kommando (?=Hilfe):  A

aequatoriale Koordinaten:

(x,y,z) = (   0.81725250,   0.89763330,   0.38921086)

       h  m  s                o  ,  "
RA =  3 10 44.1    DEC =  17 46 36.5    R =    1.27480677
```

Nun rechnen wir die aktuellen Koordinaten wieder auf das Äquinoktium 1950 zurück.

```
Kommando (?=Hilfe):  P

Neues Aequinoktium (JJJJ) ?    1950.0
```

```
Koordinaten Aequinoktium T =-0.5000000000

(x,y,z) = (   0.82911751,   0.88843067,   0.38521087)


      h  m  s              o  '  "
RA =  3  7 54.7     DEC =  17 35 17.2    R =   1.27480678
```

Die Konversion dieser Werte in geozentrische Koordinaten müßte nun wieder die ursprünglichen Koordinaten des Frühlingspunktes liefern, da wir dann zu den ersten drei Umrechnungen auch die inversen Transformationen aufgerufen haben. Dies setzt zunächst voraus, daß wieder derselbe Zeitpunkt eingegeben wird, wie er zuvor bei der Umrechnung in die heliozentrischen Koordinaten verwendet wurde. Die unvermeidlichen Rundungsfehler des Rechners werden allerdings fast immer verhindern, daß exakt dieselben Koordinaten wie zu Beginn unserer Beispielrechnung ausgegeben werden.

```
Kommando (?=Hilfe):  G

Datum (Tag Monat Jahr Stunde) ?    1 1 1989 0.0
JD 2447527.5000

geozentrische Koordinaten:

(x,y,z) = (   1.00000002,   0.00000001,   0.00000000)


      h  m  s              o  '  "
RA =  0  0  0.0     DEC =  0  0  0.0    R =   1.00000002
```

Die Eingabe von S beendet den Lauf des Programms.

```
Kommando (?=Hilfe):  S
```

Die hier angegebenen Zahlenwerte können je nach verwendetem PASCAL-Compiler in geringem Maße differieren.

3. Auf- und Untergangsrechnung

3.1 Das Horizontsystem des Beobachters

Die bisher behandelten ekliptikalen und äquatorialen Koordinaten sind durch die mittlere Ebene der Erdbahn und die Lage der Erdachse besonders ausgezeichnet. Für einen Beobachter auf der Erdoberfläche ist jedoch zunächst keines dieser beiden raumfesten Systeme besonders dienlich. Da er an der täglichen Drehung der Erde teilnimmt, ohne es bewußt zu merken, hat er den Eindruck, als würden sich Sonne, Mond und Sterne auf großen Bögen im Laufe eines Tages von Osten nach Westen bewegen und dabei im Meridian ihre höchste Stellung über dem Horizont erreichen.

Der Verlauf der scheinbaren Sternbahnen hängt von der geographischen Breite des Beobachtungsortes ab. Auf der Südhalbkugel der Erde erreichen die meisten Gestirne ihre größte Höhe über dem Horizont nicht im Süden, sondern im Norden. Entsprechend ist die Orientierung am Sternhimmel für einen Beobachter, der den Himmelsanblick gemäßigter nördlicher Breiten gewöhnt ist, erschwert. Für ihn scheinen die bekannten Sternbilder nämlich auf dem Kopf zu stehen.

Zwei Punkte an der Himmelssphäre sind besonders ausgezeichnet: der Zenit (das ist der Punkt senkrecht über dem Beobachter) und der Himmelsnordpol (Abb. 3.1). Darunter versteht man denjenigen Punkt der scheinbaren Himmelskugel, der in Richtung der Erdachse weist und um den sich deswegen alle Gestirne auf konzentrischen Kreisbahnen zu bewegen scheinen. Die Höhe dieses Punktes über dem Horizont entspricht der geographischen Breite φ des Beobachters. Legt man durch den Himmelsnordpol und den Zenit einen Großkreis, so schneidet dieser sogenannte *Meridian* den Horizont genau in den Himmelsrichtungen Nord und Süd.

Als Koordinaten im Horizontsystem verwendet man das Azimut (A) und die Höhe (h), die sich etwa mit Hilfe eines Theodoliten bestimmen lassen (vgl. Abb. 3.1). Die Höhe über dem Horizont gibt den Winkel an, um den man den Theodoliten aus der Waagerechten nach oben neigen muß. Das Azimut beschreibt, um welchen Winkel der Theodolit um seine senkrechte Achse gedreht werden muß, um einen gesuchten Punkt von der Südrichtung ausgehend einzustellen. Gemäß dieser Festlegung ergibt sich für das Azimut des Westpunkts ein Wert von $A = 90°$ und entsprechend für den Ostpunkt ein Azimut von $A = 270°$ (oder $A = -90°$). Leider ist neben dieser Definition noch eine abweichende, vor allem in der Navigation verwendete Zählung gebräuchlich. Bei ihr bildet der Nordpunkt den Ursprung des Azimuts. Nach dieser Vereinbarung hat dann der

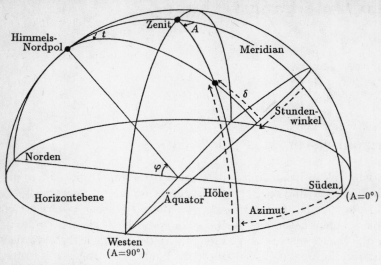

Abb. 3.1. Das Horizontsystem

Ostpunkt ein Azimut von 90°. Man sollte sich im Zweifelsfalle immer vergewissern, nach welcher dieser beiden Definitionen ein Azimut angegeben ist!

Aufgrund der Erddrehung ändern sich Azimut und Höhe eines Gestirns mit gegebener Rektaszension und Deklination ständig. Richtet man ein Fernrohr im Horizontsystem fest aus, so wandern im Verlauf der Zeit aber nur solche Sterne durch das Blickfeld, die die gleiche Deklination besitzen und sich nur in ihrer Rektaszension unterscheiden. Die Bestimmung der Deklination eines Gestirns aus Azimut und Höhe ist daher von der Zeit unabhängig. Im Fall der Rektazension läßt sich dagegen nur die Differenz gegenüber Sternen im Meridian bestimmen.

Für die gegenseitige Umrechnung der horizontalen und äquatorialen Koordinaten führt man den *Stundenwinkel* τ ein. Dieser gibt die Differenz zwischen der Rektaszension des betrachteten Sterns und der Rektaszension der Sterne im Meridian an. Der Stundenwinkel τ wird wie die Rektaszension α meist im Stundenmaß ($1^{\mathrm{h}} \mathrel{\hat{=}} 15°$) gemessen und entspricht dann ungefähr[1] der Uhrzeit, die seit dem letzten Meridiandurchgang des Sterns vergangen ist. A und τ haben mit den hier getroffenen Vereinbarungen gleiches Vorzeichen. Mit den kartesischen Koordinaten

$$
\begin{aligned}
x &= \cos h \cos A & \hat{x} &= \cos \delta \cos \tau \\
y &= \cos h \sin A & \hat{y} &= \cos \delta \sin \tau \\
z &= \sin h & \hat{z} &= \sin \delta
\end{aligned}
\tag{3.1}
$$

---

[1] Eine Erdumdrehung dauert nur $23^{\mathrm{h}}56^{\mathrm{m}}$.

gelten die Umrechnungen

$$
\begin{aligned}
x &= +\hat{x}\sin\varphi - \hat{z}\cos\varphi & \hat{x} &= +x\sin\varphi + z\cos\varphi \\
y &= +\hat{y} & \hat{y} &= +y \\
z &= +\hat{x}\cos\varphi + \hat{z}\sin\varphi & \hat{z} &= -x\cos\varphi + z\sin\varphi \quad .
\end{aligned} \tag{3.2}
$$

Darin ist φ die geographische Breite des Beobachters, ^ kennzeichnet die äquatorialen Koordinaten.

Für die Bestimmung von Auf- und Untergangszeiten, die das Ziel dieses Kapitels ist, benötigt man nur eine dieser Gleichungen, nämlich

$$
z = \hat{x}\cos\varphi + \hat{z}\sin\varphi \quad .
$$

Sie lautet ausgeschrieben

$$
\sin h = \cos\varphi \cos\delta \cos\tau + \sin\varphi \sin\delta \tag{3.3}
$$

und gestattet die Berechnung der Höhe h aus gegebenen Werten für die geographische Breite φ, die Deklination δ und den Stundenwinkel τ. Bevor wir diese Beziehung verwenden können, ist jedoch noch einige Vorarbeit nötig. Zunächst fehlt uns die Möglichkeit, die Koordinaten (α, δ) von Sonne und Mond zu bestimmen. Anschließend ist die Frage zu klären, wie wir zu einer gegebenen Zeit den Stundenwinkel aus der bekannten Rektaszension berechnen können. Zuletzt müssen wir uns noch mit einer Reihe von Korrekturen auseinandersetzen, die die beobachtete Horizonthöhe beeinflußen. Erst danach werden wir wieder auf die obige Gleichung zurückkommen.

3.2 Sonne und Mond

Bei der Berechnung von Auf- und Untergängen werden keine hohen Ansprüche an die Genauigkeit der Sonnen- und Mondkoordinaten gestellt. Die Routinen MINI_SUN und MINI_MOON enthalten deshalb nur die wichtigsten Terme zur Beschreibung der entsprechenden Bahnen. Es handelt sich dabei um stark verkürzte Versionen der Unterprogramme SUN200 und MOON, die in Kap. 5 und Kap. 6 ausführlich besprochen werden. Die Umrechnung der ekliptikalen Länge und Breite in äquatoriale Koordinaten wurde mit eingefügt, so daß beide Unterprogramme ohne weitere Operationen Rektaszension und Deklination des jeweiligen Objektes liefern.

```
(*------------------------------------------------------------------*)
(* MINI_MOON: Mondkoordinaten geringer Genauigkeit (ca.5'/1')       *)
(*        T : Zeit in jul.Jahrh. seit J2000 ( T=(JD-2452545)/36525 ) *)
(*        RA : Rektaszension (in h)                                 *)
(*        DEC: Deklination (in Grad)                                *)
(*        (Aequinoktium des Datums)                                 *)
(*------------------------------------------------------------------*)
PROCEDURE MINI_MOON (T: REAL; VAR RA,DEC: REAL);
  CONST P2 =6.283185307; ARC=206264.8062;
        COSEPS=0.91748; SINEPS=0.39778; (* cos/sin(Ekliptikschiefe) *)
```

```
VAR   LO,L,LS,F,D,H,S,N,DL,CB   : REAL;
      L_MOON,B_MOON,V,W,X,Y,Z,RHO: REAL;
FUNCTION FRAC(X:REAL):REAL;
  (* evtl. TRUNC fuer T<-24 durch LONG_TRUNC oder INT ersetzen! *)
  BEGIN  X:=X-TRUNC(X); IF (X<0) THEN X:=X+1; FRAC:=X  END;
BEGIN
  (* mittlere Elemente der Mondbahn *)
  LO:=   FRAC(0.606433+1336.855225*T); mittl. Laenge des Mondes (in r)
  L :=P2*FRAC(0.374897+1325.552410*T); mittl. Anomalie des Mondes
  LS:=P2*FRAC(0.993133+  99.997361*T); mittl. Anomalie Sonne
  D :=P2*FRAC(0.827361+1236.853086*T); Diff. Laenge Mond-Sonne
  F :=P2*FRAC(0.259086+1342.227825*T); Knotenabstand
  DL := +22640*SIN(L) - 4586*SIN(L-2*D) + 2370*SIN(2*D) +  769*SIN(2*L)
         -668*SIN(LS) - 412*SIN(2*F) - 212*SIN(2*L-2*D) - 206*SIN(L+LS-2*D)
         +192*SIN(L+2*D) - 165*SIN(LS-2*D) - 125*SIN(D) - 110*SIN(L+LS)
         +148*SIN(L-LS) - 55*SIN(2*F-2*D);
  S := F + (DL+412*SIN(2*F)+541*SIN(LS)) / ARC;
  H := F-2*D;
  N := -526*SIN(H) + 44*SIN(L+H) - 31*SIN(-L+H) - 23*SIN(LS+H)
        + 11*SIN(-LS+H) -25*SIN(-2*L+F) + 21*SIN(-L+F);
  L_MOON := P2 * FRAC ( LO + DL/1296E3 ); (* in rad *)
  B_MOON := ( 18520.0*SIN(S) + N ) / ARC; (* in rad *)
  (* aequatoriale Koordinaten *)
  CB:=COS(B_MOON);
  X:=CB*COS(L_MOON); V:=CB*SIN(L_MOON); W:=SIN(B_MOON);
  Y:=COSEPS*V-SINEPS*W; Z:=SINEPS*V+COSEPS*W; RHO:=SQRT(1.0-Z*Z);
  DEC := (360.0/P2)*ARCTAN(Z/RHO);
  RA  := ( 48.0/P2)*ARCTAN(Y/(X+RHO)); IF RA<0 THEN RA:=RA+24.0;
END;


(*-------------------------------------------------------------------------*)
(* MINI_SUN: Sonnenkoordinaten geringer Genauigkeit (ca.1')            *)
(*          T : Zeit in jul.Jahrh. seit J2000  ( T=(JD-2452545)/36525 )  *)
(*          RA : Rektaszension (in h)                                   *)
(*          DEC: Deklination (in Grad)                                  *)
(*          (Aequinoktium des Datums)                                   *)
(*-------------------------------------------------------------------------*)
PROCEDURE MINI_SUN(T:REAL; VAR RA,DEC: REAL);
  CONST P2 = 6.283185307; COSEPS=0.91748; SINEPS=0.39778;
  VAR   L,M,DL,SL,X,Y,Z,RHO: REAL;
  FUNCTION FRAC(X:REAL):REAL;
    BEGIN  X:=X-TRUNC(X); IF (X<0) THEN X:=X+1; FRAC:=X  END;
  BEGIN
    M  := P2*FRAC(0.993133+99.997361*T);
    DL := 6893.0*SIN(M)+72.0*SIN(2*M);
    L  := P2*FRAC(0.7859453 + M/P2 + (6191.2*T+DL)/1296E3);
    SL := SIN(L);
    X:=COS(L); Y:=COSEPS*SL; Z:=SINEPS*SL; RHO:=SQRT(1.0-Z*Z);
    DEC := (360.0/P2)*ARCTAN(Z/RHO);
    RA  := ( 48.0/P2)*ARCTAN(Y/(X+RHO)); IF (RA<0) THEN RA:=RA+24.0;
  END;
(*-------------------------------------------------------------------------*)
```

3.3 Sternzeit und Stundenwinkel

Die Rektaszension von Sonne und Mond genügt alleine noch nicht, um deren Höhe über dem Horizont zu berechnen. Wir müssen zusätzlich die Rektaszension der Sterne im Meridian kennen, und daraus den Stundenwinkel bestimmen. Welche Sterne dies gerade sind, hängt vom jeweiligen Ort und der augenblicklichen Zeit ab. Während sich die Erde im Lauf des Tages um ihre Achse dreht, sieht der Beobachter Sterne aller Rektaszensionen von 0^h bis 24^h durch den Meridian wandern. In rund einer Stunde ändert sich die Rektaszension der jeweils kulminierenden Sterne um 1^h.

Die regelmäßige Bewegung der Sterne eignet sich sehr gut zur Festlegung einer neuen Uhrzeit, die man als *Sternzeit* bezeichnet. Sie ist für einen festen Ort als Rektaszension derjenigen Sterne definiert, die dort gerade im Meridian stehen. Gemäß dieser Definition kann man die Sternzeit unmittelbar durch Beobachtung des Himmels ermitteln.

Die Notwendigkeit, eine Sternzeit als Ergänzung zur Sonnenzeit einzuführen, ergibt sich aus einem kleinen Unterschied zwischen der Länge eines Sonnentages und der Dauer einer Erdumdrehung. Die Uhren, auf denen wir ständig die Zeit ablesen, sind so geeicht, daß ein Tag in 24^h eingeteilt ist. Ein Tag ist dabei der Wechsel von Hell und Dunkel, der durch den Lauf der Sonne bestimmt ist. 24^h sind gerade die Zeit, die die Sonne im Mittel von einem Meridiandurchgang zum nächsten braucht. Mißt man dagegen die entsprechende Zeitspanne für einen Stern, so stellt man fest, daß dieser dazu nur $23^h56^m4\!\!.^s091$ benötigt. Diese kürzere Zeitdauer, die man im Gegensatz zum Sonnentag als Sterntag bezeichnet, hat genau die Länge einer Erdumdrehung. Die Ursache für die Differenz von rund 4^m liegt im jährlichen Umlauf der Erde um die Sonne begründet. Die Sonne ändert durch diese Bewegung ihre Rektaszension um $360° \cong 24^h$ pro Jahr, also täglich um rund 4^m. Dadurch ist die Zeit zwischen zwei Meridiandurchgängen für die Sonne um eben diesen Betrag größer als für einen Stern.

Zu gegebener Weltzeit UT kann man zunächst die Sternzeit von Greenwich über die Beziehung

$$\Theta_0 = 24110\!\!.^s54841 + 8640184\!\!.^s812866 \cdot T_0 + 1.0027379093 \cdot UT$$
$$+ 0\!\!.^s093104 \cdot T^2 - 0\!\!.^s0000062 \cdot T^3 \tag{3.4}$$

mit

$$T_0 = \frac{JD_0 - 2451545}{36525} \quad \text{und} \quad T = \frac{JD - 2451545}{36525}$$

berechnen. Dabei sind JD und JD_0 das Julianische Datum zum Beobachtungszeitpunkt und das Julianische Datum um 0^h UT des Beobachtungsdatums. Für einen Ort mit der geographischen Länge λ unterscheidet sich die Sternzeit um $\lambda/15°$ Stunden von der Greenwich-Sternzeit:

$$\Theta = \Theta_0 - \lambda \cdot 1^h/15° \quad . \tag{3.5}$$

λ wird hier *positiv nach Westen* gezählt (für München ergibt sich beispielsweise ein Wert von $\lambda = -11\!\!.°6$). Der Stundenwinkel τ hat damit für einen Stern der

Rektaszension α den Wert

$$\tau = \Theta - \alpha \quad . \tag{3.6}$$

```
(*-----------------------------------------------------------------------*)
(* LMST: mittlere Ortssternzeit (local mean sidereal time)     01.05.88 *)
(*-----------------------------------------------------------------------*)
FUNCTION LMST(MJD,LAMBDA:REAL):REAL;
  VAR MJDO,T,UT,GMST: REAL;
  FUNCTION FRAC(X:REAL):REAL;
    BEGIN  X:=X-TRUNC(X); IF (X<0) THEN X:=X+1; FRAC:=X  END;
  BEGIN
    MJDO:=TRUNC(MJD);               (* Standard Pascal  *)
    (* MJDO:=INT(MJD);          *)  (* TURBO Pascal      *)
    (* MJDO:=LONG_TRUNC(MJD); *)    (* ST Pascal plus    *)
    UT:=(MJD-MJDO)*24; T:=(MJDO-51544.5)/36525.0;
    GMST:=6.697374558 + 1.0027379093*UT
          +(8640184.812866+(0.093104-6.2E-6*T)*T)*T/3600.0;
    LMST:=24.0*FRAC( (GMST-LAMBDA/15.0) / 24.0 );
  END;
(*-----------------------------------------------------------------------*)
```

3.4 Weltzeit und Ephemeridenzeit

Wir haben nun schon häufig den Begriff „Zeit" benutzt, ohne uns darüber nähere Gedanken zu machen. In der Astronomie begegnet man jedoch einer ganzen Reihe von Zeitzählungen, die nebeneinander verwendet werden. Sie lassen sich im wesentlichen in zwei Klassen einteilen, deren wichtigste Vertreter die *dynamische Zeit* (TDB/TDT) und die *Weltzeit* (UT) sind. Die unterschiedlichen Zielvorstellungen, die diesen Zeiten zugrunde liegen, sollen hier etwas ausführlicher erläutert werden.

Ihrem Konzept nach ist die dynamische Zeit eine Zeit, die die Grundlage für die Beschreibung astronomischer Vorgänge im Rahmen der Physik bildet. Eine Sekunde der dynamischen Zeit ist über die Periodenzahl eines bestimmten Übergangs im Caesium-Atom definiert und wird heute dementsprechend mit Atomuhren gemessen. Die dynamische Zeit ersetzt seit 1984 die *Ephemeridenzeit* (ET). Die Grundlage dieser früheren Festlegung waren astronomische Ephemeriden, also Tafeln der Bewegung von Sonne, Mond und Planeten, die nach den Gesetzen der klassischen Mechanik berechnet waren. Die Ephemeridenzeit konnte durch Vergleich von beobachteten Positionen dieser Himmelskörper mit den vorausberechneten Ephemeriden bestimmt werden. Der Grund für die Einführung der dynamischen Zeit liegt in der Erkenntnis der Relativitätstheorie, daß es keine universelle Zeit gibt, sondern daß der Ablauf der Zeit auch vom Ort und der Bewegung eines Bezugssystems abhängt, in dem die Zeit gemessen wird. Dies bedingt insbesonders die prinzipielle Unterscheidung zwischen der terrestrischen (auf die Erde bezogenen) dynamischen Zeit TDT und der TDB, die sich auf den Schwerpunkt des Sonnensystems bezieht. Für unsere Zwecke können aber alle drei Zeiten ET, TDB und TDT ohne Bedenken gleichgesetzt werden.

Im Gegensatz zur Ephemeridenzeit und zur dynamischen Zeit ist die *Weltzeit* (UT) eine *ungleichförmige* Zeitskala. Die UT ist heute die beste Verwirklichung einer Sonnenzeit. Mit ihrer Einführung versucht man zu erreichen, daß ein Tag auch über einige tausend Jahre hinweg im Mittel 24^h lang ist. Dies führt aber dazu, daß die Länge einer Sekunde Weltzeit nicht konstant ist, weil die tatsächliche mittlere Tageslänge von der Drehung der Erde und der scheinbaren Bewegung der Sonne (also der Jahreslänge) abhängt. Leider ist es nicht möglich, die Weltzeit durch Umrechnung aus der dynamischen Zeit zu bestimmen, weil die Rotation der Erde nicht genau vorhergesagt werden kann. Jede Veränderung der Erddrehung ändert aber die Tageslänge und muß daher auch in der UT berücksichtigt werden. Man definiert deshalb die Weltzeit als Funktion der Sternzeit, die ja direkt die Drehung der Erde wiederspiegelt. 0^h Weltzeit eines Tages ist als der Augenblick definiert, in dem die Sternzeit von Greenwich (GMST) den festgelegten Wert

$$\text{GMST}(0^h\text{UT}) = 24110\!\overset{s}{.}54841 + 8640184\!\overset{s}{.}812866 \cdot T_0$$
$$+ 0\!\overset{s}{.}093104 \cdot T_0^2 - 0\!\overset{s}{.}0000062 \cdot T_0^3$$

mit

$$T_0 = \frac{\text{JD}(0^h\text{UT}) - 2451545}{36525}$$

hat. Diese Gleichung ist uns bereits im Abschnitt 3.3 begegnet, wo wir sie zur Berechnung der Sternzeit zu gegebener Weltzeit benutzt haben. Man halte sich aber vor Augen, daß die Sternzeit die eigentliche Beobachtungsgröße ist, aus der dann die Weltzeit abgeleitet wird.

Die Differenz zwischen der Weltzeit und der dynamischen Zeit (beziehungsweise der Ephemeridenzeit) läßt sich nur nachträglich bestimmen. Die Tabelle 3.1 gibt eine Übersicht über die Werte ΔT=ET-UT (ET=TDB=TDT) im Verlauf dieses Jahrhunderts. Gegenwärtig wächst ΔT um etwa 0.5 bis 1.0 Sekunden pro Jahr.

Tabelle 3.1. Verlauf der Differenz ΔT=ET−UT in s

Jahr	ET-UT	Jahr	ET-UT	Jahr	ET-UT	Jahr	ET-UT
1900	-2.72	1925	23.62	1950	29.15	1975	45.58
1905	3.86	1930	24.02	1955	31.05	1980	50.24
1910	10.46	1935	23.93	1960	33.15	1985	54.34
1915	17.20	1940	24.33	1965	35.73	1990	56.7?
1920	21.16	1945	26.77	1970	40.18		

Die Uhrzeit, die wir im Alltag verwenden, leitet sich von der *koordinierten Weltzeit* (UTC) ab. Die UTC wird von Atomuhren abgelesen, hat also zunächst die gleiche Ganggeschwindigkeit wie die dynamische Zeit. Durch Schaltsekunden, die bis zu zweimal im Jahr eingelegt werden können, wird aber erreicht, daß die UTC nie um mehr als 0.9 Sekunden von der Weltzeit UT abweicht. Die UTC bildet die Grundlage für die Zeitmessung der ganzen Erde. Dazu ist jeder Ort einer Zeitzone zugeordnet, in der sich die offizielle Zeit um jeweils ganze (oder halbe) Stunden von der UTC unterscheidet. In der Praxis hat man die Zeitzonen geographischen Gegebenheiten und insbesonders den Ländergrenzen angepaßt, um nach Möglichkeit zu verhindern, daß in ein und demselben Land mehrere Zonenzeiten verwendet werden müssen. Welche Zeitzone in einem bestimmten Gebiet verwendet wird, ist nach internationaler Übereinkunft festgelegt und kann einer Zeitzonenkarte entnommen werden.

An dieser Stelle stellt sich natürlich die Frage, mit welcher Zeit wir zu arbeiten haben, wenn wir die Auf- und Untergänge von Sonne und Mond berechnen wollen. Aus den obigen Definitionen ergeben sich ganz allgemein die folgenden Faustregeln für die Verwendung der Weltzeit und der Ephemeridenzeit:

- Die Weltzeit (UT) dient zur Berechnung der Sternzeit.

- Die Ephemeridenzeit (ET) oder die dynamische Zeit (TDB/TDT) dienen zur Berechnung von Sonnen-, Mond- und Planetenephemeriden.

Betrachten wir dazu als Beispiel die einzelnen Schritte, die eine Berechnung der Mondhöhe über dem Horizont erfordert. Der gewählte Zeitpunkt sei etwa der 1. Januar 1982 um 0^h Mitteleuropäischer Zeit, der Beobachtungsort sei München ($\varphi = 48°1$, $\lambda = -11°6$). Der geringfügige Unterschied zwischen UTC und UT soll hier nicht weiter betrachtet werden, so daß wir die Weltzeit aus UT=MEZ-1^h erhalten. Nach den obigen Definitionen müssen wir zur Berechnung der Sternzeit die Weltzeit verwenden, während die Ephemeridenzeit in die Berechnung der Mondkoordinaten eingeht. Dies führt zu der folgenden Umsetzung in ein kleines Programmsegment:

```
CONST DAY=1; MONTH=1; YEAR=1982; MEZ=0.0;    (* Datum           *)
      UT_MINUS_MEZ = -1.0;                    (* Zonenzeit        *)
      ET_MINUS_UT = 52.17;                    (* in sec; fuer 1982 *)
      PHI=48.1; LAMBDA=-11.6;                 (* geogr.Koordinaten *)
VAR   UT,MJD_UT,MJD_ET,T_UT,T_ET  : REAL;
      RA,DEC,THETA,TAU,SIN_H      : REAL;

BEGIN

  UT     := MEZ + UT_MINUS_MEZ;
  MJD_UT := MJD(DAY,MONTH,YEAR,UT);           (* MJD Weltzeit      *)
  MJD_ET := MJD_UT + (ET_MINUS_UT/86400.0);   (* MJD Ephemeridenz. *)

  T_ET   := (MJD_ET-51544.5)/36525.0;         (* Jahrh. seit J2000 *)
  MINI_MOON(T_ET,RA,DEC);                      (* aequatoriale Koord.*)

  THETA  := LMST(MJD_UT,LAMBDA);              (* Ortssternzeit in h *)
  TAU    := 15.0 * (THETA-RA);                (* Stundenwinkel     *)

  SIN_H  :=                                    (* Sinus der         *)
    SN(PHI)*SN(DEC) + CS(PHI)*CS(DEC)*CS(TAU); (* Horizonthoehe     *)

END.
```

Andererseits kann man sich fragen, welchen Fehler man begeht, wenn man den Unterschied zwischen Weltzeit und Ephemeridenzeit vernachlässigt. Berechnet man die Mondkoordinaten, indem man vereinfachend die UT anstelle der ET einsetzt, dann hat das obige Beispiel die folgende Gestalt.

```
UT      := MEZ + UT_MINUS_MEZ;
MJD_UT := MJD(DAY,MONTH,YEAR,UT);              (* MJD Weltzeit      *)

T_UT    := (MJD_UT-51544.5)/36525.0;           (* Jahrh. seit J2000 *)
MINI_MOON(T_UT,RA,DEC);                         (* aequatoriale Koord.*)

THETA   := LMST(MJD_UT,LAMBDA);                 (* Ortssternzeit in h *)
TAU     := 15.0 * (THETA-RA);                   (* Stundenwinkel     *)

SIN_H  :=                                        (* Sinus der         *)
   SN(PHI)*SN(DEC) + CS(PHI)*CS(DEC)*CS(TAU);   (* Horizonthoehe     *)
```

Während die Sternzeit also korrekt ausgewertet wird, sind die Mondkoordinaten hier für einen um $\Delta T=ET-UT$ zu *frühen* Zeitpunkt berechnet. Gegenwärtig liegt ΔT bei etwa einer Minute, einem Zeitraum, in dem sich der Mond um rund 30″ weiterbewegt. Dieser Fehler ist bereits kleiner als der Fehler, den wir durch die einfache Berechnung der Mondkoordinaten in MINI_MOON begehen. Die Auf- und Untergangszeit wird dadurch nur um rund 3^s verfälscht. Für die Sonne fallen diese Zahlen noch kleiner aus. Im Programm SUNSET können wir daher guten Gewissens ΔT in der beschriebenen Weise vernachlässigen. Bei späteren Anwendungen wie der Berechnung genauer Planetenpositionen oder bei der Vorhersage von Sternbedeckungen ist es jedoch notwendig, sorgfältig zwischen den verschiedenen Zeiten zu unterscheiden. Aus diesem Grunde wurde bereits hier ausführlich auf die Besonderheiten der astronomischen Zeitrechnung eingegangen.

3.5 Parallaxe und Refraktion

Bisher haben wir Rektaszension und Deklination eines Himmelskörpers immer in geozentrischen äquatorialen Koordinaten angegeben, also in einem Koordinatensystem, das seinen Ursprung im Erdmittelpunkt hat. Wir befinden uns jedoch nicht in der Mitte der Erde, sondern beobachten von ihrer Oberfläche aus. Welche Abweichungen können sich dadurch zwischen den berechneten und den beobachteten Koordinaten ergeben?

Bei der Beobachtung der Fixsterne bemerkt man praktisch keine Unterschiede zwischen den geozentrischen und den *topozentrischen* Koordinaten, die man erhält, wenn man durch eine Parallelverschiebung den Nullpunkt des Koordinatensystems vom Erdmittelpunkt zum Beobachter auf die Erdoberfläche verlegt. Ihre Entfernung ist riesig im Verhältnis zu der Distanz des Beobachters vom Erdmittelpunkt. Sobald man aber nähergelegene Himmelskörper wie die Planeten, die Sonne oder den Mond betrachtet, ergeben sich merkliche Differenzen.

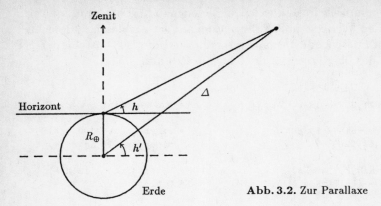

Abb. 3.2. Zur Parallaxe

Dieser Unterschied wird *Parallaxe* genannt und bewirkt, daß ein von der Erdoberfläche aus beobachtetes Objekt etwas tiefer steht, als wenn man es vom Erdmittelpunkt aus beobachten könnte. Die topozentrische Höhe h ist geringer als die geozentrische Höhe h' (vgl. Abb. 3.2). Steht das Objekt im Zenit, dann verschwindet die Parallaxe. Mit abnehmender Höhe aber macht sie sich zunehmend bemerkbar und erreicht bei der Höhe $h = 0°$ ihren größten Wert. Dieser wird als *Horizontalparallaxe* bezeichnet und berechnet sich zu

$$\pi = \arcsin(R_\oplus/\Delta) \quad , \tag{3.7}$$

wobei $R_\oplus \approx 6378$ km die Entfernung des Beobachters vom Erdmittelpunkt und Δ die *geozentrische* Entfernung des Objekts angibt. Setzt man die Entfernung der Sonne in (3.7) ein, dann erhält man einen Betrag von $\pi_\odot = 8.''8$. Beim Mond als erdnächstem Nachbarn erreicht die mittlere Horizontalparallaxe dagegen den nicht mehr zu vernachlässigenden Betrag von

$$\pi_{\text{Mond}} = \arcsin\left(\frac{6378 \text{ km}}{384400 \text{ km}}\right) \approx 57' \quad .$$

Man kann an dieser Stelle schon erkennen, daß wir für die Auf- und Untergangsrechnung nicht die geozentrische, sondern die topozentrische Höhe heranziehen müssen. Zuvor soll aber noch auf einen anderen Effekt eingegangen werden.

Beim Passieren der Erdatmosphäre werden die Lichtstrahlen beim Übergang aus dem Vakuum des Weltraums in die optisch dichtere Atmosphäre gemäß dem Brechungsgesetz zum Lot hin abgelenkt (vgl. Abb. 3.3). Diese Erscheinung wird *Refraktion* genannt. Die Sterne erscheinen einem Beobachter am Boden infolgedessen etwas „angehoben". Ein unter flachem Winkel eintretender Lichtstrahl hat dabei einen längeren Weg durch Luftmassen unterschiedlicher Dichte (und Brechungscharakteristik) zurückzulegen, als ein steil eintretender Lichtstrahl. Daher ist die Refraktion umso stärker, je geringer die Höhe des Objektes ist. Der Maximalwert von rund 34′ wird am Horizont erreicht. Zur Ergänzung sind in Tabelle 3.2 einige Daten angegeben. R ist zur berechneten topozentrischen Höhe zu addieren, um die beobachtete Höhe zu erhalten. Die Refraktion hängt auch vom

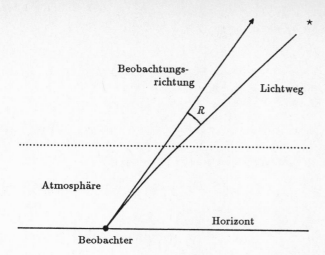

Abb. 3.3. Zur Refraktion

Luftdruck und der Temperatur der Atmospäre ab. Die angegebenen Werte sind deshalb als Mittelwerte zu verstehen. Ausführliche Tabellen der Normalrefraktion oder geeignete numerische Näherungsformeln sind in der entsprechenden Literatur zu finden.

Tabelle 3.2. Werte der Refraktion in Horizontnähe

h	10°	5°	2°	1°	0°
R	5′31″	10′15″	19′7″	25′36″	34′

Wir haben gesehen, daß wir in der Auf- und Untergangsrechnung von topozentrischen Höhen ausgehen müssen. Zusätzlich müssen wir die Refraktion am Horizont in Rechnung stellen. Weil die Auf- und Untergangszeiten immer auf den oberen Rand von Sonne oder Mond bezogen werden, haben wir noch den scheinbaren Radius $s_\odot$ oder s_{Mond} zu berücksichtigen. Zum Zeitpunkt des Auf- oder Untergangs hat das Gestirn also die *geozentrische* Höhe

$$h_{\mathrm{A/U}} = 0° + \pi - R_{h=0} - s \ . \tag{3.8}$$

Unsere Aufgabe besteht nun darin, für ein vorgegebenes Datum den Zeitpunkt zu finden, zu dem der betrachtete Himmelskörper die Höhe $h = h_{\mathrm{A/U}}$ erreicht. Weil es keinen Sinn hat, die solchermaßen erhaltenen Zeiten genauer als auf wenige Minuten angeben zu wollen, erspart man sich die genaue Berechnung von π und s und verwendet stattdessen Mittelwerte. Üblicherweise legt man deshalb den Berechnungen der Auf- und Untergangszeiten folgende Werte zugrunde:

- Sonnenauf- oder -untergang : $h_{\mathrm{A/U}} = -0°50'$
- Mondauf- oder -untergang   : $h_{\mathrm{A/U}} = +0°08'$
- bei Sternen oder Planeten : $h_{\mathrm{A/U}} = -0°34'$

Da unser Programm auch die Zeiten des Dämmerungsanfangs und -endes berechnet, soll hier noch auf die gebräuchlichen Definitionen eingegangen werden. Man unterscheidet

- die *astronomische* Dämmerung bei $h_\odot = -18°$,
- die *nautische*   Dämmerung bei $h_\odot = -12°$ und
- die *bürgerliche*   Dämmerung bei $h_\odot = -6°$.

An diesen Werten werden keine Korrekturen für Parallaxe, Refraktion oder scheinbaren Halbmesser mehr angebracht. Die Dämmerung beginnt oder endet also definitionsgemäß, wenn die *geozentrische* Sonnenhöhe einen der genannten Werte annimmt.

Es bleibt nun das allgemeine Problem zu lösen, wie man den Zeitpunkt findet, zu dem ein Gestirn eine vorgegebene Höhe erreicht.

3.6 Auf- und Untergänge

Gleichung (3.3) gestattet uns, bei Kenntnis der geographischen Breite φ, der Deklination δ und des Stundenwinkels τ die Höhe h eines Sterns zu ermitteln. Den Stundenwinkel erhalten wir dabei zu bekannter Ortssternzeit aus (3.6).

Geben wir dagegen die Höhe h vor, dann können wir (3.3) umformen und erhalten daraus eine Beziehung für den Stundenwinkel:

$$\cos\tau = \frac{\sin h - \sin\varphi\sin\delta}{\cos\varphi\cos\delta} \quad . \tag{3.9}$$

Man kann damit den Stundenwinkel berechnen, den ein Stern hat, wenn er in der Höhe h über dem Horizont beobachtet wird. Die Gleichung ist aber nicht für alle beliebigen Werte von h definiert, sondern nur für solche Höhen, die der Stern auch tatsächlich erreichen kann. Bei einer geographischen Breite von $\varphi = 50°$ ist ein Stern der Deklination $\delta = 60°$ zum Beispiel Zirkumpolarstern und nur zwischen $h = 20°$ und $h = 80°$ zu beobachten. Ist der Wert für $\cos\tau$ bei einer vorgegebenen Höhe h betragsmäßig größer als 1, so heißt dies, daß der Stern immer oberhalb oder immer unterhalb dieser Höhe zu finden ist.

Für Sternauf- und -untergänge setzt man die Höhe $h_{A/U} = -0°34'$ in (3.9) ein und drückt den erhaltenen Stundenwinkel im Zeitmaß ($15° \triangleq 1^h$) aus. Er gibt an, wieviele Stunden Sternzeit ein eben aufgehender Stern bis zu seiner Kulmination benötigt. Da ein Sterntag eine Länge von $23^h56^m4\overset{s}{.}091$ Sonnenzeit hat, ergibt sich ein Faktor von $23^h56^m4\overset{s}{.}091/24^h = 0.9972696$, mit dem ein in Sternzeit gegebenes Zeitintervall in Sonnenzeit umgerechnet werden kann. Multipliziert man den Stundenwinkel mit diesem Faktor, dann erhält man den sogenannten *halben Tagbogen*. Darunter versteht man die Hälfte der Zeit, die der Stern insgesamt sichtbar ist.

Bei bekannter Rektaszension $\alpha_\star$ des Sterns folgt aus der Beziehung

$$\Theta_{A/U} = \begin{cases} \alpha_\star - \tau & \text{für den Aufgang} \\ \alpha_\star + \tau & \text{für den Untergang} \end{cases}$$

die Sternzeit zum Zeitpunkt des Aufgangs bzw. des Untergangs. Bezeichnet man die Ortssternzeit um 0^h mit Θ_0, dann geht der Stern

$$0.9973 \cdot (\Theta_0 - \Theta_A)$$

Stunden vor Mitternacht auf und

$$0.9973 \cdot (\Theta_U - \Theta_0)$$

Stunden nach Mitternacht unter.

Sonne und Mond verändern im Gegensatz zu den Sternen ihre Koordinaten im Laufe eines Tages merklich. Zur Berechnung des Stundenwinkels und der Auf- und Untergangszeiten nach den eben angegebenen Gleichungen benötigt man aber die Rektaszension und die Deklination im Moment des Horizontdurchgangs. Dies macht ein iteratives Vorgehen erforderlich. Man berechnet die Auf- und Untergangszeiten zunächst mit den Koordinaten zu einem beliebigen Zeitpunkt des jeweiligen Tages (meist wählt man $t = 12^h$). Mit den so ermittelten Näherungen lassen sich verbesserte Koordinaten und daraus wieder genauere Auf- und Untergangszeiten bestimmen. Im Fall des Mondes werden diese Schritte wiederholt, bis sich die erhaltenen Zeiten um weniger als etwa eine Minute unterscheiden. Bei der Sonne und den Planeten liefert bereits die erste Iteration ein ausreichend genaues Ergebnis.

Leider gibt es besonders bei der Bestimmung der Mondauf- und -untergangszeiten einige Problemfälle, auf die sich das einfache Iterationsverfahren schlecht anwenden läßt. Hier wären folgende Punkte zu nennen:

- Da der Mond bei seinem Umlauf um die Erde von West nach Ost weiterwandert, steht er länger als Sterne mit derselben Deklination am Himmel. Dadurch verspäten sich die Mondaufgänge im Durchschnitt um etwa 50^m pro Tag. Dies hat zur Folge, daß es in jedem Monat einen Tag gibt, an dem kein Mondaufgang stattfindet und einen weiteren Tag, an dem der Mond nicht untergeht. Dazu ein Beispiel: der Mond geht am 8. Februar 1988 in München um 23^h30^m auf und tagsdarauf um 9^h41^m wieder unter. Durch seine Bewegung relativ zu den Sternen bleibt er dann bis nach Mitternacht unterhalb des Horizonts. Der nächste Mondaufgang findet damit nicht am 9. Februar, sondern erst am 10. Februar um 0^h43^m statt.

- In hohen geographischen Breiten kommt es vor, daß Sonne und Mond oft tagelang über oder unter dem Horizont stehen. Die Auf- und Untergangszeiten werden dann wesentlich durch die tägliche Änderung der Deklination bestimmt. Mögliche streifende Horizontberührungen sind dabei mit dem Iterationsverfahren nur schwer zu erfassen.

Aus diesen Gründen basiert das Programm SUNSET auf einem anderen Prinzip. Die Auf- und Untergangszeiten werden hierbei durch inverse Interpolation einer Folge von Sonnen- und Mondhöhen ermittelt. Dies erfordert zwar einen höheren Rechenaufwand, führt aber zu einer wesentlichen Vereinfachung der Programmstruktur.

3.7 Quadratische Interpolation

Berechnet man eine Tabelle der Höhen in stündlichem Abstand, dann ist es möglich, den Verlauf der Höhe als Funktion der Zeit durch eine einfache interpolierende Funktion darzustellen. Für unsere Zwecke ist die quadratische Interpolation geeignet: aus drei Funktionswerten lassen sich die Koeffizienten einer Parabel berechnen, die den Funktionsverlauf zwischen den gegebenen Stützpunkten annähert. Dazu geht man von drei Funktionswerten

$$y_- = f(x = -1), \quad y_0 = f(x = 0) \quad \text{und} \quad y_+ = f(x = +1)$$

aus. Nun sucht man die Koeffizienten a, b und c einer Parabel

$$y = a \cdot x^2 + b \cdot x + c \quad, \tag{3.10}$$

die durch die Punkte $(-1, y_-)$, $(0, y_0)$ und $(1, y_+)$ verläuft. Eingesetzt in die Parabelgleichung ergeben sich die drei Gleichungen

$$\begin{aligned}
y_- &= a - b + c \\
y_0 &= c \\
y_+ &= a + b + c \quad,
\end{aligned}$$

aus denen sich die gesuchten Parabelkoeffizienten bestimmen lassen:

$$\begin{aligned}
a &= (y_+ + y_-)/2 - y_0 \\
b &= (y_+ - y_-)/2 \\
c &= y_0 \quad.
\end{aligned} \tag{3.11}$$

Die so gefundene Parabel hat für $b^2 \geq 4ac$ die Nullstellen

$$x_{1,2} = \frac{-b \pm \sqrt{b^2 - 4ac}}{2a} \tag{3.12}$$

und das Extremum

$$\begin{aligned}
x_E &= \frac{-b}{2a} \\
y_E &= a \cdot x_E^2 + b \cdot x_E + c \quad.
\end{aligned} \tag{3.13}$$

Das Unterprogramm QUAD wertet diese Gleichungen aus und wählt zusätzlich genau die Nullstellen aus, die zwischen $x = -1$ und $x = +1$ liegen.

```
(*------------------------------------------------------------------*)
(* QUAD: bestimmt die Parabel durch 3 Punkte                        *)
(*       (-1,Y_MINUS), (0,Y_0) und (1,Y_PLUS),                      *)
(*       die nicht auf einer Geraden liegen.                        *)
(*                                                                  *)
(*     Y_MINUS,Y_0,Y_PLUS: drei y-Werte                             *)
(*     XE,YE  : x und y Wert des Extremums der Parabel              *)
(*     ZERO1  : erste Nullstelle im Intervall [-1,+1] (fuer NZ=1,2) *)
(*     ZERO2  : zweite Nullstelle im Intervall [-1,+1] (fuer NZ=2)  *)
(*     NZ     : Zahl der Nullstellen der Parabel im Intervall [-1,+1] *)
(*------------------------------------------------------------------*)
```

```
PROCEDURE QUAD(Y_MINUS,Y_0,Y_PLUS: REAL;
                  VAR XE,YE,ZERO1,ZERO2: REAL; VAR NZ: INTEGER);
  VAR A,B,C,DIS,DX: REAL;
  BEGIN
    NZ := 0;
    A   := 0.5*(Y_MINUS+Y_PLUS)-Y_0; B := 0.5*(Y_PLUS-Y_MINUS); C := Y_0;
    XE := -B/(2.0*A); YE := (A*XE + B) * XE + C;
    DIS := B*B - 4.0*A*C; (* Diskriminante von y = axx+bx+c *)
    IF (DIS >= 0) THEN    (* Parabel hat Nullstellen        *)
      BEGIN
        DX := 0.5*SQRT(DIS)/ABS(A); ZERO1 := XE-DX; ZERO2 := XE+DX;
        IF (ABS(ZERO1) <= +1.0) THEN NZ := NZ + 1;
        IF (ABS(ZERO2) <= +1.0) THEN NZ := NZ + 1;
        IF (ZERO1<-1.0) THEN ZERO1:=ZERO2;
      END;
    END;
(*---------------------------------------------------------------------------*)
```

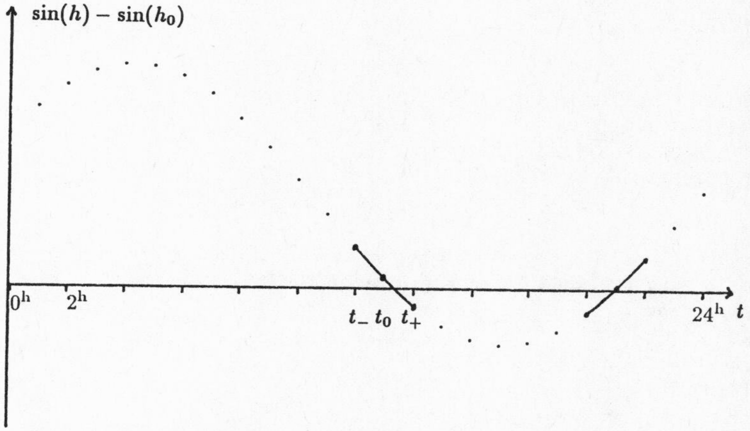

Abb. 3.4. Bestimmung der Auf- und Untergangszeiten

3.8 Das Programm SUNSET

Das Programm SUNSET berechnet die Auf- und Untergangszeiten von Sonne und
Mond sowie Beginn und Ende der nautischen Dämmerung in einem Zeitraum
von 10 Tagen. Einzugeben sind dazu das Startdatum, die geographischen Koordinaten des Beobachtungsortes und die Differenz zwischen Zonen- und Weltzeit.

Die Suche nach den Zeiten der verschiedenen Ereignisse erfolgt nach dem in
Abb. 3.4 dargestellten Schema. Mit Hilfe des Unterprogrammes SIN_ALT wird
der Sinus der Sonnen- oder Mondhöhe in stündlichen Abständen berechnet. Diese
Werte werden in QUAD interpoliert und auf Nullstellen untersucht. Findet sich
eine Nullstelle und standen Sonne oder Mond zu Beginn des Tages unter dem
Horizont, so handelt es sich dabei um einen Aufgang. Anderenfalls hat man

den Zeitpunkt des Untergangs gefunden. Schließlich kann es noch vorkommen, daß zwei Nullstellen im Suchintervall gefunden werden. Um hier entscheiden zu können, welcher der beiden Zeitpunkte den Aufgang oder den Untergang darstellt, wird geprüft, ob das Extremum der Höhe unter oder über dem Horizont liegt. Die Suche wird gegebenenfalls fortgesetzt, bis das Ende des Tages erreicht ist. Dann kann auch entschieden werden, ob der betrachtete Himmelskörper zirkumpolar ist oder ganztägig unter dem Horizont steht.

Die Zeiten der nautischen Dämmerung werden in gleicher Weise berechnet, indem vom Sinus der Horizonthöhe ein konstanter Wert $\sin(-12°)$ subtrahiert wird. Möchte man den Zeitpunkt der bürgerlichen oder der astronomischen Dämmerung wissen, dann kann man den Wert von SINHO[3] entsprechend verändern.

```
(*-------------------------------------------------------------------------*)
(*                               SUNSET                                    *)
(*         Auf- und Untergangszeiten von Sonne und Mond                    *)
(*                        Version 29.12.1988                               *)
(*-------------------------------------------------------------------------*)
PROGRAM SUNSET(INPUT,OUTPUT);

   VAR   ABOVE,RISE,SETT                      : BOOLEAN;
         DAY,MONTH,YEAR, I,IOBJ,NZ            : INTEGER;
         LAMBDA,ZONE,PHI,SPHI,CPHI            : REAL;
         TSTART,DATE,HOUR,HH,UTRISE,UTSET     : REAL;
         Y_MINUS,Y_O,Y_PLUS,ZERO1,ZERO2,XE,YE : REAL;
         SINHO                               : ARRAY[1..3] OF REAL;

(*-------------------------------------------------------------------------*)
(* An dieser Stelle sind folgende Unterprogramme in der angegebenen        *)
(* Reihenfolge einzugeben:                                                 *)
(*    SN, CS, QUAD                                                         *)
(*    MJD, CALDAT, LMST                                                    *)
(*    MINISUN, MINIMOON                                                    *)
(*-------------------------------------------------------------------------*)

(*-------------------------------------------------------------------------*)
(* SIN_ALT: sin(Horizonthoehe)                                             *)
(*         IOBJ:  1=Mond, 2=Sonne                                          *)
(*-------------------------------------------------------------------------*)
FUNCTION SIN_ALT(IOBJ:INTEGER;MJDO,HOUR,LAMBDA,CPHI,SPHI:REAL): REAL;
  VAR MJD,T,RA,DEC,TAU: REAL;
  BEGIN
    MJD := MJDO + HOUR/24.0;
    T   := (MJD-51544.5)/36525.0;
    IF (IOBJ=1)
      THEN  MINI_MOON(T,RA,DEC)
      ELSE  MINI_SUN (T,RA,DEC);
    TAU := 15.0 * (LMST(MJD,LAMBDA) - RA);
    SIN_ALT  := SPHI*SN(DEC) + CPHI*CS(DEC)*CS(TAU);
  END;
(*-------------------------------------------------------------------------*)
PROCEDURE WHM(UT:REAL);
  VAR H,M:INTEGER;
```

```
    BEGIN
      UT := TRUNC(UT*60.0+0.5)/60.0; (* Rundung auf 1 min *)
      H:=TRUNC(UT); M:=TRUNC(60.0*(UT-H)+0.5); WRITE(H:5,':',M:2,' ');
    END;
(*------------------------------------------------------------------------------*)
PROCEDURE GETINP(VAR DATE,LAMBDA,PHI,ZONE: REAL);
  VAR D,M,Y: INTEGER;
  BEGIN
    WRITELN;
    WRITELN('     SUNSET: Auf-/Untergangszeiten von Sonne und Mond');
    WRITELN('                    Version 28.12.88                  ');
    WRITELN('       (c) 1988 Thomas Pfleger,Oliver Montenbruck     ');
    WRITELN;
    WRITELN;
    WRITE  (' Startdatum (TT MM JJJJ)                  ... '); READLN(D,M,Y);
    WRITELN;
    WRITE  (' Beobachtungsort:  Laenge (oestl. neg.) ... '); READLN(LAMBDA);
    WRITE  ('                   Breite               ... '); READLN(PHI);
    WRITE  ('                   Zonenzeit-UT (in h)  ... '); READLN(ZONE);
    WRITELN;
    WRITELN;
    WRITELN('    Datum           Mond            Sonne           Daemmerung');
    WRITELN;
    WRITELN('                Auf-/Untergang  Auf-/Untergang   Ende/Anfang');
    WRITELN;
    ZONE := ZONE /24.0;
    DATE := MJD(D,M,Y,0)-ZONE;
  END;
(*------------------------------------------------------------------------------*)


BEGIN (* SUNSET *)

  SINHO[1] := SN ( +8.0/60.0); (* Mondaufgang     bei h= +8'    *)
  SINHO[2] := SN (-50.0/60.0); (* Sonnenaufgang   bei h=-50'    *)
  SINHO[3] := SN (   -12.0  ); (* naut. Daemmerung bei h=-12 Grad *)

  GETINP (TSTART,LAMBDA,PHI,ZONE); SPHI := SN(PHI); CPHI := CS(PHI);

  FOR I:=0 TO 9 DO  (* Schleife ueber die Tage des Suchzeitraumes *)

    BEGIN

      DATE := TSTART + I;
      CALDAT(DATE+ZONE,DAY,MONTH,YEAR,HH);
      WRITE(DAY:3,'.',MONTH:2,'.',YEAR:4,' ');  (* aktuellen Tag anzeigen *)

      FOR IOBJ := 1 TO 3 DO

        BEGIN

          HOUR := 1.0;
          Y_MINUS := SIN_ALT(IOBJ,DATE,HOUR-1.0,LAMBDA,CPHI,SPHI)-SINHO[IOBJ];
          ABOVE := (Y_MINUS>0.0);  RISE := FALSE; SETT := FALSE;

          (* Schleife ueber die Suchintervalle von [0h-2h] bis [22h-24h]  *)
```

```
          REPEAT

            Y_O    :=SIN_ALT(IOBJ,DATE,HOUR,LAMBDA,CPHI,SPHI)-SINHO[IOBJ];
            Y_PLUS:=SIN_ALT(IOBJ,DATE,HOUR+1.0,LAMBDA,CPHI,SPHI)-SINHO[IOBJ];

            (* Parabel durch die drei Werte Y_MINUS,Y_O,Y_PLUS legen *)
            QUAD ( Y_MINUS,Y_O,Y_PLUS, XE,YE, ZERO1,ZERO2, NZ );
            CASE (NZ) OF
              0: ;
              1: IF (Y_MINUS<0.0)
                   THEN BEGIN UTRISE:=HOUR+ZERO1;  RISE:=TRUE; END
                   ELSE BEGIN UTSET :=HOUR+ZERO1;  SETT:=TRUE; END;
              2: BEGIN
                   IF (YE<0.0)
                     THEN BEGIN UTRISE:=HOUR+ZERO2; UTSET:=HOUR+ZERO1; END
                     ELSE BEGIN UTRISE:=HOUR+ZERO1; UTSET:=HOUR+ZERO2; END;
                   RISE:=TRUE; SETT:=TRUE;
                 END;
            END;

            Y_MINUS := Y_PLUS;     (* Tabelle weitergeben fuer *)
            HOUR := HOUR + 2.0;    (* naechstes Suchintervall  *)

          UNTIL ( (HOUR=25.0) OR (RISE AND SETT) );

          IF (RISE OR SETT) (* Ausgabe *)
            THEN
              BEGIN
                IF RISE THEN WHM(UTRISE) ELSE WRITE('----- ':9);
                IF SETT THEN WHM(UTSET)  ELSE WRITE('----- ':9);
              END
            ELSE
              BEGIN
                IF ABOVE
                  THEN CASE IOBJ OF
                        1,2: WRITE ('   immer sichtbar ');
                        3:   WRITE ('    immer hell    ');
                      END
                  ELSE CASE IOBJ OF
                        1,2: WRITE ('  immer unsichtbar');
                        3:   WRITE ('   immer dunkel   ');
                      END;
              END;

        END;

      WRITELN;

    END; (* Ende der Schleife ueber die Tage des Suchzeitraumes *)

  WRITELN;  WRITE ('  alle Zeiten in Zonenzeit ( = UT ');
  IF ZONE>=0 THEN WRITE('+'); WRITELN(ZONE*24.0:5:1,'h )');

END.
(*------------------------------------------------------------------------*)
```

Wir wollen im folgenden die Bedienung von SUNSET an einigen Beispielen veranschaulichen und dabei Besonderheiten kennenlernen, die bei der Berechnung von Auf- und Untergangszeiten auftreten.

SUNSET berechnet die gewünschten Zeiten für ein Intervall von jeweils zehn Tagen, das mit dem einzugebenden Datum beginnt. Die geographische Länge des Beobachtungsortes wird für östliche Längen, wie sie in Mitteleuropa vorkommen, negativ gezählt. Schließlich ist noch die Differenz zwischen Zonenzeit und Weltzeit in Stunden anzugeben. Ein Wert von 1 bedeutet beispielsweise Mitteleuropäische Zeit (MEZ), ein solcher von 2 die Mitteleuropäische Sommerzeit (MESZ). Wünscht man die Ausgabedaten bezogen auf die Weltzeit, so gibt man hier eine 0 ein. Für die Zeitzonen Nordamerikas wäre ein negativer Wert einzugeben.

Zunächst sollen die Auf- und Untergangszeiten der Sonne und des Mondes für München ($\lambda = 11°6$ Ost, $\varphi = 48°1$ Nord) ab dem 23. März 1989 berechnet werden. Wir wünschen die Ausgabe in Mitteleuropäischer Zeit (1^h Differenz zur Weltzeit). Zuerst muß das Startdatum in der Reihenfolge Tag, Monat und Jahr eingegeben werden. Anschliessend fragt SUNSET nach den geographischen Koordinaten und der Zonenzeitdifferenz. Alle Eingaben sind im folgenden Dialog durch kursive Schrift dargestellt. SUNSET bestimmt aus unseren Angaben die Auf- und Untergangszeiten von Sonne und Mond sowie Anfang und Ende der Dämmerung. Da im Programm der Wert für die Sonnenhöhe zur Zeit der Dämmerung auf $-12°$ gesetzt ist, beziehen sich die Angaben in diesem und dem weiteren Beispiel auf die *nautische* Dämmerung.

```
SUNSET: Auf-/Untergangszeiten von Sonne und Mond
              Version 28.12.88
    (c) 1988 Thomas Pfleger,Oliver Montenbruck

Startdatum (TT MM JJJJ)          ... 23 3 1989

Beobachtungsort: Laenge (oestl. neg.) ... -11.6
                 Breite           ...  48.1
                 Zonenzeit-UT (in h) ...  1.0

  Datum          Mond           Sonne          Daemmerung

             Auf-/Untergang  Auf-/Untergang   Ende/Anfang

23. 3.1989    19:57    6:13    6:11   18:30    5: 3   19:39
24. 3.1989    21: 5    6:28    6: 9   18:32    5: 1   19:40
25. 3.1989    22:15    6:45    6: 7   18:33    4:59   19:42
26. 3.1989    23:26    7: 6    6: 5   18:35    4:56   19:44
27. 3.1989    -----    7:33    6: 2   18:36    4:54   19:45
28. 3.1989     0:34    8: 9    6: 0   18:38    4:52   19:47
29. 3.1989     1:38    8:58    5:58   18:39    4:50   19:48
30. 3.1989     2:31   10: 0    5:56   18:41    4:48   19:50
31. 3.1989     3:14   11:14    5:54   18:42    4:45   19:52
 1. 4.1989     3:47   12:35    5:52   18:43    4:43   19:53

alle Zeiten in Zonenzeit ( = UT + 1.0h )
```

In der ausgegebenen Tabelle fällt auf, daß in der Spalte mit den Aufgangszeiten des Mondes am 27.3. keine Zeit angeführt ist. Der Mond geht in dieser Nacht erst nach Mitternacht auf, und damit fällt dieser Aufgang schon auf den 28.3. In der Regel gibt es in jedem Monat einen Tag, an dem der Mond nicht auf- oder untergeht.

Um weitere interessante Effekte kennenzulernen, berechnen wir die Auf- und Untergangszeiten für einen auf dem 65. Breitengrad gelegenen fiktiven Ort in Europa. Wir wählen als Startdatum den 15. Juni 1989 und die Mitteleuropäische Sommerzeit als Zonenzeit. Wir erhalten dann von SUNSET folgende Ausgabe:

```
      SUNSET: Auf-/Untergangszeiten von Sonne und Mond
                     Version 28.12.88
          (c) 1988 Thomas Pfleger,Oliver Montenbruck


Startdatum (TT MM JJJJ)              ...  15 6 1989


Beobachtungsort: Laenge (oestl. neg.) ...  -10.0
                 Breite            ...   65.0
                 Zonenzeit-UT (in h)  ...    2.0


   Datum            Mond            Sonne           Daemmerung

                Auf-/Untergang   Auf-/Untergang    Ende/Anfang

  15. 6.1989     19:58     1: 0    2:24    0:16    immer hell
  16. 6.1989     22:26    23:53    2:23    0:18    immer hell
  17. 6.1989    immer unsichtbar   2:22    0:19    immer hell
  18. 6.1989    immer unsichtbar   2:21    0:20    immer hell
  19. 6.1989    immer unsichtbar   2:20    0:21    immer hell
  20. 6.1989    immer unsichtbar   2:20    0:22    immer hell
  21. 6.1989      2:39     3:24    2:20    0:23    immer hell
  22. 6.1989      1:35     6:21    2:20    0:23    immer hell
  23. 6.1989      1:15     8:29    2:21    0:23    immer hell
  24. 6.1989      1: 1    10:25    2:22    0:22    immer hell


   alle Zeiten in Zonenzeit ( = UT + 2.0h )
```

Hier fällt auf, daß der Mond nach seinem Untergang am 16. Juni um 23^h53^m bis zum 21. Juni um 2^h39^m unter dem Horizont bleibt und damit unsichtbar ist. Ganz entsprechend ist es in höheren Breiten auch möglich, daß der Mond tagelang über dem Horizont steht.

Natürlich können ähnliche Verhältnisse auch bei der Sonne vorkommen. Man spricht dann von der Polarnacht oder vom Polartag. Mit SUNSET kann man auch bestimmen, wie lange die Polarnacht an einem bestimmten Ort dauert. Dazu variiert man den Berechnungszeitraum solange, bis für die Sonne das erste Mal „immer unsichtbar" ausgegeben wird. Am betreffenden Tag beginnt die Polarnacht. Das Ende der Polarnacht findet man in völlig analoger Weise.

Die Angabe „immer hell" in der Spalte „Dämmerung" bedeutet, daß es nicht mehr vollständig finster wird. Dies ist bereits in Breiten von 50° möglich, wenn man von der astronomischen Dämmerung ausgeht.

4. Kometenbahnen

Während die Bahnen der großen Planeten oft schon über Jahre im voraus berechnet und veröffentlicht werden, beschränkt sich die Vorhersage von Kometenbahnen meist auf kurzfristige Ephemeriden und die Angabe der Bahnelemente. Die fünf bis sechs Bahnelemente beschreiben den räumlichen und zeitlichen Verlauf der Kometenbahn in wesentlich kürzerer Form, als eine lange Tabelle von Positionen. Bahnelemente neuentdeckter Kometen werden in der Regel zuerst von der Internationalen Astronomischen Vereinigung (IAU) in den IAU-Zirkularen publiziert. Daneben gibt es eine Reihe von Katalogen, in denen entsprechende Daten für periodische Kometen und Kleinplaneten verzeichnet sind.

Mit Hilfe der Bahnelemente und eines entsprechenden Programms kann man sich den Ort des Kometen relativ zu Erde und Sonne jederzeit selbst berechnen. Das Programm COMET, das in diesem Kapitel vorgestellt wird, kann nicht nur elliptische Bahnen wie die der Planeten und Asteroiden berechnen. Es eignet sich darüber hinaus für die bei Kometen auftretenden parabolischen, annähernd parabolischen und hyperbolischen Bahnen.

Die folgenden Abschnitte behandeln die Bewegung des Kometen relativ zur Sonne und zur Ekliptik, wobei Störungen durch die großen Planeten allerdings vernachlässigt werden. Ihre Berücksichtigung würde einen erheblichen Mehraufwand bedeuten. Die verschiedenen Koordinatentransformationen, die zur Umrechnung in geozentrische, äquatoriale Koordinaten benötigt werden, wurden bereits in Kap. 2 beschrieben. Die Funktion der folgenden Unterprogramme, die von COMET verwendet werden, kann dort noch einmal nachgeschlagen werden:

```
SN, CS, ATN, ATN2, CART, POLAR, GMS, CUBR,
MJD, CALDAT
ECLEQU, PMATECL, PRECART,
SUN200.
```

4.1 Form und Lage der Bahn

Die Bewegung der Kometen um die Sonne erfüllt die gleichen Gesetze wie die der großen Planeten:

1. Die Form der Bahn ist eine Ellipse, Parabel oder Hyperbel (also ein Kegelschnitt), in deren einem Brennpunkt die Sonne steht. Dies bedeutet insbesondere, daß die Bahn in einer festen Ebene verläuft.

2. In gleichen Zeiten überstreicht die Verbindungslinie Sonne-Komet gleiche Flächen (sogenannter *Flächensatz*).

Diese Gesetze wurden von Johannes Kepler gefunden und konnten später auf das allgemeine Gravitationsgesetz von Newton zurückgeführt werden. Allerdings gelten die Keplerschen Gesetze nur für den Fall, daß der Einfluß der großen Planeten auf den Kometen gegen die Anziehungskraft der Sonne vernachlässigt werden kann.

Die Tatsache, daß die Bahn in einer Ebene verläuft, hängt damit zusammen, daß die Gravitationskraft der Sonne immer entlang der Richtung zum Kometen wirkt (sogenannte Zentralkraft). In einem kleinen Zeitintervall Δt bewegt sich der Komet mit der Geschwindigkeit $\dot{r}$ um die Strecke $\dot{r} \cdot \Delta t$ vom Ort r zum Ort $r + \dot{r} \cdot \Delta t$ (Abb. 4.1). Zusammen mit der Sonne legen diese beiden Orte im Raum eine Ebene fest. Da die Kraft der Sonne aber immer nur in dieser Ebene wirkt, bleibt die Bewegung des Kometen auch weiterhin auf die anfängliche Bahnebene beschränkt. Auch der Flächensatz ist eine unmittelbare Folge der Zentralkraft. Der Beweis dafür ist allerdings mit ein wenig Mathematik verbunden und soll hier nicht gezeigt werden.

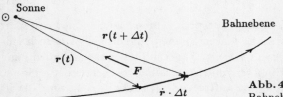

Abb. 4.1. Die Kraft auf den Kometen läßt die Bahnebene unverändert

Die genaue Form der Bahn wird durch die quadratische Abnahme der Gravitationskraft mit der Entfernung ($F \sim 1/r^2$) bewirkt. Die drei Grundformen — Ellipse, Parabel und Hyperbel — sind in Abb. 4.2 gegenübergestellt. Während elliptische Bahnen immer wieder periodisch durchlaufen werden, kommen Kometen auf parabolischen und hyperbolischen Bahnen nur einmal für kurze Zeit in die Nähe der Sonne. Der Bahnpunkt mit dem geringsten Abstand zur Sonne wird als *Perihel* bezeichnet. Die Verbindungslinie Sonne-Perihel (sog. *Apsidenlinie*) teilt die Bahn in zwei symmetrische Hälften.

Der Ort in der Bahn wird durch die Entfernung r von der Sonne und die wahre Anomalie[1] ν gekennzeichnet. Darunter versteht man den Winkel zwischen der Richtung Sonne-Komet und der Richtung Sonne-Perihel. Den Zusammenhang zwischen r und ν gibt die Kegelschnittsgleichung wieder:

$$r = \frac{p}{1 + e \cdot \cos(\nu)} \quad .$$
(4.1)

Die Größe p, das ist die Entfernung für $\nu = 90°$, heißt *Bahnparameter*. Sie definiert die Ausdehnung der Bahn. e ist die sogenannte *Exzentrizität*, die angibt, wie stark die Bahn von der Kreisform ($e = 0$) abweicht. Höhere Werte bezeichnen immer langgestrecktere Ellipsen, die schließlich in Parabeln ($e = 1$) und Hyperbeln ($e > 1$) übergehen.

---

[1]Unter Anomalie versteht man im Sprachgebrauch der Himmelsmechanik einen Winkel. Neben der wahren Anomalie kennt man noch die mittlere und die exzentrische Anomalie.

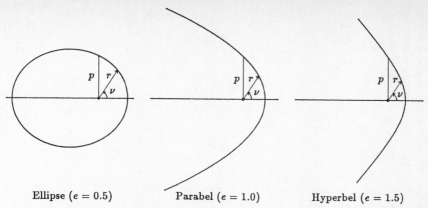

Ellipse ($e = 0.5$)   Parabel ($e = 1.0$)   Hyperbel ($e = 1.5$)

Abb. 4.2. Kegelschnitte der Exzentrizitäten $e = 0.5$, $e = 1.0$ und $e = 1.5$ mit gleichem Bahnparameter p

Eine etwas gebräuchlichere Größe als der Bahnparameter ist die große Halbachse, die allerdings nur für $e \neq 1$ definiert ist:

$$a = \frac{p}{1 - e^2} \quad , \qquad p = a\,(1 - e^2) \quad . \tag{4.2}$$

Bei einer elliptischen Bahn hat a anschaulich die Bedeutung des Mittelwertes aus größter und kleinster Sonnenentfernung:

$$r_{\min} + r_{\max} = \frac{p}{1 + e} + \frac{p}{1 - e} = \frac{2p}{1 - e^2} = 2a \quad .$$

Zu beachten ist noch, daß die große Halbachse bei der Hyperbelbahn wegen $e > 1$ definitionsgemäß negativ ist. Für parabelnahe Bahnen ($e \approx 1$) verwendet man statt a die Periheldistanz $q = r_{\min}$:

$$q = \frac{p}{1 + e} \quad . \tag{4.3}$$

In einer exakt parabolischen Bahn ist $q = p/2$.

4.2 Der Ort in der Bahn

Die Kegelschnittsgleichung gibt zwar alle möglichen Orte an, an denen sich ein Komet während seines Umlaufs befinden kann, beantwortet aber nicht die Frage, zu welchen Zeiten er sich dort aufhält. Zur Lösung dieses Problems bedient man sich des Flächensatzes. Am Beispiel einer geschlossenen Ellipsenbahn sollen die wesentlichen Schritte dazu erläutert werden.

Eine Ellipse der Exzentrizität e erhält man, wenn man einen Kreis entlang einer Richtung um den Faktor $\sqrt{1 - e^2}$ zusammendrückt. Die gesamte Fläche S einer Ellipse mit der großen Halbachse a ist daher um diesen Faktor kleiner als die eines Kreises mit Radius a:

$$S = (\pi a^2)\sqrt{1 - e^2} \quad .$$

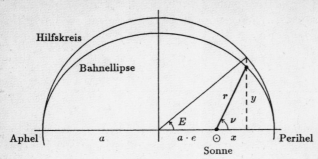

Abb. 4.3. Zur Definition der exzentrischen Anomalie E

Die Verbindungslinie Sonne-Komet überstreicht diese Fläche in der Umlaufzeit T und damit den Sektor

$$S(t) = (\pi a^2)\sqrt{1 - e^2}\left(\frac{t - t_0}{T}\right) \tag{4.4}$$

in der Zeit t nach dem Periheldurchgang t_0. Wenn es nun gelingt, die Fläche dieses Sektors S durch den Bahnort (r, ν) darzustellen, dann hat man damit die gesuchte Beziehung zwischen dem Bahnort und der Zeit t gefunden. Im Fall einer Kreisbahn ist dies noch recht einfach, da S hier direkt proportional zum Winkel ν und zum Quadrat der Halbachse ist. Bei einer allgemeinen Ellipse muß man allerdings eine Hilfsgröße — die *exzentrische Anomalie* — einführen. Ihre geometrische Bedeutung ist aus Abb. 4.3 ersichtlich. Wählt man die x-Achse in der dort angegebenen Weise, dann hat ein Punkt P auf der Ellipse die x-Koordinate $x = a \cdot \cos E - a \cdot e$. Der Term $a \cdot e$ steht dabei für die Entfernung des Mittelpunktes der Ellipse vom Brennpunkt, in dem sich die Sonne befindet. Die y-Koordinate ist um den Stauchungsfaktor $\sqrt{1 - e^2}$ kleiner als die des Punktes P' auf dem Umkreis, also gleich $y = \sqrt{1 - e^2} \cdot a \cdot \sin E$. Damit gilt

$$\begin{aligned}
x &= r\cos\nu = a(\cos E - e) \\
y &= r\sin\nu = a\sqrt{1 - e^2}\sin E \quad .
\end{aligned} \tag{4.5}$$

Zur Berechnung von S werden einige Hilfsflächen betrachtet, die in Abb. 4.4 noch einmal gesondert herausgezeichnet sind:

Kreissektor $(P'O\Pi)$: $S_1 = \pi a^2 E/360°$

Ellipsensektor $(PO\Pi)$: $S_2 = \sqrt{1 - e^2} \cdot S_1$

Dreieck $(O \odot P)$: $S_3 = \frac{1}{2}y \cdot (a \cdot e) = \frac{1}{2}a^2 e\sqrt{1 - e^2}\sin E$

Sektor $(P \odot \Pi)$: $S = S_2 - S_3 \quad .$

Mit Hilfe der exzentrischen Anomalie läßt sich die Fläche S demnach in der Form

$$S(t) = \frac{1}{2}a^2\sqrt{1 - e^2}\left(E\frac{\pi}{180°} - e\sin E\right) \tag{4.6}$$

darstellen. Vergleicht man dies mit der obigen Formel für $S(t)$, dann erhält man als Beziehung zwischen der exzentrischen Anomalie und der Zeit die *Keplergleichung*:

$$E(t) - \frac{180°}{\pi} e \sin E(t) = M(t) \tag{4.7}$$

mit

$$M(t) = 360° \frac{(t - t_0)}{T} \quad . \tag{4.8}$$

Um den Ort des Kometen in der Bahn zu einem beliebigen Zeitpunkt zu berechnen, muß man diese Gleichung nach E auflösen und den so erhaltenen Wert in die Gleichung (4.5) zur Bestimmung von x und y einsetzen. Im Abschnitt über die numerische Behandlung der Keplergleichung wird dies im einzelnen beschrieben.

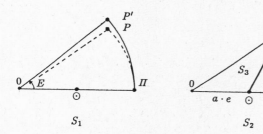

Abb. 4.4. Zur Herleitung der Sektorfläche S

Bisher wurde die Umlaufszeit als eine unabhängige Größe behandelt. Tatsächlich aber hängt sie über das *3. Keplersche Gesetz* mit der großen Halbachse zusammen:

$$\frac{a^3}{T^2} = \frac{GM_\odot}{4\pi^2} \quad \text{mit} \quad GM_\odot = 1.32712 \cdot 10^{20} \text{m}^3\text{s}^{-2} \quad . \tag{4.9}$$

Die Konstante auf der rechten Seite dieser Gleichung enthält das Produkt $GM_\odot$ aus Gravitationskonstante und Sonnenmasse. Die Einheiten Meter (m) und Sekunde (s), in denen diese Größe hier angegeben ist, werden in der Praxis allerdings kaum verwendet. Die üblichen Einheiten sind ein Tag (1 d = 86400 s) und eine Astronomische Einheit (1 AE $\approx$ 149.59787 Mio. km). Die AE bezeichnete ursprünglich den Wert der großen Halbachse der Erdbahn um die Sonne. Später entschloß sich die IAU dazu, die Astronomische Einheit so zu definieren, daß das Produkt aus Gravitationskonstante und Sonnenmasse den festgelegten Wert

$$GM_\odot = k^2 \text{AE}^3 \text{d}^{-2} \quad \text{mit}$$
$$k = 0.01720209895$$
$$k^2 \approx 2.959122083 \cdot 10^{-4}$$

hat. k ist dabei die sogenannte Gaußsche Gravitationskonstante. Durch diese zunächst etwas befremdlich wirkende Formulierung ist die Definition der AE von eventuellen langfristigen Änderungen des Erdbahndurchmessers unabhängig.

Neben dem Ort des Kometen in der Bahn wird später auch seine Geschwindigkeit benötigt. Die Formeln dafür seien hier noch angegeben:

$$\dot{x} = -\sqrt{\frac{GM_\odot}{a}} \, \frac{\sin E}{1 - e \cos E} \qquad (4.10)$$

$$\dot{y} = +\sqrt{\frac{GM_\odot(1-e^2)}{a}} \, \frac{\cos E}{1 - e \cos E} \quad .$$

Für Hyperbelbahnen findet man ähnliche Formeln wie für Ellipsenbahnen. An die Stelle der Winkelfunktionen treten hier die Hyperbelfunktionen $\sinh x = (e^x - e^{-x})/2$ und $\cosh x = (e^x + e^{-x})/2$. Es gilt:

$$x = r \cos \nu \;=\; |a| \, (e - \cosh H) \qquad (4.11)$$

$$y = r \sin \nu \;=\; |a| \, \sqrt{e^2 - 1} \, \sinh H$$

und

$$\dot{x} = -\sqrt{\frac{GM_\odot}{|a|}} \, \frac{\sinh H}{e \cosh H - 1} \qquad (4.12)$$

$$\dot{y} = +\sqrt{\frac{GM_\odot(e^2 - 1)}{|a|}} \, \frac{\cosh H}{e \cosh H - 1} \quad .$$

Die Größe H, die der exzentrischen Anomalie entspricht, genügt einer modifizierten Form der Keplergleichung:

$$e \sinh H - H \;=\; M_{\mathrm{h}} \;=\; \sqrt{\frac{GM_\odot}{|a|^3}} \cdot (t - t_0) \qquad (4.13)$$

Bei Parabelbahnen ($e = 1$) drückt man zunächst x und y durch $\tan(\nu/2)$ aus:

$$x = r \cos \nu \;=\; q \cdot \left(1 - \tan^2\left(\frac{\nu}{2}\right)\right) \qquad (4.14)$$

$$y = r \sin \nu \;=\; 2q \cdot \tan\left(\frac{\nu}{2}\right) \quad .$$

q bezeichnet darin die früher eingeführte Periheldistanz. Die wahre Anomlie ν hängt über die *Barkersche Gleichung* von der Zeit ab:

$$\tan\left(\frac{\nu}{2}\right) + \frac{1}{3} \tan^3\left(\frac{\nu}{2}\right) \;=\; \sqrt{\frac{GM_\odot}{2q^3}}(t - t_0) \quad . \qquad (4.15)$$

Es handelt sich dabei um eine Gleichung dritten Grades in $\tan(\nu/2)$. Im Gegensatz zur Keplergleichung kann sie zu gegebener Zeit t direkt nach ν aufgelöst werden. Setzt man

$$A = \frac{3}{2}\sqrt{\frac{GM_\odot}{2q^3}}(t - t_0) \qquad \text{und} \qquad B = \sqrt[3]{A + \sqrt{A^2 + 1}} \quad ,$$

dann ist

$$\tan(\nu/2) = B - 1/B \quad , \qquad \nu = 2 \arctan(B - 1/B) \quad .$$

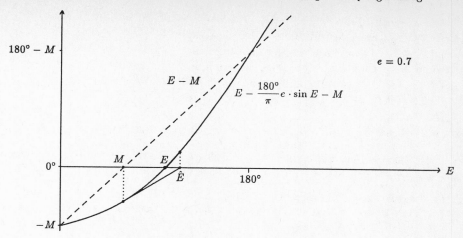

Abb. 4.5. Lösung der Keplergleichung mit Hilfe des Newtonverfahrens

4.3 Die numerische Behandlung der Keplergleichung

Die Keplergleichung läßt sich nicht analytisch nach der exzentrischen Anomalie als Funktion der mittleren Anomalie beziehungsweise der Zeit auflösen. Es gibt hierfür jedoch geeignete numerische Verfahren.

Zu einer gegebenen Zeit t berechnet man zunächst die mittlere Anomalie M. Für niedrige Exzentrizitäten unterscheidet sich diese nur wenig von der exzentrischen Anomalie E. Man kann sie deshalb als erste Näherung E_0 für eine anschließende Iteration verwenden. Formt man die Keplergleichung ein wenig um, dann erkennt man, daß zu ihrer Auflösung die Nullstelle der Funktion

$$f(E) = E - \frac{180°}{\pi} e \sin E - M(t)$$

zu bestimmen ist. Eine bekannte Methode, die Nullstelle einer Funktion $f(x)$ zu finden, ist das *Newtonverfahren* (vgl. Abb. 4.5). Dazu nähert man die Funktion an einer Stelle x in der Umgebung der Nullstelle durch ihre Tangente mit der Steigung $f'(x)$ an und berechnet deren Schnittpunkt mit der x-Achse:

$$\hat{x} = x - \frac{f(x)}{f'(x)} \quad .$$

Im allgemeinen erhält man so eine verbesserte Näherung $\hat{x}$ für die Nullstelle der Funktion f. Die Iterationsvorschrift hat im Fall der Keplergleichung die Gestalt

$$\hat{E} = E - \frac{E - (180°/\pi) \cdot e \cdot \sin E - M(t)}{1 - e \cdot \cos E} \quad .$$

E ist dabei in Grad einzusetzen. Arbeitet man stattdessen im Bogenmaß, so ist der Faktor $180°/\pi$ durch 1 zu ersetzen. Bei kreisnahen Bahnen erhält man in typischerweise rund drei Schritten eine auf etwa zehn Stellen genaue Lösung für

E. Allerdings sollte man sich davor hüten, das Newtonverfahren unbesehen bei hohen Exzentrizitäten anzuwenden. Es sei dem Leser an dieser Stelle nahegelegt, sich einmal selbst vom Verhalten der Iteration für $e = 0.99$ und $E_0 = M = 5°$ zu überzeugen. Sicherheit bietet hier allerdings ein anderer Startwert, nämlich $E_0 = \pi = 180°$. In der Funktion ECCANOM wird dieser Startwert für Exzentrizitäten ab $e = 0.8$ eingesetzt.

```
(*----------------------------------------------------------------------*)
(* ECCANOM: Berechnung der exzentrischen Anomalie E=ECCANOM(MAN,ECC)     *)
(*          aus der mittleren Anomalie MAN und der Exzentrizitaet ECC.   *)
(*          (Loesung der Keplergleichung durch Newtonverfahren.)         *)
(*          (E, MAN in Grad)                                             *)
(*----------------------------------------------------------------------*)
FUNCTION ECCANOM(MAN,ECC:REAL):REAL;
  CONST PI=3.141592654; TWOPI=6.283185308; RAD=0.0174532925199433;
        EPS = 1E-11; MAXIT = 15;
  VAR M,E,F: REAL;
      I    : INTEGER;
  BEGIN
    M:=MAN/360.0;  M:=TWOPI*(M-TRUNC(M)); IF M<0 THEN M:=M+TWOPI;
    IF (ECC<0.8) THEN E:=M ELSE E:=PI;
    F := E - ECC*SIN(E) - M; I:=0;
    WHILE ( (ABS(F)>EPS) AND (I<MAXIT) ) DO
      BEGIN
        E := E - F / (1.0-ECC*COS(E));  F := E-ECC*SIN(E)-M; I:=I+1;
      END;
    ECCANOM:=E/RAD;
    IF (I=MAXIT) THEN  WRITELN(' Konvergenzprobleme in ECCANOM');
  END;
(*----------------------------------------------------------------------*)
```

Mit Hilfe dieser Funktion kann die exzentrische Anomalie nun mit einem einzigen Aufruf bestimmt werden. Die restlichen Schritte, die zur Berechnung eines Bahnortes in der Ellipse benötigt werden, sind in der Prozedur ELLIP zusammengefaßt:

```
(*----------------------------------------------------------------------*)
(* ELLIP: Berechnung des Orts- und Geschwindigkeitsvektors              *)
(*        fuer elliptische Bahnen                                        *)
(*                                                                      *)
(*        M    mittlere Anomalie zum           X,Y   Ortsvektor (in AE)  *)
(*             Berechnungszeitpunkt in Grad    VX,VY Geschwindigkeit     *)
(*        A    grosse Halbachse (in AE)              (in AE/Tag)         *)
(*        ECC  Exzentrizitaet                                            *)
(*----------------------------------------------------------------------*)
PROCEDURE ELLIP(M,A,ECC:REAL;VAR X,Y,VX,VY:REAL);
  CONST KGAUSS = 0.01720209895;
  VAR K,E,C,S,FAC,RHO: REAL;
  BEGIN
    K  := KGAUSS / SQRT(A);
    E  := ECCANOM(M,ECC);   C:=CS(E); S:=SN(E);
    FAC:= SQRT((1.0-ECC)*(1+ECC)); RHO:=1.0-ECC*C;
    X := A*(C-ECC); Y :=A*FAC*S;   VX:=-K*S/RHO;   VY:=K*FAC*C/RHO;
  END;
(*----------------------------------------------------------------------*)
```

In entsprechender Weise läßt sich die Keplergleichung für Hyperbelbahnen lösen. Hier lautet die Iterationsvorschrift:

$$\hat{H} = H - \frac{e \cdot \sinh H - H - M_{\mathrm{h}}(t)}{e \cdot \cosh H - 1} \quad .$$

Ein geeigneter Startwert dazu ist

$$H_0 = \left\{ \begin{array}{ll} +\ln(+1.8 + 2M_{\mathrm{h}}/e) & \text{für } M_{\mathrm{h}} \geq 0 \\ -\ln(-1.8 - 2M_{\mathrm{h}}/e) & \text{für } M_{\mathrm{h}} < 0 \end{array} \right. \quad .$$

```
(*---------------------------------------------------------------*)
(* HYPANOM: Berechnung der exzentrischen Anomalie H=HYPANOM(MH,ECC) zur  *)
(*          mittleren Anomalie MH und zur Exzentrizitaet ECC bei         *)
(*          hyperbolischen Bahnen                                        *)
(*---------------------------------------------------------------*)
FUNCTION HYPANOM(MH,ECC:REAL):REAL;
  CONST EPS=1E-10; MAXIT=15;
  VAR  H,F,EXH,SINHH,COSHH: REAL;
       I              : INTEGER;
  BEGIN
    H:=LN(2.0*ABS(MH)/ECC+1.8); IF (MH<0.0) THEN H:=-H;
    EXH:=EXP(H); SINHH:=0.5*(EXH-1.0/EXH); COSHH:=0.5*(EXH+1.0/EXH);
    F := ECC*SINHH-H-MH; I:=0;
    WHILE ( (ABS(F)>EPS*(1.0+ABS(H+MH))) AND (I<MAXIT) )  DO
      BEGIN
        H := H - F / (ECC*COSHH-1.0);
        EXH:=EXP(H); SINHH:=0.5*(EXH-1.0/EXH); COSHH:=0.5*(EXH+1.0/EXH);
        F := ECC*SINHH-H-MH; I:=I+1;
      END;
    HYPANOM:=H;
    IF (I=MAXIT) THEN  WRITELN(' Konvergenzprobleme in HYPANOM');
  END;
(*---------------------------------------------------------------*)
```

Die rechtwinkeligen Koordinaten des Kometen in der Bahn kann man mit der Prozedur HYPERB nach den Formeln des vorangehenden Abschnitts berechnen. Anders als bei ELLIP werden der Zeitpunkt des Periheldurchgangs und der Berechnungszeitpunkt anstelle der mittleren Anomalie M_{h} als Eingaben verlangt. Der Grund für diese unterschiedliche Wahl der Übergabegrößen liegt darin, daß das Unterprogramm ELLIP auch für die Berechnung von Asteroiden- und Planetenbahnen geeignet sein soll. Bei diesen Himmelskörpern wird aber im Gegensatz zu den Kometenbahnen nur selten die Perihelzeit als Bahnelement verwendet. Stattdessen findet man meist Angaben über die mittlere Anomalie M_{Ep} und deren tägliche Änderung n zu einer bestimmten Epoche t_{Ep}. Die mittlere Anomalie $M = M_{\mathrm{Ep}} + n(t - t_{\mathrm{Ep}})$ zu einer beliebigen Zeit t kann dann direkt als Eingabe für ELLIP benutzt werden. Hyperbelbahnen treten dagegen überhaupt nur bei Kometenbahnen auf, bei denen wiederum die Angabe der Perihelzeit als Bahnelement üblich ist.

```
(*-----------------------------------------------------------------------*)
(* HYPERB: Berechnung des Orts- und Geschwindigkeitsvektors             *)
(*          fuer hyperbolische Bahnen                                    *)
(*                                                                       *)
(*      TO   Zeitpunkt des Periheldurchgangs        X,Y   Ortsvektor     *)
(*      T    Berechnungszeitpunkt               VX,VY Geschwindigkeit *)
(*      A    grosse Halbachse (Vorzeichen beliebig)                      *)
(*      ECC  Exzentrizitaet                                              *)
(*      (TO,T in julianischen Jahrhunderten seit J2000)                  *)
(*-----------------------------------------------------------------------*)
PROCEDURE HYPERB(TO,T,A,ECC:REAL;VAR X,Y,VX,VY:REAL);
  CONST KGAUSS = 0.01720209895;
  VAR K,MH,H,EXH,COSHH,SINHH,RHO,FAC: REAL;
  BEGIN
    A    := ABS(A);
    K    := KGAUSS / SQRT(A);
    MH   := K*36525.0*(T-TO)/A;
    H    := HYPANOM(MH,ECC);
    EXH  := EXP(H);   COSHH:=0.5*(EXH+1.0/EXH); SINHH:=0.5*(EXH-1.0/EXH);
    FAC  := SQRT((ECC+1.0)*(ECC-1.0));   RHO := ECC*COSHH-1.0;
    X    := A*(ECC-COSHH);   Y   := A*FAC*SINHH;
    VX   :=-K*SINHH/RHO;     VY  := K*FAC*COSHH/RHO;
  END;
(*-----------------------------------------------------------------------*)
```

4.4 Parabelnahe Bahnen

Im letzten Abschnitt wurde bereits angedeutet, daß die Berechnung von elliptischen oder hyperbolischen Kometenbahnen mit Exzentrizitäten in der Nähe
von Eins bei kleinen Anomalien nicht immer ganz einfach ist. Man kann diese
Schwierigkeiten aber von vornherein umgehen, wenn man sich zunutze macht,
daß die Bahnen unter den genannten Voraussetzungen große Ähnlichkeit mit einer Parabel haben. Die hier gezeigte Methode geht auf den Himmelsmechaniker
Karl Stumpff zurück.

Aus der Keplergleichung

$$E(t) - e \sin E(t) = \sqrt{\frac{GM_\odot}{a^3}} \cdot (t - t_0) \quad ,$$

die hier im Bogenmaß ($180° = \pi$) formuliert ist, folgt mit

$$q = a/(1 - e) \quad \text{und} \quad c_3 = (E - \sin E)/E^3$$

zunächst

$$(1 - e) \cdot E + e \cdot c_3(E) \cdot E^3 = \sqrt{GM_\odot \left(\frac{1 - e}{q}\right)^3 \cdot (t - t_0)}$$

und mit Einführung einer neuen Größe

$$U = \sqrt{\frac{3e \cdot c_3(E)}{1 - e}} \cdot E$$

die modifizierte Form

$$U + \frac{1}{3}U^3 = \sqrt{6ec_3(E)} \cdot \sqrt{\frac{GM_\odot}{2q^3}} \cdot (t - t_0) \quad .$$

Diese Gleichung hat bereits die formale Gestalt der Barkerschen Gleichung und kann bei bekannter rechter Seite nach U aufgelöst werden. Weiter erhält man mit $c_1(E) = \sin(E)/E$ und $c_2(E) = (1 - \cos(E))/E^2$

$$x = r\cos\nu = \frac{q}{1-e}(\cos E - e) \quad = \quad q \cdot \left(1 - \left[\frac{2c_2}{6ec_3}\right]U^2\right)$$

$$y = r\sin\nu = \frac{q}{1-e}\sqrt{1-e^2}\sin E \quad = \quad 2q \cdot \sqrt{\frac{1+e}{2e}} \cdot \left[\frac{1}{6c_3}\right] \cdot c_1 \cdot U \quad (4.16)$$

$$r \qquad\qquad\qquad\qquad = \quad q \cdot \left(1 + \left[\frac{2c_2}{6c_3}\right]U^2\right) \quad .$$

Später werden noch die Formeln für die Geschwindigkeit des Kometen benötigt, deren Ableitung allerdings etwas aufwendiger wäre und deshalb hier nicht gezeigt wird:

$$\dot{x} = -\sqrt{\frac{GM_\odot}{q(1+e)}}\left(\frac{y}{r}\right)$$

$$\dot{y} = +\sqrt{\frac{GM_\odot}{q(1+e)}}\left(\frac{x}{r}+e\right) \quad . \qquad (4.17)$$

Zwischen U und der wahren Anomalie ν besteht ferner der Zusammenhang

$$\tan\left(\frac{\nu}{2}\right) = \left[\sqrt{\frac{1+e}{3ec_3}} \cdot \frac{c_2}{c_1}\right] \cdot U \quad ,$$

der hier der Vollständigkeit halber erwähnt ist.

Alle Terme, die in den obigen Gleichungen in eckige Klammern gesetzt sind, haben die Eigenschaft, daß sie für $E \to 0$ und $e \to 1$ den Wert Eins annehmen. In diesem Grenzfall gehen die Formeln in die bereits behandelten Gleichungen für Parabelbahnen über.

Die gezeigten Umformungen verhindern natürlich nicht, daß die Keplerglei-chung auch weiterhin iterativ gelöst werden muß. Wesentlich ist aber, daß die Ite-ration keine numerischen Schwierigkeiten mehr bereitet. Man beginnt zunächst mit der Annahme $E \approx 0$ ($c_3(E) \approx 1/6$) und bestimmt den zugehörigen Wert U durch Auflösung der Kepler-/Barkerschen Gleichung.

$$U = B - 1/B$$

mit

$$B = \sqrt[3]{A + \sqrt{A^2 + 1}} \quad \text{und} \quad A = \frac{3}{2}\sqrt{6ec_3(E)}\sqrt{\frac{GM_\odot}{2q^3}} \cdot (t - t_0) \quad .$$

Hieraus folgen verbesserte Werte

$$\hat{E} = U \cdot \sqrt{\frac{1-e}{3e \cdot c_3(E)}} \quad \text{und} \quad c_3(\hat{E}) = \frac{\hat{E} - \sin\hat{E}}{\hat{E}^2} \quad ,$$

mit denen man wieder ein genaueres $\hat{u}$ erhält. Diese Schritte werden wiederholt, bis sich U im Rahmen der geforderten Genauigkeit nicht mehr verändert. Wichtig ist dabei allerdings, daß man die Funktionen $c_1(E)$, $c_2(E)$ und $c_3(E)$ für kleine Werte von E richtig berechnet. Aufgrund gegenseitiger Auslöschung einzelner Terme ist dies mit einer direkten Auswertung der trigonometrischen Funktionen nicht möglich. Stattdessen verwendet man die Taylorentwicklungen von c_1, c_2 und c_3, die folgende Form haben:

$$
\begin{aligned}
c_1(E) &= \frac{\sin E}{E} = 1 - \frac{E^2}{3!} + \frac{E^4}{5!} - \cdots = \sum_{n=1}^{\infty} \alpha_n \\
c_2(E) &= \frac{1 - \cos E}{E^2} = \frac{1}{2!} - \frac{E^2}{4!} + \frac{E^4}{6!} - \cdots = \sum_{n=1}^{\infty} \beta_n \\
c_3(E) &= \frac{E - \sin E}{E^3} = \frac{1}{3!} - \frac{E^2}{5!} + \frac{E^4}{7!} - \cdots = \sum_{n=1}^{\infty} \gamma_n
\end{aligned}
\qquad (4.18)
$$

Alle drei Reihen enthalten ausschließlich gerade Potenzen von E und konvergieren daher sehr rasch. Die Summanden lassen sich bequem mit folgender Rekursion auswerten:

$$\alpha_1 = 1$$
$$\beta_n = \alpha_n \cdot \frac{1}{2n}, \quad \gamma_n = \beta_n \cdot \frac{1}{2n+1}, \quad \alpha_{n+1} = -E^2 \cdot \gamma_n \quad (n = 1, \ldots) \quad .$$

Sie wird im Unterprogramm STUMPFF solange ausgeführt, bis ein Summand kleiner als die gewünschte Genauigkeit EPS wird.

```
(*-----------------------------------------------------------------*)
(*   STUMPFF: Berechnung der Stumpff-Funktionen  C1 = sin(E)/E ,    *)
(*            C2 = (1-cos(E))/(E**2) und C3 = (E-sin(E))/(E**3)     *)
(*            zum Argument E2=E**2                                  *)
(*            (E: exzentrische Anomalie im Bogenmass)               *)
(*-----------------------------------------------------------------*)
PROCEDURE STUMPFF(E2:REAL;VAR C1,C2,C3:REAL);
  CONST EPS=1E-12;
  VAR N,ADD: REAL;
  BEGIN
    C1:=0.0; C2:=0.0; C3:=0.0; ADD:=1.0; N:=1.0;
    REPEAT
      C1:=C1+ADD; ADD:=ADD/(2.0*N);
      C2:=C2+ADD; ADD:=ADD/(2.0*N+1.0);
      C3:=C3+ADD; ADD:=-E2*ADD; N:=N+1.0;
    UNTIL ABS(ADD)<EPS;
  END;
(*-----------------------------------------------------------------*)
```

Die übrigen Gleichungen für parabolische und parabelnahe Kometenbahnen sind in der Routine PARAB programmiert, die genauso aufgerufen wird wie HYPERB.

```
(*-------------------------------------------------------------------------*)
(* PARAB: Berechnung des Orts- und Geschwindigkeitsvektors                 *)
(*         fuer parabolische und nahe-parabolische Bahnen nach Stumpff      *)
(*                                                                          *)
(*         TO    Zeitpunkt des Periheldurchgangs    X,Y    Ortsvektor       *)
(*         T     Berechnungszeitpunkt               VX,VY  Geschwindigkeit  *)
(*         Q     Periheldistanz                                             *)
(*         ECC   Exzentrizitaet                                             *)
(*         (TO,T in julianischen Jahrhunderten seit J2000)                  *)
(*-------------------------------------------------------------------------*)
PROCEDURE PARAB(TO,T,Q,ECC:REAL;VAR X,Y,VX,VY:REAL);
  CONST EPS    = 1E-9;
        KGAUSS = 0.01720209895;
        MAXIT  = 15;
  VAR E2,E20,FAC,C1,C2,C3,K,TAU,A,U,U2: REAL;
      R: REAL;
      I: INTEGER;
  BEGIN
    E2:=0.0;  FAC:=0.5*ECC;  I:=0;
    K    := KGAUSS / SQRT(Q*(1.0+ECC));
    TAU := KGAUSS * 36525.0*(T-TO);
    REPEAT
      I:=I+1;
      E20:=E2;
      A:=1.5*SQRT(FAC/(Q*Q*Q))*TAU;  A:=CUBR(SQRT(A*A+1.0)+A);
      U:=A-1.0/A;   U2:=U*U;   E2:=U2*(1.0-ECC)/FAC;
      STUMPFF(E2,C1,C2,C3); FAC:=3.0*ECC*C3;
    UNTIL (ABS(E2-E20)<EPS)OR(I>MAXIT);
    IF (I=MAXIT) THEN  WRITELN(' Konvergenzprobleme in PARAB');
    R :=Q*(1.0+U2*C2*ECC/FAC);
    X :=Q*(1.0-U2*C2/FAC);              VY:= K*(X/R+ECC);
    Y :=Q*SQRT((1.0+ECC)/FAC)*U*C1; VX:=-K*Y/R;
  END;
(*-------------------------------------------------------------------------*)
```

4.5 Die Gaußschen Vektoren

Die bisher zusammengestellten Unterprogramme erlauben die Berechnung des Kometenortes innerhalb der Bahnebene. Um nun die ekliptikalen Koordinaten des Kometen bestimmen zu können, muß man zunächst die Lage der Bahn relativ zur Ekliptik festlegen. Dazu dienen drei weitere Bahnelemente (Abb. 4.6):

i Die *Bahnneigung* gibt an, in welchem Winkel sich die Bahnebene und die Ekliptik schneiden. Ein Schnittwinkel von über 90° bedeutet, daß der Komet sich rückläufig bewegt, sein Umlaufssinn um die Sonne also dem der Planeten entgegengesetzt ist.

Ω Die *Länge des aufsteigenden Knotens* bezeichnet den Winkel zwischen dem Frühlingspunkt und demjenigen Punkt der Bahn, in dem der Komet die Ekliptik von Süd nach Nord kreuzt.

ω Das *Argument des Perihels* gibt den Winkel zwischen der Richtung des aufsteigenden Knotens und der Richtung zum sonnennächsten Punkt der Bahn an.

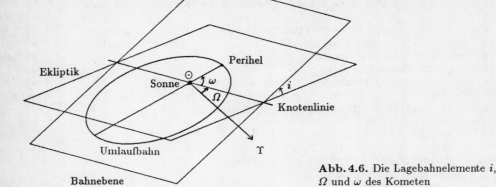

Abb. 4.6. Die Lagebahnelemente i, Ω und ω des Kometen

Anstelle des letztgenannten Elements ω wird sehr oft die *Länge des Perihels* ($\varpi = \Omega + \omega$) verwendet, die als Summe aus Knotenlänge und Argument des Perihels definiert ist.

Da sich die Lage von Frühlingspunkt und Ekliptik aufgrund der Präzession langsam verändert, wird zu den Bahnelementen auch deren Äquinoktium mit angegeben. „Äquinoktium 1950" bedeutet zum Beispiel, daß sich die Elemente auf den Frühlingspunkt und die Ekliptik von 1950 beziehen.

Zur Ableitung der Transformationsgleichungen geht man von einem Koordinatensystem (x'', y'', z'') aus, dessen x''-Achse in Richtung des aufsteigenden Knotens weist und dessen x''-y''-Ebene mit der Bahnebene zusammenfällt (Abb. 4.7). Ein Bahnpunkt mit der wahren Anomalie ν und der Entfernung r von der Sonne hat darin die Koordinaten

$$
\begin{aligned}
x'' &= r\cos u \\
y'' &= r\sin u \\
z'' &= 0 \quad ,
\end{aligned}
$$

wobei das *Argument der Breite* u die Summe aus dem Argument des Perihels und der wahren Anomalie bezeichnet:

$$
u = \omega + \nu \quad . \tag{4.19}
$$

Nun geht man über zum System (x', y', z'), dessen x'-Achse ebenfalls in Richtung der Knotenlinie zeigt, dessen x'-y'-Ebene aber in der Ekliptik liegt. Beide Koordinatensystem sind gerade um den Winkel i der Bahnneigung gegeneinander verdreht:

$$
\begin{aligned}
x' &= x'' & &= r\cos u \\
y' &= y''\cos i - z''\sin i & &= r\sin u\cos i \\
z' &= y''\sin i + z''\cos i & &= r\sin u\sin i \quad .
\end{aligned}
$$

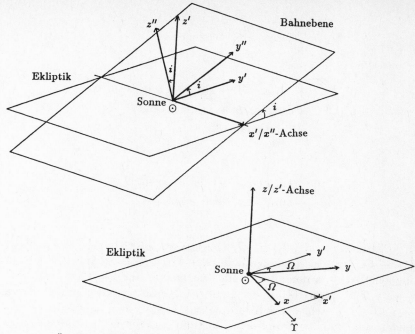

Abb. 4.7. Übergang zu ekliptikalen Koordinaten

Die so erhaltenen Koordinaten beziehen sich bereits auf die Ekliptik, werden allerdings noch vom aufsteigenden Knoten aus gezählt. Deshalb wird im folgenden Schritt noch einmal in ein neues Koordinatensystem gewechselt, dessen Achsen (x, y, z) in der gewohnten Weise auf Frühlingspunkt und Ekliptik ausgerichtet sind:

$$
\begin{aligned}
x &= x' \cos \Omega - y' \sin \Omega \\
y &= x' \sin \Omega + y' \cos \Omega \\
z &= z' \quad .
\end{aligned}
$$

Zusammen erhält man so die Gleichungen

$$
\begin{aligned}
x &= r \cdot (\cos u \cos \Omega - \sin u \cos i \sin \Omega) \\
y &= r \cdot (\cos u \sin \Omega + \sin u \cos i \cos \Omega) \\
z &= r \cdot (\sin u \sin i) \quad .
\end{aligned}
\tag{4.20}
$$

Ersetzt man noch mit Hilfe der Additionstheoreme

$$
\begin{aligned}
\cos u \quad &\text{durch} \quad \cos \omega \cos \nu - \sin \omega \sin \nu \quad \text{und} \\
\sin u \quad &\text{durch} \quad \sin \omega \cos \nu + \cos \omega \sin \nu \quad ,
\end{aligned}
$$

dann erhält man eine auf Gauß zurückgehende Darstellung, die für die praktische Rechnung besonders gut geeignet ist:

$$x = r \cos \nu \cdot P_x + r \sin \nu \cdot Q_x$$
$$y = r \cos \nu \cdot P_y + r \sin \nu \cdot Q_y \qquad (4.21)$$
$$z = r \cos \nu \cdot P_z + r \sin \nu \cdot Q_z$$

mit

$$P_x = + \cos \omega \cos \Omega - \sin \omega \cos i \sin \Omega$$
$$P_y = + \cos \omega \sin \Omega + \sin \omega \cos i \cos \Omega \qquad (4.22)$$
$$P_z = + \sin \omega \sin i$$

und

$$Q_x = - \sin \omega \cos \Omega - \cos \omega \cos i \sin \Omega$$
$$Q_y = - \sin \omega \sin \Omega + \cos \omega \cos i \cos \Omega \qquad (4.23)$$
$$Q_z = + \cos \omega \sin i \quad .$$

Die Größen (P_x, P_y, P_z) und (Q_x, Q_y, Q_z) lassen sich als Komponenten zweier
Vektoren $\boldsymbol{P}$ und $\boldsymbol{Q}$, der sogenannten Gaußschen Vektoren, verstehen, die beide
in der Bahnebene liegen, aufeinander senkrecht stehen und die Länge Eins ha-
ben. Dabei zeigt $\boldsymbol{P}$ in die Richtung des Perihels. $\boldsymbol{P}$ und $\boldsymbol{Q}$ bilden damit gerade
die x-Achse und die y-Achse des Koordinatensystems, in dem in den frühe-
ren Abschnitten die Bahnbewegung des Kometen formuliert wurde. Bezeichnet
man zur Unterscheidung von den ekliptikalen Koordinaten $\boldsymbol{r} = (x, y, z)$ und
$\boldsymbol{v} = (\dot{x}, \dot{y}, \dot{z})$ den Ort und die Geschwindigkeit des Kometen in der Bahn mit
$(\tilde{x}, \tilde{y}) = (r \cos \nu, r \sin \nu)$ und $(\dot{\tilde{x}}, \dot{\tilde{y}})$, dann gilt deshalb

$$\boldsymbol{r} = \tilde{x}\boldsymbol{P} + \tilde{y}\boldsymbol{Q} \qquad (4.24)$$
$$\boldsymbol{v} = \dot{\tilde{x}}\boldsymbol{P} + \dot{\tilde{y}}\boldsymbol{Q} \quad .$$

Die Verwendung dieser Beziehungen ist besonders dann empfehlenswert, wenn
man eine ganze Reihe heliozentrischer Kometenorte auf einmal berechnen will.
Die Gaußschen Vektoren brauchen dann nur einmal zu Beginn bestimmt werden,
da sie nur von den Bahnelementen und nicht von der Zeit abhängen.

```
(*----------------------------------------------------------------------*)
(* GAUSVEC: Berechnung der Gauss'schen Vektoren  (P,Q,R) aus            *)
(*          ekliptikalen Bahnelementen:                                 *)
(*          LAN = Knotenlaenge (longitude of ascending node)            *)
(*          INC = Bahnneigung (inclination)                             *)
(*          AOP = Argument des Perihels (argument of perihelion)        *)
(*----------------------------------------------------------------------*)
PROCEDURE GAUSVEC(LAN,INC,AOP:REAL;VAR PQR:REAL33);
  VAR C1,S1,C2,S2,C3,S3: REAL;
  BEGIN
    C1:=CS(AOP);  C2:=CS(INC);  C3:=CS(LAN);
    S1:=SN(AOP);  S2:=SN(INC);  S3:=SN(LAN);
    PQR[1,1]:=+C1*C3-S1*C2*S3; PQR[1,2]:=-S1*C3-C1*C2*S3; PQR[1,3]:=+S2*S3;
    PQR[2,1]:=+C1*S3+S1*C2*C3; PQR[2,2]:=-S1*S3+C1*C2*C3; PQR[2,3]:=-S2*C3;
    PQR[3,1]:=+S1*S2;          PQR[3,2]:=+C1*S2;          PQR[3,3]:=+C2;
  END;
```

```
(*-------------------------------------------------------------------*)
(* ORBECL: Transformation von Koordinaten im System der Bahnebene    *)
(*         in ekliptikale Koordinaten                                *)
(*-------------------------------------------------------------------*)
PROCEDURE ORBECL(XX,YY:REAL;PQR:REAL33;VAR X,Y,Z:REAL);
  BEGIN
    X:=PQR[1,1]*XX+PQR[1,2]*YY;
    Y:=PQR[2,1]*XX+PQR[2,2]*YY;
    Z:=PQR[3,1]*XX+PQR[3,2]*YY;
  END;
(*-------------------------------------------------------------------*)
```

Das Unterprogramm GAUSVEC berechnet aus den Lageelementen der Bahn die Vektoren P und Q sowie zusätzlich den Vektor R, der auf P und Q senkrecht steht und wie diese die Länge Eins hat. R wird zwar nicht unmittelbar benötigt, ist aber einfach zu berechnen und kann für andere Zwecke nützlich sein. PQR ist eine 3×3-Matrix, die als Datentyp REAL33 vereinbart ist. Eine entsprechende Definition

```
        TYPE REAL33: ARRAY[1..3,1..3];
```

wird ins jeweilige Hauptprogramm aufgenommen. Nun kann man mit Hilfe der Routine ORBECL aus den kartesischen Koordinaten in der Bahnebene die entsprechenden dreidimensionalen Koordinaten relativ zur Ekliptik bestimmen.

Die bisherigen entwickelten Programmteile zur Kometenbewegung lassen sich gut in einem Unterprogramm zusammenfassen, das sich für alle Bahnformen eignet und direkt die ekliptikalen heliozentrischen Koordinaten liefert.

```
(*-------------------------------------------------------------------*)
(* KEPLER:Berechnung des Orts- und Geschwindigkeitsvektors          *)
(*        fuer elliptische, parabolische und hyperbolische Bahnen    *)
(*        (ungestoertes Zweikoerperproblem)                          *)
(*                                                                   *)
(*        TO   Zeitpunkt des Periheldurchgangs      X,Y,Z   Ortsvektor    *)
(*        T    Berechnungszeitpunkt                 VX,VY,VZ Geschwindigkeit *)
(*        Q    Periheldistanz                                        *)
(*        ECC  Exzentrizitaet                                        *)
(*        PQR  Matrix mit den Gauss'schen Vektoren                   *)
(*        (TO,T in julianischen Jahrhunderten seit J2000)            *)
(*-------------------------------------------------------------------*)
PROCEDURE KEPLER(TO,T,Q,ECC:REAL;PQR:REAL33;VAR X,Y,Z,VX,VY,VZ:REAL);
  CONST MO=5.0; EPS=0.1;
        KGAUSS = 0.01720209895; DEG = 57.29577951;
  VAR M,DELTA,TAU,INVAX,XX,YY,VVX,VVY: REAL;
  BEGIN
    DELTA := ABS(1.0-ECC);
    INVAX := DELTA / Q;
    TAU   := KGAUSS*36525.0*(T-TO);
    M     := DEG*TAU*SQRT(INVAX*INVAX*INVAX);
    IF ( (M<MO) AND (DELTA<EPS) )
      THEN  PARAB(TO,T,Q,ECC,XX,YY,VVX,VVY)
      ELSE IF (DELTA>0.0)
```

```
      THEN ELLIP (M,1.0/INVAX,ECC,XX,YY,VVX,VVY)
      ELSE HYPERB(TO,T,1.0/INVAX,ECC,XX,YY,VVX,VVY);
   ORBECL(XX,YY,PQR,X,Y,Z); ORBECL(VVX,VVY,PQR,VX,VY,VZ);
  END;
(*------------------------------------------------------------------------*)
```

4.6 Die Lichtlaufzeit

Das beobachtete Licht des Kometen benötigt für die Strecke zu uns eine Zeit, die je nach seiner Entfernung im Rahmen einiger Minuten bis Stunden liegen kann. Da sich der Komet während dieser Lichtlaufzeit weiterbewegt, liegt der beobachtete Ort ein wenig hinter dem tatsächlichen geometrischen Ort des Kometen zurück. Da die Lichtgeschwindigkeit c wesentlich größer ist als die typische Geschwindigkeit eines Kometen, bedeutet die Berücksichtigung der Lichtlaufzeit meist nur eine kleine Korrektur im Bereich von einigen Bogensekunden bis zu etwa einer Bogenminute. Man kann deshalb von einigen Näherungen Gebrauch machen, die es gestatten, die Lichtlaufzeit relativ einfach zu behandeln. Um den Ort $r(t)$ zu berechnen, an dem der Komet zur Zeit t gesehen wird, berechnet man zunächst für diesen Zeitpunkt die heliozentrischen Koordinaten $r_k(t)$ des Kometen und die geozentrischen Sonnenkoordinaten $r_\odot(t)$. Die Strecke

$$\Delta_0 = |r_0| = |r_\odot(t) + r_k(t)| = \sqrt{(x_\odot + x_k)^2 + (y_\odot + y_k)^2 + (z_\odot + z_k)^2}$$

gibt dann die geometrische Entfernung des Kometen von der Erde zur Zeit t an. Sie unterscheidet sich nur wenig von der vom Lichtstrahl tatsächlich zurückgelegten Strecke

$$\Delta = |r_\odot(t) + r_k(t')| \text{ mit } t' = t - \frac{\Delta}{c} ,$$

die aber nur iterativ berechnet werden kann, weil der Zeitpunkt t' der Lichtaussendung vom Kometen nicht von vornherein bekannt ist. Die Lichtlaufzeit ist damit $\tau \approx \Delta_0/c$ und der heliozentrische Kometenort zur Zeit t' ergibt sich in guter Näherung zu

$$r_k(t') \approx r_k(t) - v_k(t) \cdot \frac{\Delta_0}{c} .$$

Mit den so *retardierten* (d.h. zurückversetzten) heliozentrischen Koordinaten des Kometen ist der beobachtete geozentrische Ortsvektor dann

$$r \approx r_\odot(t) + \left\{ r_k(t) - v_k(t) \cdot \frac{\Delta_0}{c} \right\} . \tag{4.25}$$

Der Faktor $1/c$ hat in den hier gebräuchlichen Einheiten AE und d den Wert

$$1/c = 0{.}^{\mathrm{d}}00578/\text{AE} .$$

Die in der beschriebenen Weise korrigierten Koordinaten des Kometen werden als *astrometrische* Koordinaten bezeichnet. Sie eignen sich direkt für den Vergleich der Kometenposition mit Sternkoordinaten in einem Himmelsatlas. Anzumerken ist noch, daß für die geozentrische Entfernung üblicherweise nur der Wert der geometrischen Entfernung Δ_0 (und nicht der Lichtweg Δ) angegeben wird.

4.7 Das Programm COMET

Das Programm COMET berechnet Ephemeriden von Kometen und Asteroiden nach dem Zweikörperproblem. Die Störungen des betrachteten Himmelskörpers durch die anderen Planeten werden dabei nicht erfaßt. Diese Vereinfachung genügt jedoch meist für die Anforderungen der Praxis. Beim Vergleich der Ergebnisse dieses Programmes mit anderen Quellen sollte man aber darauf achten, ob die dort angegebenen Daten unter derselben Voraussetzung berechnet wurden. Der Benutzer muß sich nicht darum kümmern, welcher Bahntyp (Ellipse, Parabel oder Hyperbel) vorliegt. COMET erkennt dies anhand der gegebenen Exzentrizität und wählt intern den dazu passenden Rechenweg. Langgestreckte Ellipsen mit hoher Exzentrizität werden dabei nach dem numerisch sicheren Verfahren von Stumpff behandelt.

COMET berechnet heliozentrische ekliptikale und geozentrische äquatoriale Koordinaten. In beiden Fällen wird die Präzession auf das gewünschte Äquinoktium berücksichtigt. Die geozentrischen Koordinaten sind zusätzlich für den Einfluß der Lichtlaufzeit korrigiert. Die geozentrischen Koordinaten in dieser Form (mit Berücksichtigung von Präzession und Lichtlaufzeit) werden als astrometrische Koordinaten bezeichnet. Sie sind unmittelbar mit den Positionen in einem Sternkatalog vergleichbar oder man kann sie zum Aufsuchen des Objekts in eine Himmelskarte (desselben Äquinoktiums!) einzeichnen.

Bei Vergleichen mit anderen Quellen ist wiederum genau darauf zu achten, ob dort wirklich astrometrische Koordinaten im selben Äquinoktium angegeben sind, oder ob es sich dort eventuell um scheinbare Koordinaten (bei denen zusätzlich noch Nutation und Aberration berücksichtigt werden) handelt.

```
(*---------------------------------------------------------------------*)
(*                            COMET                                     *)
(*            Bahnberechnung fuer Kometen und Asteroiden                *)
(*     (ungestoertes Zweikoerperproblem fuer beliebige Exzentrizitaeten) *)
(*                      Version 03.01.1989                              *)
(*---------------------------------------------------------------------*)

PROGRAM COMET(INPUT,OUTPUT,COMINP);

  TYPE REAL33 = ARRAY[1..3,1..3] OF REAL;

  VAR DAY,MONTH,YEAR,NLINE               : INTEGER;
      D,HOUR,TO,Q,ECC,TEQXO,FAC          : REAL;
      MODJD,T,T1,DT,T2,TEQX              : REAL;
      X,Y,Z,VX,VY,VZ,XS,YS,ZS            : REAL;
      L,B,R,LS,BS,RS,RA,DEC,DELTA,DELTAO : REAL;
      PQR,A,AS                           : REAL33;
      COMINP                             : TEXT;
```

```
(*-----------------------------------------------------------------------*)
(*  An dieser Stelle sind folgende Unterprogramme in der angegebenen      *)
(*  Reihenfolge einzugeben:                                               *)
(*    SN, CS, ASN, ATN, ATN2, CART, POLAR, GMS, CUBR                      *)
(*    MJD, CALDAT                                                         *)
(*    ECLEQU, GAUSVEC, ORBECL                                            *)
(*    PMATECL, PRECART                                                    *)
(*    ECCANOM, ELLIP, HYPANOM, HYPERB, STUMPFF, PARAB, KEPLER             *)
(*    SUN200                                                              *)
(*-----------------------------------------------------------------------*)



(*-----------------------------------------------------------------------*)
(* GETELM: Eingabe der Bahnelemente aus der Datei COMINP                  *)
(*-----------------------------------------------------------------------*)
PROCEDURE GETELM (VAR TO,Q,ECC:REAL;VAR PQR:REAL33;VAR TEQXO:REAL);

  VAR INC,LAN,AOP: REAL;

  BEGIN

    WRITELN;
    WRITELN ('    COMET: Bahnberechnung fuer Kometen und Asteroiden');
    WRITELN ('                  Version 03.01.89                   ');
    WRITELN ('       (C) 1988 Thomas Pfleger,Oliver Montenbruck    ');
    WRITELN;
    WRITELN (' Bahnelemente aus der Datei COMINP: ');
    WRITELN;

    (* Datei zum Lesen oeffnen *)

    RESET(COMINP);                                      (* Standard Pascal *)
    (* ASSIGN(COMINP,'COMINP.DAT'); RESET(COMINP); *)   (* TURBO Pascal    *)
    (* RESET(COMINP,'COMINP.DAT'); *)                   (* ST Pascal plus  *)


    (* Bahnelemente lesen und anzeigen *)

    READLN (COMINP,YEAR,MONTH,D);
    WRITELN (' Perihelzeit (J M T)',YEAR:7,MONTH:3,D:6:2);
    READLN(COMINP,Q);      WRITELN(' Periheldistanz (q)   ', Q:14:7,' AE ');
    READLN(COMINP,ECC);    WRITELN(' Exzentrizitaet (e)   ',ECC:14:7);
    READLN(COMINP,INC);    WRITELN(' Bahnneigung (i)      ',INC:12:5,' Grad');
    READLN(COMINP,LAN);    WRITELN(' Knotenlaenge         ',LAN:12:5,' Grad');
    READLN(COMINP,AOP);    WRITELN(' Argument des Perihels',AOP:12:5,' Grad');
    READLN(COMINP,TEQXO);  WRITELN(' Aequinoktium         ',TEQXO:9:2);

    DAY:=TRUNC(D); HOUR:=24.0*(D-DAY);
    TO := ( MJD(DAY,MONTH,YEAR,HOUR) - 51544.5) / 36525.0;
    TEQXO := (TEQXO-2000)/100;
    GAUSVEC(LAN,INC,AOP,PQR);

  END;
```

```
(*------------------------------------------------------------------*)
(* GETEPH: Eingabe des Zeitraums der Ephemeride und des Aequinoktiums  *)
(*------------------------------------------------------------------*)
PROCEDURE GETEPH(VAR T1,DT,T2,TEQX:REAL);

   VAR YEAR,MONTH,DAY: INTEGER;
       EQX,HOUR,JD   : REAL;

   BEGIN
     WRITELN;
     WRITELN(' Beginn und Ende der Ephemeride: ');
     WRITELN;
     WRITE  (' Erstes  Berechnungsdatum (TT MM JJJJ HH.HHH)   ... ');
     READLN (DAY,MONTH,YEAR,HOUR);
     T1 :=  ( MJD(DAY,MONTH,YEAR,HOUR) - 51544.5 ) / 36525.0;
     WRITE  (' Letztes Berechnungsdatum (TT MM JJJJ HH.HHH)   ... ');
     READLN (DAY,MONTH,YEAR,HOUR);
     T2 :=  ( MJD(DAY,MONTH,YEAR,HOUR) - 51544.5 ) / 36525.0;
     WRITE  (' Schrittweite (TT HH.HH)                ... ');
     READLN (DAY,HOUR);
     DT :=  ( DAY + HOUR/24.0 ) / 36525.0;
     WRITELN;
     WRITE  (' Gewuenschtes Aequinoktium der Ephemeride (JJJJ) ... ');
     READLN (EQX);
     TEQX := (EQX-2000.0)/100.0;
     WRITELN; WRITELN;
     WRITELN ('    Datum    ET  Sonne   l     b      r',
              '          Ra       Dec    Entfernung');
     WRITELN (' ':45,' h m s      o '' "    (AE) ');
   END;


(*------------------------------------------------------------------*)
PROCEDURE WRTLBR(L,B,R:REAL);
   VAR H,M: INTEGER;
       S  : REAL;
   BEGIN
     GMS(L,H,M,S); WRITE  (H:5,M:3,S:5:1);
     GMS(B,H,M,S); WRITELN(H:5,M:3,TRUNC(S+0.5):3,R:11:6);
   END;
(*------------------------------------------------------------------*)



BEGIN (* COMET *)


  GETELM (TO,Q,ECC,PQR,TEQX0);  (* Bahnelemente lesen          *)
  GETEPH (T1,DT,T2,TEQX);       (* Zeitraum und Aequinoktium eingeben *)

  NLINE := 0;

  PMATECL (TEQX0,TEQX,A);        (* Praezessionsmatrix berechnen    *)

  T := T1;
```

```
   REPEAT

     (* Datum *)

     MODJD := T*36525.0+51544.5;  CALDAT (MODJD,DAY,MONTH,YEAR,HOUR);

     (* ekliptikale Koordinaten der Sonne, Aeqinoktium TEQX  *)

     SUN200 (T,LS,BS,RS);  CART (RS,BS,LS,XS,YS,ZS);
     PMATECL (T,TEQX,AS);  PRECART (AS,XS,YS,ZS);

     (* heliozentrische ekliptikale Koordinaten des Kometen  *)

     KEPLER (TO,T,Q,ECC,PQR,X,Y,Z,VX,VY,VZ);
     PRECART (A,X,Y,Z);  PRECART (A,VX,VY,VZ);  POLAR (X,Y,Z,R,B,L);

     (* geometrische geozentrische Koordinaten des Kometen  *)

     X:=X+XS; Y:=Y+YS; Z:=Z+ZS;  DELTAO := SQRT ( X*X + Y*Y + Z*Z );

     (* Korrektur (1.Ordnung) fuer die Lichtlaufzeit          *)

     FAC:=0.00578*DELTAO; X:=X-FAC*VX;  Y:=Y-FAC*VY;  Z:=Z-FAC*VZ;
     ECLEQU (TEQX,X,Y,Z);  POLAR (X,Y,Z,DELTA,DEC,RA); RA:=RA/15.0;

     (* Ausgabe *)

     WRITE(DAY:3,'.',MONTH:2,'.',YEAR:4,HOUR:5:1);
     WRITE(LS:7:1,L:7:1,B:6:1,R:7:3); WRTLBR(RA,DEC,DELTAO);
     NLINE := NLINE+1; IF (NLINE MOD 5) = O THEN WRITELN;

     (* naechster Zeitpunkt                                  *)
     T := T + DT;

   UNTIL (T2<T);

END.
(*------------------------------------------------------------------------------*)
```

Nun wollen wir als Beispiel für die Bedienung von COMET eine Ephemeride des
Halleyschen Kometen für den Zeitraum seiner letzten Sichtbarkeit berechnen lassen. Zunächst sind die Bahnelemente in einer Datei mit dem Namen COMINP.DAT
bereitzustellen. Die Kommentare (Ausrufezeichen einschließlich der Erklärungen
dahinter) dienen nur der Dokumentation und können auf Wunsch auch fortge-
lassen werden. Für Halley bei seiner Sichtbarkeit 1985/86 sieht die Datei dann
so aus:

```
1986 2 9.43867   ! Perihelzeit (Jahr Monat Tag.Tagesbruchteil)
   0.5870992     ! Periheldistanz q in AE
   0.9672725     ! Exzentrizitaet e
 162.23932       ! Bahnneigung i
  58.14397       ! Laenge des aufsteigenden Knotens
 111.84658       ! Argument des Perihels
1950.0           ! Aequinoktium der Bahnelemente
```

Nach dem Start des Programms gibt COMET zunächst als Kontrolle die aus der
Datei COMINP.DAT gelesenen Bahnelemente aus, bevor der Benutzer das Zeitintervall, die Schrittweite und das gewünschte Äquinoktium einzugeben hat:

```
COMET: Bahnberechnung fuer Kometen und Asteroiden
                  Version 03.01.89
       (C) 1988 Thomas Pfleger,Oliver Montenbruck

Bahnelemente aus der Datei COMINP:

  Perihelzeit (J M T)    1986   2  9.44
  Periheldistanz (q)          0.5870992 AE
  Exzentrizitaet (e)          0.9672725
  Bahnneigung (i)           162.23932 Grad
  Knotenlaenge               58.14397 Grad
  Argument des Perihels     111.84658 Grad
  Aequinoktium             1950.00
```

Wir wünschen eine Ephemeride für den Zeitraum vom 15. Oktober 1985 bis zum
1. April 1986 bei einer Schrittweite von 10 Tagen. Als Äquinoktium wählen wir
das Jahr 2000. Die Eckdaten der Ephemeride sind in der Form „Tag, Monat, Jahr
und Stunde mit Dezimalanteil" einzugeben. Die Schrittweite erwartet COMET im
Format „Tage und Stunden mit Dezimalanteil". Eingaben des Benutzers sind
durch kursive Schrift gekennzeichnet.

```
Beginn und Ende der Ephemeride:

  Erstes  Berechnungsdatum (TT MM JJJJ HH.HHH)   ... 15 11 1985 0.0
  Letztes Berechnungsdatum (TT MM JJJJ HH.HHH)   ...  1 04 1986 0.0
  Schrittweite  (TT HH.HH)                       ... 10 00.0

Gewuenschtes Aequinoktium der Ephemeride (JJJJ) ... 2000.0
```

Nun berechnet COMET die Ephemeride nach den Vorgaben:

Datum	ET	Sonne	l	b	r	Ra			Dec			Entfernung
						h	m	s	o	'	"	
15.11.1985	0.0	232.6	56.9	0.6	1.720	4	0	40.3	22	4	28	0.736822
25.11.1985	0.0	242.7	53.2	1.8	1.572	2	15	19.1	18	24	12	0.623053
5.12.1985	0.0	252.8	48.7	3.2	1.422	0	28	47.5	10	39	0	0.665665
15.12.1985	0.0	263.0	43.1	5.0	1.269	23	18	18.6	3	53	22	0.821652
25.12.1985	0.0	273.1	35.9	7.1	1.114	22	36	56.1	0-20		5	1.019722
4. 1.1986	0.0	283.3	26.2	9.8	0.961	22	10	36.0	-3	0	26	1.216950
14. 1.1986	0.0	293.5	12.8	13.0	0.814	21	50	58.9	-4	58	44	1.388260
24. 1.1986	0.0	303.7	353.4	16.2	0.687	21	33	26.2	-6	47	36	1.511970
3. 2.1986	0.0	313.9	326.3	17.7	0.604	21	15	33.4	-8	49	26	1.563479
13. 2.1986	0.0	324.0	294.8	14.9	0.592	20	57	11.7	-11	15	58	1.520206
23. 2.1986	0.0	334.1	267.2	8.7	0.658	20	39	33.7	-14	9	18	1.383203
5. 3.1986	0.0	344.1	247.1	2.6	0.775	20	22	12.2	-17	39	45	1.179038
15. 3.1986	0.0	354.1	232.8	-1.9	0.918	20	0	46.1	-22	28	16	0.936978
25. 3.1986	0.0	4.1	222.5	-5.2	1.070	19	22	34.1	-30	13	41	0.685468

Die einzelnen Spalten enthalten zunächst Datum und Uhrzeit. Darauf folgt in der Spalte **Sonne** die geozentrische ekliptikale Länge der Sonne. Mit Hilfe dieser Angabe kann man abschätzen, wie weit der Komet (oder Asteroid) am Himmel von der Sonne entfernt steht. Das liefert einen ersten Anhalt dafür, ob das Objekt der Beobachtung zugänglich ist. Die drei folgenden (mit l, b und r betitelten) Spalten enthalten die heliozentrischen ekliptikalen Koordinaten des Himmelskörpers. In den letzten drei Spalten finden wir die geozentrischen Koordinaten Rektaszension, Deklination und die geozentrische geometrische (nicht für die Lichtlaufzeit korrigierte) Entfernung des Kometen in astronomischen Einheiten.

5. Planetenbahnen

Sieht man einmal von Merkur und Pluto ab, dann besteht eine wesentliche Gemeinsamkeit der großen Planeten in den geringen Exzentrizitäten ihrer Bahnen und den kleinen Bahnneigungen gegenüber der Ekliptik. Im Gegensatz dazu sind die Bahnen der Kometen regellos im Raum verteilt und von sehr unterschiedlicher Form. Die kreisähnlichen Bahnen der Planeten sind darüber hinaus soweit getrennt, daß sie sich gegenseitig nie besonders nahe kommen können.

Diese Eigenschaften der Planetenbahnen haben zwei wichtige Konsequenzen für die Ephemeridenrechnung. Die erste betrifft die Behandlung der ungestörten Keplerbahn, wie sie in Kap. 4 für allgemeine Bahnformen beschrieben wurde. Aufgrund der niedrigen Exzentrizität zeigt die wahre Anomalie nur geringe periodische Abweichungen von der mittleren Anomalie. Sie kann deshalb schneller über eine Reihenentwicklung als durch Lösung der Keplergleichung bestimmt werden. Gleiches gilt für die Entfernung von der Sonne, die sich im allgemeinen nur im Prozentbereich vom Wert der großen Halbachse unterscheidet. Weiterhin läßt sich die Abweichung der Bahn von der Ekliptik in einer kurzen Näherung darstellen, so daß man auf die aufwendige Berechnung der Gaußschen Vektoren verzichten kann. Diese Näherungen werden im nächsten Abschnitt etwas ausführlicher behandelt. Der zweite Punkt betrifft die Änderung der Planetenbahnen durch die gegenseitigen Gravitationskräfte. Da nahe Begegnungen der Planeten nicht vorkommen können, sind diese Kräfte immer um mehrere Größenordnungen kleiner als die Anziehung der Sonne. Wirklich starke Bahnänderungen, wie man sie von Kometen nach Vorübergängen an Jupiter oder Saturn kennt, treten in der Bewegung der Planeten nicht auf. Ihre Bahnen lassen sich deshalb durch mittlere Keplerellipsen beschreiben, denen kleine periodische Störungen überlagert sind.

Im allgemeinen werden Planetenephemeriden heute mit Hilfe numerischer Integrationsverfahren berechnet und anschließend auf Magnetbändern in geeigneter Weise abgespeichert. Dank des Einsatzes moderner Rechner zeichnet sich diese Methode durch große Einfachheit und Genauigkeit aus. Dem steht jedoch der Nachteil gegenüber, daß man keine analytische Darstellung der Planetenbewegung mehr zur Verfügung hat, wie dies beim reinen Zweikörperproblem der Fall ist. Eine der großen Leistungen der Himmelsmechanik war und ist deshalb die Aufstellung von Reihenentwicklungen, aus denen sich die Abweichungen der Planetenbahnen von der ungestörten Bewegung zu jeder Zeit berechnen lassen. Wie man schon aus der Länge dieser Reihen erahnen kann, ist ihre Herleitung eine ausgesprochen mühselige und aufwendige Arbeit, die weit über den Rahmen dieses Buches hinausgehen würde. Für unsere Zwecke — die genaue Berechnung von Planetenpositionen — genügt aber ein Verständnis für die grundlegende Struktur der Reihenentwicklungen und ihre rechnerische Auswertung. Wer sich darüber hinaus für die Herleitung der Störungsreihen interessiert, muß auf die Lehrbücher der Himmelsmechanik verwiesen werden.

Zu den bekanntesten analytischen Darstellungen der Planetenbewegung gehören die Tafeln zur Bewegung der inneren Planeten Merkur bis Mars von Simon Newcomb vom US Naval Observatory. Obwohl sie bereits um die Jahrhundertwende aufgestellt wurden, bildeten sie noch bis vor wenigen Jahren die Grundlage für die entsprechenden Ephemeriden des *Astronomical Almanac*. Ähnliche Tafeln der äußeren Planeten gibt es von G.W. Hill für Jupiter und Saturn sowie von S. Newcomb für Uranus und Neptun. Sie wurden allerdings schon früh durch die ersten numerisch integrierten Ephemeriden abgelöst, da sie über längere Zeiträume nicht dieselbe Genauigkeit erreichten, wie die Tafeln der inneren Planeten.

Hinweis: Die genannten Werke bilden zusammen mit der Reihendarstellung der Plutobahn von E.Goffin, J.Meeus und C.Steyart die Grundlage dieses Kapitels. Die jeweiligen Formulierungen der Störungsterme unterscheiden sich für die einzelnen Planeten allerdings zum Teil erheblich, so daß eine einfache und einheitliche Umsetzung in Programme nicht direkt möglich ist. Aus diesem Grunde wurden alle Reihen zunächst mit Hilfe eines Formelmanipulationsprogrammes bearbeitet. Dabei wurden die Keplerbewegung und die Störterme unabhängig von der ursprünglichen Darstellung als periodische Bewegung in den Koordinaten Länge, Breite und Radius formuliert. Zusätzlich wurde eine Vielzahl von Termen ausgeschieden, die aufgrund ihrer Größe (meist $\ll 1''$) keinen Einfluß auf die beobachtete Genauigkeit der Reihen haben. Diese Umarbeitung erlaubt eine vergleichsweise kurze und kompakte Programmierung, ohne die Genauigkeit der Entwicklungen nennenswert zu verschlechtern.

5.1 Reihenentwicklung des Keplerproblems

Die Bahn eines Planeten in einer ungestörten Keplerellipse ist eine streng periodische Funktion der mittleren Anomalie M. Wenn sich die mittlere Anomalie um 360° ändert, dann befindet sich der Planet nach einem Umlauf wieder am selben Ort. Jede Funktion des Bahnortes läßt sich deshalb als Fourierreihe, also als Summe der Winkelfunktionen Sinus und Cosinus von Vielfachen des Argumentes M darstellen. Beispiele hierfür sind die Reihenentwicklungen der Differenz zwischen wahrer und mittlerer Anomalie

$$\nu - M \;=\; a_1 \sin(M) + a_2 \sin(2M) + a_3 \sin(3M) + \ldots$$

und der Entfernung r in Einheiten der großen Halbachse a:

$$r/a \;=\; b_0 + b_1 \cos(M) + b_2 \cos(2M) + \ldots \quad .$$

Die Koeffizienten a_i und b_i dieser Reihen sind Funktionen der Bahnexzentrizität e. Die wichtigsten Terme für $\nu - M$ (die sogenannte *Mittelpunktsgleichung*) und

r/a lauten bis zur Ordnung e^2:

$$\nu - M \;=\; 2e\sin(M) + \frac{5}{4}e^2\sin(2M) + \dots \quad \text{(Bogenmaß)} \qquad (5.1)$$

und

$$r/a \;=\; \left(1 + \frac{1}{2}e^2\right) - e\cos(M) - \frac{1}{2}e^2\cos(2M) + \dots \quad . \qquad (5.2)$$

Beide Reihen konvergieren für kleine Exzentrizitäten sehr rasch, weil die einzelnen Glieder von Term zu Term größenordnungsmäßig um den Faktor e kleiner werden. Für die Erdbahn mit $e = 0.0167$ ist etwa

$$\begin{aligned}
\nu \;&=\; M + 0.0334\sin(M) + 0.00035\sin(2M) + \dots \quad \text{(Bogenmaß)} \\
\;&=\; M + 1\overset{\circ}{.}916\sin(M) + 0\overset{\circ}{.}020\sin(2M) + \dots \\
r \;&=\; a\cdot(1.00014 - 0.0167\cos(M) - 0.00014\cos(2M) + \dots) \quad .
\end{aligned}$$

Der Fehler dieser kurzen Formel beträgt nur rund $1''$ bzw. 10^{-5} AE und läßt sich auch noch weiter verringern, wenn man zusätzliche Terme hinzunimmt.

Da die vollständige Herleitung der obigen Formeln etwas tiefergehende Kenntnisse verlangt, soll hier nur das erste Glied der Mittelpunktsgleichung hergeleitet werden. Hierzu sei noch einmal an die Keplergleichung (4.7)

$$E - e\sin E = M$$

erinnert. Da E und M sich nur um einen Term der Ordnung e unterscheiden, kann man in guter Näherung $e\sin E$ durch $e\sin M$ ersetzen und erhält zunächst

$$E - M \approx e\sin M$$

für die Differenz zwischen der exzentrischen und der wahren Anomalie. Weiter folgt aus der Kegelschnittsgleichung $r = a(1 - e^2)/(1 + e\cos\nu)$ mit $r\cos\nu = a(\cos E - e)$ die Beziehung

$$\cos\nu \approx \cos E - e(1 - \cos\nu\cos E) \quad .$$

Im zweiten Term der rechten Seite darf man nun wieder $\cos\nu$ durch $\cos E$ ersetzen und gelangt so zu

$$\cos\nu \approx \cos E - \{e\sin E\}\sin E \quad .$$

Vergleicht man dies mit der Taylorentwicklung der Cosinusfunktion,

$$\cos(x + \Delta x) \approx \cos x - \Delta x\sin x \quad ,$$

dann erkennt man, daß für kleine Exzentrizitäten $\nu - E$ ungefähr gleich $e\sin E$ ist. Damit gilt also für das erste Glied der Mittelpunktsgleichung wie behauptet

$$\nu - M = (\nu - E) + (E - M) \approx e\sin E + e\sin M \approx 2e\sin M \quad .$$

Für kleine Bahnneigungen i verläuft die Bahn immer in der Nähe der Ekliptik. Daher unterscheidet sich die ekliptikale Länge l eines Planeten nur um eine
kleine Korrektur R (*Reduktion auf die Ekliptik*) von der Summe $\varpi + \nu$ aus Pe-
rihellänge und wahrer Anomalie. R verschwindet für $i = 0$ und hat für kleine
Bahnneigungen in erster Näherung den Wert

$$R = l - (\nu + \varpi) \approx -\tan^2\left(\frac{i}{2}\right) \cdot \sin(2u) \quad \text{(Bogenmaß)} \tag{5.3}$$

mit $u = \nu + \omega = \nu + \varpi - \Omega$. Wegen $\nu \approx M$ ($u \approx M + \omega$) läßt sich R auch in der
Form

$$R \approx -\tan^2\left(\frac{i}{2}\right) \cdot \{\sin(2\omega)\cos(2M) + \cos(2\omega)\sin(2M)\}$$

schreiben. Den Wert von R im Gradmaß erhält man durch Multiplikation mit
$180°/\pi$.

Schließlich kann man noch die ekliptikale Breite b des Planeten in ähnlicher
Weise behandeln. Die Gleichung (4.20)

$$z = r \cdot (\sin(\nu + \omega)\sin(i)) \tag{5.4}$$

für die z-Koordinate als Funktion der Bahnelemente führt mit

$$\sin(b) = z/r \tag{5.5}$$

für kleine Bahnneigungen i und ekliptikale Breiten b zu der Näherung

$$b \approx i\sin(\nu + \omega) = \{i\sin\omega\}\cos(\nu) + \{i\cos\omega\}\sin(\nu) \quad .$$

Ersetzt man ν durch $\nu \approx M + 2e\sin M$, dann folgt durch Taylorentwicklung

$$\cos\nu \approx \cos M - (2e\sin M)\sin M = \cos(M) - e(1 - \cos(2M))$$
$$\sin\nu \approx \sin M + (2e\sin M)\cos M = \sin(M) + e\sin(2M)$$

und somit

$$b \approx \{i\sin\omega\} \cdot \{\cos(M) - e(1 - \cos(2M))\} +$$
$$\{i\cos\omega\} \cdot \{\sin(M) + e\sin(2M)\} \quad .$$

Die wichtigsten Glieder einer Darstellung ungestörter Planetenbahnen durch
trigonometrische Reihen lauten damit:

$$l = \varpi + M \tag{5.6}$$
$$+\frac{180°}{\pi} \cdot \{2e\} \cdot \sin(M)$$
$$+\frac{180°}{\pi} \cdot \left\{\frac{5}{4}e^2 - \tan^2\left(\frac{i}{2}\right)\cos(2\omega)\right\} \cdot \sin(2M)$$
$$+\frac{180°}{\pi} \cdot \left\{-\tan^2\left(\frac{i}{2}\right)\sin(2\omega)\right\} \cdot \cos(2M)$$

$$b = -\{ie\sin\omega\} \tag{5.7}$$
$$+\{i\sin\omega\}\cos(M) + \{i\cos\omega\}\sin(M)$$
$$+\{ie\sin\omega\}\cos(2M) + \{ie\cos\omega\}\sin(2M)$$

$$r = \{a(1+e^2/2)\} - \{ae\}\cdot\cos(M) - \{ae^2/2\}\cdot\cos(2M) \quad . \tag{5.8}$$

Setzt man in diese Gleichungen konkrete Zahlenwerte für die Bahnelemente ein, dann erhält man sehr kompakte Formeln für die ekliptikalen Koordinaten (l, b, r) als Funktion der mittleren Anomalie M. Für Jupiter ergeben sich zum Beispiel mit

$$a = 5.2\text{AE} \qquad \Omega = 100\overset{\circ}{.}0 \qquad \omega = 274\overset{\circ}{.}0$$
$$e = 0.048 \qquad i = 1\overset{\circ}{.}31 \qquad \varpi = 14\overset{\circ}{.}0$$

die folgenden Reihen:

$$l = M + 14\overset{\circ}{.}0 + 19800''\sin(M) + 620''\sin(2M) + 4''\cos(2M)$$
$$b = +226'' - 4700''\cos(M) + 329''\sin(M) - 226''\cos(2M) + 16''\sin(2M)$$
$$r = (5.206 - 0.250\cos(M) - 0.006\cos(2M))\ \text{AE} \quad .$$

5.2 Störungsterme

Die gegenseitigen Störungen der Planeten, die für die Abweichungen von einer Keplerbahn verantwortlich sind, schlagen sich in zusätzlichen Termen der Reihenentwicklungen nieder, die neben der Anomalie des gestörten Planeten auch die des störenden Planeten enthalten. Im folgenden bezeichnet M_n die mittlere Anomalie des $n-$ten Planeten, also etwa M_5 die des Jupiter und M_6 die des Saturn:

$$
\begin{array}{llll}
M_1 & = & 0\overset{\text{r}}{.}4855407 + 415\overset{\text{r}}{.}2014314\cdot T & \text{(Merkur)} \\
M_2 & = & 0\overset{\text{r}}{.}1400197 + 162\overset{\text{r}}{.}5494552\cdot T & \text{(Venus)} \\
M_3 & = & 0\overset{\text{r}}{.}9931266 + 99\overset{\text{r}}{.}9973604\cdot T & \text{(Sonne, Erde)} \\
M_4 & = & 0\overset{\text{r}}{.}0538553 + 53\overset{\text{r}}{.}1662736\cdot T & \text{(Mars)} \\
M_5 & = & 0\overset{\text{r}}{.}0565314 + 8\overset{\text{r}}{.}4302963\cdot T & \text{(Jupiter)} \\
M_6 & = & 0\overset{\text{r}}{.}8829867 + 3\overset{\text{r}}{.}3947688\cdot T & \text{(Saturn)} \\
M_7 & = & 0\overset{\text{r}}{.}3967117 + 1\overset{\text{r}}{.}1902849\cdot T & \text{(Uranus)} \\
M_8 & = & 0\overset{\text{r}}{.}7214906 + 0\overset{\text{r}}{.}6068526\cdot T & \text{(Neptun)} \\
M_9 & = & 0\overset{\text{r}}{.}0385795 + 0\overset{\text{r}}{.}4026667\cdot T & \text{(Pluto)} \quad .
\end{array}
\tag{5.9}
$$

Die Werte sind hier in Vielfachen eines Umlaufs (1^{r}) angegeben[1]. Multipliziert man sie mit $360°$ oder 2π, dann erhält man die mittleren Anomalien im gewohnten Grad- oder Bogenmaß. Die Zeit

$$T = (\text{JD} - 2451545)/36525$$

wird wie gewohnt in julianischen Jahrhunderten seit der Epoche J2000 gezählt.

---

[1]Die in den Programmen verwendeten Zahlen weichen in einzelnen Fällen um kleine Beträge von den genannten Werten ab. Dies ist kein Fehler, sondern eine Folge der unterschiedlichen Theorien, die den Reihenentwicklungen zugrunde liegen.

Tabelle 5.1. Periodische Terme der Jupiterbahn

i_5	i_T	$dl['']$ cos	$dl['']$ sin	$dr[10^{-5}$ AE] cos	$dr[10^{-5}$ AE] sin	$db['']$ cos	$db['']$ sin	
1	0	-113.1	19998.6	-25208.2	-142.2	-4670.7	288.9	Keplerterme
1	1	-76.1	66.9	-84.2	-95.8	21.6	29.4	
1	2	-0.5	-0.3	0.4	-0.7	0.1	-0.1	
2	0	-3.4	632.0	-610.6	-6.5	-226.8	12.7	
2	1	-4.2	3.8	-4.1	-4.5	0.2	0.6	
3	0	-0.1	28.0	-22.1	-0.2	-12.5	0.7	
4	0	0.0	1.4	-1.0	0.0	-0.6	0.0	

i_5	i_6	i_T	cos	sin	cos	sin	cos	sin	
-1	-1	0	-0.2	1.4	2.0	0.6	0.1	-0.2	Saturn
0	-1	0	9.4	8.9	3.9	-8.3	-0.4	-1.4	
0	-2	0	5.6	-3.0	-5.4	-5.7	-2.0	0.0	
0	-3	0	-4.0	-0.1	0.0	5.5	0.0	0.0	
0	-5	0	3.3	-1.6	-1.6	-3.1	-0.5	-1.2	
1	-1	0	78.8	-14.5	11.5	64.4	-0.2	0.2	
1	-2	0	-2.0	-132.4	28.8	4.3	-1.7	0.4	
1	-2	1	-1.1	-0.7	0.2	-0.3	0.0	0.0	
1	-3	0	-7.5	-6.8	-0.4	-1.1	0.6	-0.9	
1	-4	0	0.7	0.7	0.6	-1.1	0.0	-0.2	
1	-5	0	51.5	-26.0	-32.5	-64.4	-4.9	-12.4	
1	-5	1	-1.2	-2.2	-2.7	1.5	-0.4	0.3	
2	-1	0	5.3	-0.7	0.7	6.1	0.2	1.1	
2	-2	0	-76.4	-185.1	260.2	-108.0	1.6	0.0	
2	-3	0	66.7	47.8	-51.4	69.8	0.9	0.3	
2	-3	1	0.6	-1.0	1.0	0.6	0.0	0.0	
2	-4	0	17.0	1.4	-1.8	9.6	0.0	-0.1	
2	-5	0	1066.2	-518.3	-1.3	-23.9	1.8	-0.3	
2	-5	1	-25.4	-40.3	-0.9	0.3	0.0	0.0	
2	-5	2	-0.7	0.5	0.0	0.0	0.0	0.0	
3	-2	0	-5.0	-11.5	11.7	-5.4	2.1	-1.0	
3	-3	0	16.9	-6.4	13.4	26.9	-0.5	0.8	
3	-4	0	7.2	-13.3	20.9	10.5	0.1	-0.1	
3	-5	0	68.5	134.3	-166.9	86.5	7.1	15.2	*
3	-5	1	3.5	-2.7	3.4	4.3	0.5	-0.4	
3	-6	0	0.6	1.0	-0.9	0.5	0.0	0.0	
3	-7	0	-1.1	1.7	-0.4	-0.2	0.0	0.0	
4	-2	0	-0.3	-0.7	0.4	-0.2	0.2	-0.1	
4	-3	0	1.1	-0.6	0.9	1.2	0.1	0.2	
4	-4	0	3.2	1.7	-4.1	5.8	0.2	0.1	
4	-5	0	6.7	8.7	-9.3	8.7	-1.1	1.6	
4	-6	0	1.5	-0.3	0.6	2.4	0.0	0.0	
4	-7	0	-1.9	2.3	-3.2	-2.7	0.0	-0.1	
4	-8	0	0.4	-1.8	1.9	0.5	0.0	0.0	
4	-9	0	-0.2	-0.5	0.3	-0.1	0.0	0.0	
4	-10	0	-8.6	-6.8	-0.4	0.1	0.0	0.0	
4	-10	1	-0.5	0.6	0.0	0.0	0.0	0.0	
5	-5	0	-0.1	1.5	-2.5	-0.8	-0.1	0.1	
5	-6	0	0.1	0.8	-1.6	0.1	0.0	0.0	
5	-9	0	-0.5	-0.1	0.1	-0.8	0.0	0.0	
5	-10	0	2.5	-2.2	2.8	3.1	0.1	-0.2	

i_5	i_7	i_T	cos	sin	cos	sin	cos	sin	
1	-1	0	0.4	0.9	0.0	0.0	0.0	0.0	Uranus
1	-2	0	0.4	0.4	-0.4	0.3	0.0	0.0	

i_5	i_6	i_7	cos	sin	cos	sin	cos	sin	
2	-6	3	-0.8	8.5	-0.1	0.0	0.0	0.0	Saturn und
3	-6	3	0.4	0.5	-0.7	0.5	-0.1	0.0	Uranus

Die verschiedenen Störungsterme lassen sich am übersichtlichsten in Form einer Tabelle darstellen, wie sie in Tabelle 5.1 für den Planeten Jupiter angegeben ist. Darin sind sämtliche periodischen Variationen der ekliptikalen Länge (dl) und Breite (db) sowie der Entfernung von der Sonne (dr) aufgeführt. Terme mit gleichen Argumenten der trigonometrischen Funktionen sind jeweils in einer Zeile zusammengefaßt, was für die spätere Auswertung von Nutzen ist. Ausgeschrieben bedeutet die mit einem Stern (*) markierte Zeile zum Beispiel, daß zu Länge, Breite und Radius die Werte

$$
\begin{aligned}
dl &= \quad\ 68{.}''5{\cdot}\cos(3M_5 - 5M_6) \ + \ 134{.}''3{\cdot}\sin(3M_5 - 5M_6) \\
dr &= (-166.9{\cdot}\cos(3M_5 - 5M_6) \ + \ \ \ 86.5{\cdot}\sin(3M_5 - 5M_6)) \cdot 10^{-5} \ \text{AE} \\
db &= \quad\ \ 7{.}''1{\cdot}\cos(3M_5 - 5M_6) \ + \ \ \ 15{.}''2{\cdot}\sin(3M_5 - 5M_6)
\end{aligned}
$$

hinzu zu addieren sind. Terme, die zusätzlich mit der Zeit T oder mit T^2 zu multiplizieren sind, sind durch eine 1 oder 2 in der mit i_T überschriebenen Spalte gekennzeichnet.

Der Einfluß der anderen Planeten macht sich aber nicht nur in periodischen Störungen sondern auch in einer langfristigen (*säkularen*) Veränderung der mittleren Bahnelemente bemerkbar. Dies hat zur Folge, daß nun auch in den Termen, die eigentlich die reine Keplerbewegung beschreiben, Glieder auftauchen, die von der Zeit T abhängen. Dies sei noch einmal am Beispiel der Jupiterbahn illustriert. Im Unterprogramm JUP200 werden die folgenden Gleichungen zur Berechnung der Jupiterkoordinaten verwendet:

$$
\begin{aligned}
l &= \ M_5 + 14{.}^\circ00076 + (5025{.}''2 + 0{.}''8T)T + dl \\
b &= \ 227{.}''3 - 0{.}''3T + db \\
r &= \ (5.208873 + 0.000041T)\text{AE} + dr \quad .
\end{aligned}
$$

dl, db und dr beinhalten darin sämtliche periodischen Anteile der Bahn, also die Keplerterme und die Störungen durch Saturn und Uranus. Die so bestimmten Werte der ekliptikalen Länge und Breite beziehen sich auf das *mittlere Äquinoktium des Datums*. Die Formel für l enthält deshalb den auffällig großen säkularen Term $+5025{.}''2T$, der die Wanderung des Frühlingspunktes wiedergibt.

Aus Platzgründen können hier nicht alle Störungsterme für sämtliche Planeten wiedergegeben werden. Wegen der einheitlichen Struktur der einzelnen Reihenentwicklungen sollten die Ausführungen über die Jupiterbahn aber genügen, um anhand der Programme die jeweils verwendeten Formeln und Terme erkennen zu können.

Unterschiede zu den übrigen Planeten ergeben sich allerdings bei der Behandlung der Erdbahn. Die Erde umkreist zusammen mit dem Mond die Sonne, wobei man sich beide Massen im gemeinsamen Schwerpunkt vereinigt denken kann. Die Bewegung dieses Schwerpunkts, die im übrigen die mittlere Ekliptik definiert, läßt sich wie die der anderen Planeten als gestörte Keplerbahn auffassen und durch die besprochenen Reihenentwicklungen darstellen. Entsprechend dem Verhältnis von Mond- und Erdmasse beträgt die Entfernung des Erdmittelpunktes vom Schwerpunkt 1/81 der Entfernung des Mondes von der Erde und damit rund 3/4 Erdradien (vgl. Abb. 5.1). Von der Sonne aus gesehen schwankt die ekliptikale Länge der Erde während eines Monats deshalb mit einer Auslenkung von 7″ um ihre mittlere Lage. Gleichzeitig variiert die ekliptikale Breite der Erde um 0″.5.

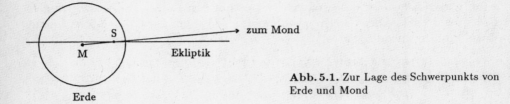

Abb. 5.1. Zur Lage des Schwerpunkts von Erde und Mond

5.3 Numerische Behandlung der Reihenentwicklungen

Um Genauigkeiten im Bogensekundenbereich zu ermöglichen, benötigt man für jeden Planeten mehrere hundert Störungsterme. Würde man diese explizit programmieren, dann erhielte man nicht nur einen sehr langen und unübersichtlichen Programmtext, sondern müßte auch unnötig lange Rechenzeiten in Kauf nehmen. Dies hängt damit zusammen, daß die Auswertung trigonometrischer Funktionen im Vergleich zu elementaren Rechenoperationen wie Addition und Multiplikation relativ aufwendig und langsam ist. Angesichts der großen Zahl von Winkelfunktionen in den Reihenentwicklungen macht sich dies auch bei schnellen Rechnern durchaus bemerkbar.

Durch Anwendung der Additionstheoreme für Sinus und Cosinus kann man sich jedoch einen Großteil der Arbeit ersparen. Sie dienen dazu, die Winkelfunktionen einer Summe oder Differenz von Winkeln zu berechnen, wenn die Funktionen der Einzelwinkel bekannt sind:

$$\cos(\alpha_1 + \alpha_2) \;=\; \cos\alpha_1 \cos\alpha_2 - \sin\alpha_1 \sin\alpha_2 \qquad (5.10)$$
$$\sin(\alpha_1 + \alpha_2) \;=\; \sin\alpha_1 \cos\alpha_2 + \cos\alpha_1 \sin\alpha_2 \;\; .$$

Man kann damit zunächst sehr bequem $\cos(iM)$ und $\sin(iM)$ für Vielfache $i = 2, 3, \ldots$ der mittleren Anomalie M eines Planeten aus $\cos M$ und $\sin M$ berechnen und zwischenspeichern. Dies soll an einem kurzen Programmbeispiel illustriert werden:

```
VAR C,S: ARRAY[0..5] OF REAL;      (* Felder fuer cos(i*M), sin(i*M) *)
    M : REAL;
    I : INTEGER;

PROCEDURE ADDTHE(C1,S1,C2,S2:REAL; VAR C,S:REAL);
  BEGIN
    C := C1*C2 - S1*S2;  (* cos(a1+a2)=cos(a1)cos(a2)-sin(a1)sin(a2) *)
    S := S1*C2 + C1*S2;  (* sin(a1+a2)=sin(a1)cos(a2)+cos(a1)sin(a2) *)
  END;
```

```
BEGIN
  WRITE('M (rad) ?');   READLN(M); (* mittlere Anomalie M einlesen *)
  C[0] := 1.0;   C[1] := COS(M);     (* cos(0*M), cos(1*M) *)
  S[0] := 0.0;   S[1] := SIN(M);     (* sin(0*M), sin(1*M) *)
  FOR I:=2 TO 5 DO                   (* berechne cos(iM),sin(iM), i=2..5 *)
    ADDTHE ( C[1],S[1], C[I-1],S[i-1], C[I],S[I] ) ;
  FOR I:=0 TO 5 DO              (* Ausgabe *)
    WRITELN( I:5, C[I]:12:7, S[I]:10:7 );
END;
```

Das nachfolgende Beispiel der Prozedur JUP200 zeigt, wie sich nach diesem Schema sämtliche Störungsterme auswerten und aufsummieren lassen. Das Unterprogramm TERM berechnet zu den Indizes i_5 und i_j die Werte $u = \cos(i_5 M_5 + i_j M_j)$ und $v = \sin(i_5 M_5 + i_j M_j)$, multipliziert diese mit den entsprechenden Koeffizienten und addiert sie schließlich zu dl, dr und db. Unter der Voraussetzung, daß alle Terme mit gleichem i_5 und i_j, aber verschiedenem $i_T = 0, 1, \ldots$ hintereinander ausgewertet werden, genügt es, wie in TERM verwirklicht, u und v nur bei $i_T = 0$ zu berechnen und für $i_T = 1$ oder $i_T = 2$ jeweils einmal mit T zu multiplizieren. Der auf den ersten Blick etwas hohe Aufwand macht sich sehr schnell bezahlt, wenn man — wie im vorliegenden Fall — mit sehr vielen Termen arbeitet.

```
(*-----------------------------------------------------------------------*)
(* JUP200: Jupiter; ekliptikale Koordinaten L,B,R (in Grad und AE)       *)
(*         Aequinoktium des Datums                                       *)
(*         (T: Zeit in julianischen Jahrhunderten seit J2000)            *)
(*         (  = (JED-2451545.0)/36525                )                   *)
(*-----------------------------------------------------------------------*)
PROCEDURE JUP200(T:REAL;VAR L,B,R:REAL);
  CONST P2=6.283185307;
  VAR C5,S5:        ARRAY [-1..5] OF REAL;
      C,S:          ARRAY [-10..0] OF REAL;
      M5,M6,M7:     REAL;
      U,V,DL,DR,DB: REAL;
      I:            INTEGER;

  FUNCTION FRAC(X:REAL):REAL;
    BEGIN   X:=X-TRUNC(X); IF (X<0) THEN X:=X+1.0; FRAC:=X   END;

  PROCEDURE ADDTHE(C1,S1,C2,S2:REAL; VAR C,S:REAL);
    BEGIN   C:=C1*C2-S1*S2; S:=S1*C2+C1*S2; END;

  PROCEDURE TERM(I5,I,IT:INTEGER;DLC,DLS,DRC,DRS,DBC,DBS:REAL);
    BEGIN
      IF IT=0 THEN ADDTHE(C5[I5],S5[I5],C[I],S[I],U,V)
              ELSE BEGIN U:=U*T; V:=V*T END;
      DL:=DL+DLC*U+DLS*V; DR:=DR+DRC*U+DRS*V; DB:=DB+DBC*U+DBS*V;
    END;

  PROCEDURE PERTSAT;   (* Keplerterme und Stoerungen durch Saturn *)
    VAR I: INTEGER;
    BEGIN
      C[0]:=1.0; S[0]:=0.0; C[-1]:=COS(M6); S[-1]:=-SIN(M6);
```

```
    FOR I:=-1 DOWNTO -9 DO ADDTHE(C[I],S[I],C[-1],S[-1],C[I-1],S[I-1]);
    TERM(-1, -1,0,  -0.2,      1.4,     2.0,    0.6,     0.1, -0.2);
    TERM( 0, -1,0,   9.4,      8.9,     3.9,   -8.3,    -0.4, -1.4);
    TERM( 0, -2,0,   5.6,     -3.0,    -5.4,   -5.7,    -2.0,  0.0);
    TERM( 0, -3,0,  -4.0,     -0.1,     0.0,    5.5,     0.0,  0.0);
    TERM( 0, -5,0,   3.3,     -1.6,    -1.6,   -3.1,    -0.5, -1.2);
    TERM( 1,  0,0,-113.1,  19998.6,-25208.2,-142.2, -4670.7,288.9);
    TERM( 1,  0,1, -76.1,     66.9,   -84.2,  -95.8,    21.6, 29.4);
    TERM( 1,  0,2,  -0.5,     -0.3,     0.4,   -0.7,     0.1, -0.1);
    TERM( 1, -1,0,  78.8,    -14.5,    11.5,   64.4,    -0.2,  0.2);
    TERM( 1, -2,0,  -2.0,   -132.4,    28.8,    4.3,    -1.7,  0.4);
    TERM( 1, -2,1,  -1.1,     -0.7,     0.2,   -0.3,     0.0,  0.0);
    TERM( 1, -3,0,  -7.5,     -6.8,    -0.4,   -1.1,     0.6, -0.9);
    TERM( 1, -4,0,   0.7,      0.7,     0.6,   -1.1,     0.0, -0.2);
    TERM( 1, -5,0,  51.5,    -26.0,   -32.5,  -64.4,    -4.9,-12.4);
    TERM( 1, -5,1,  -1.2,     -2.2,    -2.7,    1.5,    -0.4,  0.3);
    TERM( 2,  0,0,  -3.4,    632.0,  -610.6,   -6.5,  -226.8, 12.7);
    TERM( 2,  0,1,  -4.2,      3.8,    -4.1,   -4.5,     0.2,  0.6);
    TERM( 2, -1,0,   5.3,     -0.7,     0.7,    6.1,     0.2,  1.1);
    TERM( 2, -2,0, -76.4,   -185.1,   260.2,-108.0,     1.6,  0.0);
    TERM( 2, -3,0,  66.7,     47.8,   -51.4,   69.8,     0.9,  0.3);
    TERM( 2, -3,1,   0.6,     -1.0,     1.0,    0.6,     0.0,  0.0);
    TERM( 2, -4,0,  17.0,      1.4,    -1.8,    9.6,     0.0, -0.1);
    TERM( 2, -5,0,1066.2,   -518.3,    -1.3,  -23.9,     1.8, -0.3);
    TERM( 2, -5,1, -25.4,    -40.3,    -0.9,    0.3,     0.0,  0.0);
    TERM( 2, -5,2,  -0.7,      0.5,     0.0,    0.0,     0.0,  0.0);
    TERM( 3,  0,0,  -0.1,     28.0,   -22.1,   -0.2,   -12.5,  0.7);
    TERM( 3, -2,0,  -5.0,    -11.5,    11.7,   -5.4,     2.1, -1.0);
    TERM( 3, -3,0,  16.9,     -6.4,    13.4,   26.9,    -0.5,  0.8);
    TERM( 3, -4,0,   7.2,    -13.3,    20.9,   10.5,     0.1, -0.1);
    TERM( 3, -5,0,  68.5,    134.3,  -166.9,   86.5,     7.1, 15.2);
    TERM( 3, -5,1,   3.5,     -2.7,     3.4,    4.3,     0.5, -0.4);
    TERM( 3, -6,0,   0.6,      1.0,    -0.9,    0.5,     0.0,  0.0);
    TERM( 3, -7,0,  -1.1,      1.7,    -0.4,   -0.2,     0.0,  0.0);
    TERM( 4,  0,0,   0.0,      1.4,    -1.0,    0.0,    -0.6,  0.0);
    TERM( 4, -2,0,  -0.3,     -0.7,     0.4,   -0.2,     0.2, -0.1);
    TERM( 4, -3,0,   1.1,     -0.6,     0.9,    1.2,     0.1,  0.2);
    TERM( 4, -4,0,   3.2,      1.7,    -4.1,    5.8,     0.2,  0.1);
    TERM( 4, -5,0,   6.7,      8.7,    -9.3,    8.7,    -1.1,  1.6);
    TERM( 4, -6,0,   1.5,     -0.3,     0.6,    2.4,     0.0,  0.0);
    TERM( 4, -7,0,  -1.9,      2.3,    -3.2,   -2.7,     0.0, -0.1);
    TERM( 4, -8,0,   0.4,     -1.8,     1.9,    0.5,     0.0,  0.0);
    TERM( 4, -9,0,  -0.2,     -0.5,     0.3,   -0.1,     0.0,  0.0);
    TERM( 4,-10,0,  -8.6,     -6.8,    -0.4,    0.1,     0.0,  0.0);
    TERM( 4,-10,1,  -0.5,      0.6,     0.0,    0.0,     0.0,  0.0);
    TERM( 5, -5,0,  -0.1,      1.5,    -2.5,   -0.8,    -0.1,  0.1);
    TERM( 5, -6,0,   0.1,      0.8,    -1.6,    0.1,     0.0,  0.0);
    TERM( 5, -9,0,  -0.5,     -0.1,     0.1,   -0.8,     0.0,  0.0);
    TERM( 5,-10,0,   2.5,     -2.2,     2.8,    3.1,     0.1, -0.2);
  END;

PROCEDURE PERTURA;  (* Stoerungen durch Uranus *)
  BEGIN
    C[-1]:=COS(M7); S[-1]:=-SIN(M7);
    ADDTHE(C[-1],S[-1],C[-1],S[-1],C[-2],S[-2]);
```

```
      TERM( 1, -1,0,    0.4,     0.9,     0.0,    0.0,    0.0,  0.0);
      TERM( 1, -2,0,    0.4,     0.4,    -0.4,    0.3,    0.0,  0.0);
    END;


  PROCEDURE PERTSUR;   (* Stoerungen Saturn und Uranus *)
    VAR PHI,X,Y: REAL;
    BEGIN
      PHI:=(2*M5-6*M6+3*M7); X:=COS(PHI); Y:=SIN(PHI);
      DL:=DL-0.8*X+8.5*Y; DR:=DR-0.1*X;
      ADDTHE(X,Y,C5[1],S5[1],X,Y);
      DL:=DL+0.4*X+0.5*Y; DR:=DR-0.7*X+0.5*Y; DB:=DB-0.1*X;
    END;


  BEGIN  (* JUP200 *)

    DL:=0.0; DR:=0.0; DB:=0.0;
    M5:=P2*FRAC(0.0565314+8.4302963*T); M6:=P2*FRAC(0.8829867+3.3947688*T);
    M7:=P2*FRAC(0.3969537+1.1902586*T);
    C5[0]:=1.0;      S5[0]:=0.0;
    C5[1]:=COS(M5); S5[1]:=SIN(M5);  C5[-1]:=C5[1]; S5[-1]:=-S5[1];
    FOR I:=2 TO 5 DO ADDTHE(C5[I-1],S5[I-1],C5[1],S5[1],C5[I],S5[I]);
    PERTSAT; PERTURA; PERTSUR;
    L:= 360.0*FRAC(0.0388910 + M5/P2 + ((5025.2+0.8*T)*T+DL)/1296.0E3 );
    R:= 5.208873 + 0.000041*T  + DR*1.0E-5;
    B:= ( 227.3 - 0.3*T + DB ) / 3600.0;

  END;   (* JUP200 *)
(*-----------------------------------------------------------------------------*)
```

JUP200 und die im Anhang abgedruckten Unterprogramme MER200, VEN200, ..., PLU200 liefern zu gegebener Zeit T die heliozentrischen Koordinaten Länge l, Breite b und Radius r des jeweiligen Planeten in Bezug auf Ekliptik und Frühlingspunkt des Datums. Die Zeit wird in julianischen Jahrhunderten ab der Epoche J2000 gemessen:

$$T = (JD - 2451545)/36525 \quad .$$

Bei der Berechnung des julianischen Datums JD muß darauf geachtet werden, daß nicht die Weltzeit UT, sondern die Ephemeridenzeit ET (beziehungsweise die dynamische Zeit TDT/TDB) als Uhrzeit eingesetzt wird (vergleiche hierzu Kap. 3.4). Eine entsprechende Routine zur Berechnung geozentrischer Sonnenkoordinaten wurde bereits in Kap. 2 vorgestellt.

Die Genauigkeit der Programme liegt im 19. und 20. Jahrhundert im Bereich von wenigen Bogensekunden (vgl. Tabelle 5.2). Für entferntere Zeiträume ist allerdings mit schlechteren Ergebnissen zu rechnen. Dies liegt einerseits daran, daß die zugrundeliegenden Theorien um die Jahrhundertwende aufgestellt wurden und nur an die damals verfügbaren Beobachtungen angepaßt werden konnten. Andererseits sind Störungsterme, die wie T^3 anwachsen, in den Programmen vernachlässigt. Diese Terme sind gegenwärtig sehr klein ($< 0.''1$), können aber in historischen Zeiträumen leicht auf das Tausendfache dieses Wertes anwachsen.

Tabelle 5.2. Mittlere Fehler der Programme MER200...PLU200 für den Zeitraum der Jahre 1750–2250 bzw. 1890–2100 (Pluto)

Planet	$\Delta l\,['']$	$\Delta b\,['']$	$\Delta r\,[AE]$
Merkur	1.0 - 1.5	0.7 - 1.0	1.0 - 1.5·10^{-6}
Venus	0.5 - 1.0	0.2 - 2.5	0.5 - 1.5·10^{-6}
Sonne/Erde	0.5 - 2.0	0.0 - 0.1	0.4 - 1.5·10^{-6}
Mars	0.5 - 2.5	0.1 - 1.0	3 - 10·10^{-6}
Jupiter	2 - 8	0.7 - 1.0	20 - 30·10^{-6}
Saturn	2 - 11	0.8 - 1.5	40 - 100·10^{-6}
Uranus	3 - 8	0.7 - 1.0	50 - 200·10^{-6}
Neptun	3 - 40	1.0 - 2.0	500 - 1000·10^{-6}
Pluto	1 - 9	0.2 - 2.2	200 - 1000·10^{-6}

5.4 Scheinbare und astrometrische Koordinaten

Schlägt man die Ephemeriden eines Planeten in einem guten Jahrbuch nach, dann findet man dort üblicherweise Angaben darüber, ob es sich bei den abgedruckten Werten um *geometrische*, *scheinbare* oder *astrometrische* Koordinaten handelt. Der Unterschied zwischen diesen drei Varianten ist belanglos, solange man sich mit Genauigkeiten von 1' oder schlechter zufrieden gibt. Um die volle Genauigkeit der im letzten Abschnitt angegebenen Programme auch wirklich nutzen zu können, sollte man aber die wesentlichen Korrekturen der Planetenkoordinaten kennen und verstehen.

Während die geometrischen Koordinaten den Punkt im Raum bezeichnen, an dem sich der Planet zu einer bestimmten Zeit t *befindet*, geben scheinbare und astrometrische Koordinaten die Richtung an, in der der Planet *beobachtet* wird.

Geometrische Koordinaten werden üblicherweise nur zur Angabe heliozentrischer Planetenpositionen verwendet. Durch die zusätzliche Angabe des Äquinoktiums wird das verwendete Koordinatensystem eindeutig festgelegt. Die Unterprogramme MER200...PLU200 liefern *geometrische heliozentrische ekliptikale Koordinaten bezogen auf das Äquinoktium des Datums (d.h. des Berechnungszeitpunkts)*. Ausgenommen hiervon ist natürlich SUN200, das die entsprechende *geozentrische* Sonnenposition berechnet.

Demgegenüber werden geozentrische Positionen (mit Ausnahme der Entfernung) meist in Form astrometrischer oder scheinbarer Koordinaten angegeben. Der Grund hierfür liegt darin, daß der Planet infolge seiner Bewegung und der Lichtlaufzeit nicht an dem Ort beobachtet wird, an dem er sich zur Beobachtungszeit befindet. Auf diesen Effekt wurde schon im Zusammenhang mit der Berechnung von Kometenbahnen hingewiesen. Da der vom Licht tatsächlich zurückgelegte Weg nicht unmittelbar beobachtbar ist, beschränkt man sich üblicherweise auch in geozentrischen Ephemeriden auf die Angabe der geometrischen Entfernung.

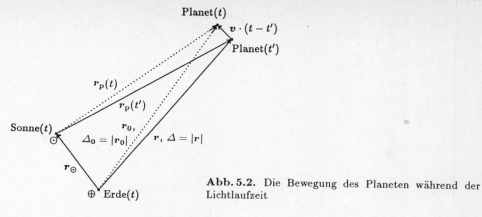

Abb. 5.2. Die Bewegung des Planeten während der Lichtlaufzeit

5.4.1 Aberration und Lichtlaufzeit

Astrometrische Koordinaten weisen in die Richtung, aus der ein beobachteter Lichtstrahl vom Planeten zur Erde gelangt ist. Dieser Lichtstrahl verbindet den Erdort zur Beobachtungszeit t mit dem Ort des Planeten zum Zeitpunkt t' der Lichtaussendung. Die Lichtlaufzeit $\tau = t - t'$ ergibt sich näherungsweise aus der geometrischen Entfernung

$$\Delta_0 = |r_0| \quad \text{mit} \quad r_0 = r_\odot(t) + r_p(t) \tag{5.11}$$

zu $\tau \approx \Delta_0/c$ (vgl. Abb. 5.2 zur Definition der einzelnen Größen). Da sich der Planet in dieser Zeit annähernd geradlinig bewegt, erhält man für die astrometrischen Koordinaten des Planeten zur Beobachtungszeit t den Ausdruck

$$
\begin{aligned}
r &= r_\odot(t) + r_p(t') \\
&\approx r_\odot(t) + \left\{ r_p(t) - v_p(t) \cdot \frac{\Delta_0}{c} \right\} \quad .
\end{aligned}
\tag{5.12}
$$

Der Unterschied zwischen den *astrometrischen* Koordinaten r und den geometrischen Koordinaten r_0 wird auch als *planetare Aberration* bezeichnet. Astrometrische Koordinaten lassen sich direkt in einen Himmelsatlas einzeichnen oder können auf einer Fotoplatte mit bekannten Sternörtern verglichen werden.

Stellt man dagegen den Planeten mit Hilfe der astrometrischen Koordinaten an den Teilkreisen eines parallaktisch montierten Fernrohrs ein, dann zeigt sich eine Abweichung zwischen dem eingestellten und dem beobachteten Ort, die rund 20″ beträgt. Die Ursache dieses Fehlers ist, daß die astrometrischen Koordinaten die Richtung des auf die Erde einfallenden Lichtstrahls in einem relativ zur Sonne *ruhenden* Bezugssystem angeben. Der Beobachter ist dagegen der täglichen Drehung der Erde und ihrem jährlichen Lauf um die Sonne unterworfen. Aufgrund dieser Bewegung und der endlichen Lichtgeschwindigkeit sieht er eine andere Einfallsrichtung des vom Planeten kommenden Lichtstrahls. Ein vielzitiertes Beispiel zur Veranschaulichung dieses Unterschieds zwischen einem ruhendem und einem bewegten Beobachter kann jeder leicht selbst nachvollziehen: Regentropfen, die senkrecht zur Erde fallen, scheinen für einen Autofahrer je nach seiner Geschwindigkeit mehr oder weniger aus der Richtung zu kommen, in die er sich selbst bewegt.

Die notwendige Korrektur der Koordinaten beim Wechsel vom ruhenden ins bewegte Bezugssystem betrifft neben den Planeten und Kometen auch die Fixsterne. Man spricht deshalb auch von *stellarer* Aberration. Sternpositionen in Katalogen und Himmelsatlanten geben die Örter der Sterne so wieder, wie man sie als im Sonnensystem ruhender Beobachter wahrnehmen würde. Sie entsprechen daher den astrometrischen Koordinaten der Planeten, mit denen sie direkt verglichen werden können. Der Beobachter auf der Erde mißt an seinen Teilkreisen dagegen die scheinbaren Sternpositionen, die periodisch mit dem Lauf des Jahres um die Katalogörter schwanken.

Eine strenge Ableitung der Formeln für die stellare Aberration würde an dieser Stelle etwas zu weit führen, weil es sich dabei eigentlich um ein Phänomen der speziellen Relativitätstheorie handelt. Da die Geschwindigkeit der Erde relativ zur Lichtgeschwindigkeit aber sehr klein ist, führt die folgende halbklassische Argumentation in der hier interessierenden Genauigkeit zum selben Ergebnis.

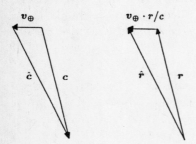

Abb. 5.3. Zur Wirkung der stellaren Aberration

Ist r der Vektor der astrometrischen Koordinaten des Planeten, dann kann der auf die Erde treffende Lichtstrahl durch den Vektor der Lichtgeschwindigkeit

$$c = -c \cdot \frac{r}{|r|}$$

beschrieben werden (vgl. Abb. 5.3). Den entsprechenden Vektor $\hat{c}$ im erdgebundenen System des Beobachters erhält man, wenn man davon die Geschwindigkeit $v_\oplus$ der Erde relativ zur Sonne abzieht:

$$\hat{c} = c - v_\oplus \quad .$$

Der Beobachter sieht den Planeten damit in der Richtung

$$\hat{r} = -|r| \cdot \frac{\hat{c}}{c} \; = \; r + v_\oplus \cdot \frac{|r|}{c} \tag{5.13}$$
$$\approx \; r + v_\oplus \cdot \frac{\Delta_0}{c} \quad .$$

Die so bestimmten Koordinaten werden als *scheinbare* Position des Planeten bezeichnet, wenn zusätzlich das verwendete Koordinatensystem genau in Richtung der aktuellen Lage der Erdachse orientiert ist. Die dafür erforderliche Wahl des Äquinoktiums und die Berücksichtigung der Nutation sind das Thema des übernächsten Abschnitts.

5.4.2 Die Geschwindigkeit der Planeten

Zunächst soll noch gezeigt werden, wie man den heliozentrischen Geschwindigkeitsvektor der einzelnen Planeten berechnen kann, den man zur Berücksichtigung der verschiedenen Aberrationseffekte benötigt.

Differenziert man die Formeln für die ekliptikalen Koordinaten (l, b, r) nach der Zeit und berücksichtigt dabei nur die größten Terme, dann erhält man für die Änderungen $(\dot{l}, \dot{b}, \dot{r})$ kurze trigonometrische Reihen, die nur von der mittleren Anomalie M des jeweiligen Planeten abhängen:

$$
\begin{aligned}
\dot{l} &= \dot{M} \cdot (\, 1 + 2e \cos(M) + 5/4 e^2 \cos(2M) + \dots) \\
\dot{b} &= i\dot{M} \cdot (\, -\sin(\omega)\sin(M) + \cos(\omega)\cos(M) + \dots) \\
\dot{r} &= a\dot{M} \cdot (\, e \sin(M) + e^2/2 \sin(2M) + \dots) \quad .
\end{aligned}
\tag{5.14}
$$

Die Anzahl der mitgeführten Glieder richtet sich dabei nach der Exzentrizität der Bahn und ihrer Neigung gegen die Ekliptik. Für Jupiter werden zum Beispiel lediglich die folgenden Terme benötigt:

$$
\begin{aligned}
\dot{l} &= (+14.50 + 1.41 \cos(M)) \cdot 10^{-4} \ \text{rad/d} \\
\dot{b} &= 0.33 \sin(M) \cdot 10^{-4} \ \text{rad/d} \\
\dot{r} &= 3.66 \sin(M) \cdot 10^{-4} \ \text{AE/d} \quad .
\end{aligned}
$$

Aus den sphärischen Geschwindigkeiten $(\dot{l}, \dot{b}, \dot{r})$ kann man nun die Komponenten des Geschwindigkeitsvektors in ekliptikalen Koordinaten berechnen:

$$
\begin{aligned}
\dot{x} &= \dot{r} \cdot \cos l \cos b - \dot{l} \cdot r \sin l \cos b - \dot{b} \cdot r \cos l \sin b \\
\dot{y} &= \dot{r} \cdot \sin l \cos b + \dot{l} \cdot r \cos l \cos b - \dot{b} \cdot r \sin l \sin b \\
\dot{z} &= \dot{r} \cdot \sin b \qquad\qquad\qquad\quad + \dot{b} \cdot r \cos b \quad .
\end{aligned}
\tag{5.15}
$$

Sämtliche Schritte zur Berechnung der geozentrischen Koordinaten unter Berücksichtigung der Lichtlaufzeit und Aberration sind in dem Unterprogramm GEOCEN zusammengefaßt. Abhängig vom Wert der Variablen IMODE werden an den geometrischen Koordinaten die planetare (IMODE=1,2) und die stellare Aberration (IMODE=2) als Korrekturen angebracht. Zusätzlich wird immer die geometrische geozentrische Entfernung Δ_0 ausgegeben.

```
(*-----------------------------------------------------------------------*)
(*                                                                      *)
(* GEOCEN: geozentrische Koordinaten (geometrisch oder retardiert)      *)
(*                                                                      *)
(*   T:        Zeit in julian. Jahrh. seit J2000; T=(JD-2451545.0)/36525.0 *)
(*   LB,BP,RP: ekliptikale heliozentrische Planetenkoordinaten          *)
(*   LS,BS,RS: ekliptikale geozentrische Sonnenkoordinaten              *)
(*                                                                      *)
(*   IPLAN:    0=Sonne,1=Mer,2=Ven,3=Erde,4=Mar,5=Jup,6=Sat,7=Ura,8=Nep,9=Plu*)
(*   IMODE:    Modus von (X,Y,Z) (0=geometrisch,1=astrometrisch,2=scheinbar) *)
(*   XP,YP,ZP: ekliptikale heliozentrische Planetenkoordinaten          *)
(*   XS,YS,ZS: ekliptikale geozentrische Sonnenkoordinaten              *)
```

```
(*   X, Y, Z : ekliptikale geozentrische Planetenkoordinaten        *)
(*             geometrisch (IMODE=0), astrometrisch (IMODE=1)        *)
(*             oder scheinbar (IMODE=2)                              *)
(*   DELTA0:   geozentrische Entfernung (geometrisch)               *)
(*                                                                   *)
(*   (alle Winkel in Grad, Entfernungen in AE)                      *)
(*------------------------------------------------------------------*)

PROCEDURE GEOCEN(T, LP,BP,RP, LS,BS,RS: REAL; IPLAN,IMODE: INTEGER;
                 VAR XP,YP,ZP, XS,YS,ZS, X,Y,Z,DELTA0: REAL);

  CONST P2=6.283185307;

  VAR DL,DB,DR, DLS,DBS,DRS, FAC: REAL;
      VX,VY,VZ, VXS,VYS,VZS, M  : REAL;

  FUNCTION FRAC(X:REAL):REAL;
    BEGIN  X:=X-TRUNC(X); IF (X<0) THEN X:=X+1; FRAC:=X  END;

  PROCEDURE POSVEL(L,B,R,DL,DB,DR: REAL; VAR X,Y,Z,VX,VY,VZ:REAL);
    VAR  CL,SL,CB,SB: REAL;
    BEGIN
      CL:=CS(L); SL:=SN(L); CB:=CS(B); SB:=SN(B);
      X := R*CL*CB;  VX := DR*CL*CB-DL*R*SL*CB-DB*R*CL*SB;
      Y := R*SL*CB;  VY := DR*SL*CB+DL*R*CL*CB-DB*R*SL*SB;
      Z := R*SB;     VZ := DR*SB           +DB*R*CB;
    END;

  BEGIN

    DL:=0.0; DB:=0.0; DR:=0.0; DLS:=0.0; DBS:=0.0; DRS:=0.0;

    IF (IMODE>0) THEN

      BEGIN

        M := P2*FRAC(0.9931266+ 99.9973604*T);             (* Sonne    *)
        DLS := 172.00+5.75*SIN(M); DRS := 2.87*COS(M); DBS := 0.0;

        (* dl,db in 1e-4 rad/d, dr in 1e-4 AE/d *)
        CASE IPLAN OF
          0: BEGIN DL:=0.0; DB:=0.0; DR:=0.0;  END;        (* Sonne    *)
          1: BEGIN                                          (* Merkur   *)
               M := P2*FRAC(0.4855407+415.2014314*T);
               DL := 714.00+292.66*COS(M)+71.96*COS(2*M)+18.16*COS(3*M)+
                     4.61*COS(4*M)+3.81*SIN(2*M)+2.43*SIN(3*M)+1.08*SIN(4*M);
               DR := 55.94*SIN(M)+11.36*SIN(2*M)+2.60*SIN(3*M);
               DB := 73.40*COS(M)+29.82*COS(2*M)+10.22*COS(3*M)+3.28*COS(4*M)
                     -40.44*SIN(M)-16.55*SIN(2*M)-5.56*SIN(3*M)-1.72*SIN(4*M);
             END;
          2: BEGIN                                          (* Venus    *)
               M := P2*FRAC(0.1400197+162.5494552*T);
               DL := 280.00+3.79*COS(M);   DR := 1.37*SIN(M);
               DB := 9.54*COS(M)-13.57*SIN(M);
             END;
```

```
    3: BEGIN   DL:=DLS; DR:=DRS; DB:=-DBS;  END;        (* Erde    *)
    4: BEGIN                                            (* Mars    *)
          M := P2*FRAC(0.0538553+53.1662736*T);
          DL := 91.50+17.07*COS(M)+2.03*COS(2*M);
          DR := 12.98*SIN(M)+1.21*COS(2*M);
          DB :=  0.83*COS(M)+2.80*SIN(M);
       END;
    5: BEGIN                                            (* Jupiter *)
          M := P2*FRAC(0.0565314+8.4302963*T);
          DL := 14.50+1.41*COS(M); DR := 3.66*SIN(M); DB := 0.33*SIN(M);
       END;
    6: BEGIN                                            (* Saturn  *)
          M := P2*FRAC(0.8829867+3.3947688*T);
          DL := 5.84+0.65*COS(M); DR := 3.09*SIN(M); DB := 0.24*COS(M);
       END;
    7: BEGIN                                            (* Uranus  *)
          M := P2*FRAC(0.3967117+1.1902849*T);
          DL := 2.05+0.19*COS(M); DR:=1.86*SIN(M); DB:=-0.03*SIN(M);
       END;
    8: BEGIN                                            (* Neptun  *)
          M := P2*FRAC(0.7214906+0.6068526*T);
          DL := 1.04+0.02*COS(M); DR:=0.27*SIN(M); DB:=0.03*SIN(M);
       END;
    9: BEGIN                                            (* Pluto   *)
          M := P2*FRAC(0.0385795+0.4026667*T);
          DL := 0.69+0.34*COS(M)+0.12*COS(2*M)+0.05*COS(3*M);
          DR := 6.66*SIN(M)+1.64*SIN(2*M);
          DB := -0.08*COS(M)-0.17*SIN(M)-0.09*SIN(2*M);
       END;
    END;

  END;

POSVEL (LS,BS,RS,DLS,DBS,DRS,XS,YS,ZS,VXS,VYS,VZS);
POSVEL (LP,BP,RP,DL ,DB ,DR, XP,YP,ZP,VX ,VY ,VZ );
X:=XP+XS; Y:=YP+YS; Z:=ZP+ZS;   DELTA0 := SQRT(X*X+Y*Y+Z*Z);
IF IPLAN=3 THEN BEGIN X:=0.0; Y:=0.0; Z:=0.0; DELTA0:=0.0 END;

FAC := 0.00578 * DELTA0 * 1E-4;
CASE IMODE OF
  1: BEGIN X:=X-FAC*VX;  Y:=Y-FAC*VY;  Z:=Z-FAC*VZ; END;
  2: BEGIN X:=X-FAC*(VX+VXS); Y:=Y-FAC*(VY+VYS); Z:=Z-FAC*(VZ+VZS); END;
  END;

END;
(*--------------------------------------------------------------------*)
```

5.4.3 Die Nutation

Scheinbare Koordinaten sind Koordinaten, die für die Beobachtung an einem mit Teikreisen versehenen Fernrohr vorgesehen sind. Da die Montierung des Fernrohrs immer fest in Richtung der Erdachse ausgerichtet ist, muß auch das verwendete Koordinatensystem entsprechend orientiert sein. Dies bedingt zunächst, daß sich scheinbare Koordinaten immer auf das Äquinoktium des Datums beziehen, also auf die jeweils aktuelle Lage von Äquator, Ekliptik und Frühlingspunkt. Neben der Präzession ist dabei aber eine weitere Lagestörung der Erdachse zu berücksichtigen, über die bei der bisherigen Behandlung der Koordinatensysteme noch nicht gesprochen wurde. Während die Präzession die säkulare — d.h. langfristige — Verlagerung der Erdachse bezeichnet, versteht man unter der *Nutation* eine zusätzliche kleine Auslenkung periodischer Natur. Der durch die Nutation verschobene *wahre* Pol der Erdachse dreht sich in 18.6 Jahren einmal um den *mittleren* Pol, dessen Bewegung durch die Präzession beschrieben wird. Die Periode der Nutation wird durch die Umlaufszeit des aufsteigenden Knotens Ω der Mondbahn bestimmt. Die Nutation in Länge ($\Delta\psi$), also die Längendifferenz zwischen wahrem und mittlerem Frühlingspunkt, hat eine Amplitude von rund 17″. Gleichzeitig variiert die Ekliptikschiefe um $\Delta\varepsilon \approx 9''$ (vgl. Abb. 5.4).

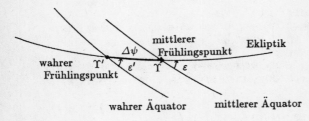

Abb. 5.4. Die Verschiebung von Äquator, Ekliptik und Frühlingspunkt durch die Nutation

Insgesamt setzen sich beide Größen aus rund hundert einzelnen Termen zusammen, von denen für die meisten Zwecke aber nur einige wenige benötigt werden:

$$
\begin{aligned}
\Delta\psi = {} & -17\overset{''}{.}200 \cdot \sin(\Omega) + 0\overset{''}{.}206 \cdot \sin(2\Omega) + 0\overset{''}{.}143 \cdot \cos(l') \\
& -1\overset{''}{.}319 \cdot \sin(2(F - D + \Omega)) - 0\overset{''}{.}227 \cdot \sin(2(F + \Omega)) \qquad (5.16) \\
\Delta\varepsilon = {} & +9\overset{''}{.}203 \cdot \cos(\Omega) - 0\overset{''}{.}090 \cdot \cos(2\Omega) \\
& +0\overset{''}{.}574 \cdot \cos(2(F - D + \Omega)) + 0\overset{''}{.}098 \cdot \cos(2(F + \Omega)) \quad .
\end{aligned}
$$

Neben der Länge des aufsteigenden Knotens Ω hängen diese Terme von verschiedenen weiteren Argumenten (F, D, l') ab, die aus den mittleren Längen und Anomalien von Sonne und Mond zusammengesetzt sind (vgl. (6.2)...(6.5)). Die wahren äquatorialen Koordinaten (x', y', z') ergeben sich damit aus den bisher verwendeten mittleren Koordinaten (x, y, z) durch Addition einer kleinen Korrektur $(\Delta x, \Delta y, \Delta z)$:

$$
\begin{aligned}
\Delta x &= -(y \cos\varepsilon + z \sin\varepsilon) \cdot \Delta\psi \\
\Delta y &= x \cos\varepsilon \cdot \Delta\psi - z \cdot \Delta\varepsilon \qquad\qquad (5.17) \\
\Delta z &= x \sin\varepsilon \cdot \Delta\psi + y \cdot \Delta\varepsilon \quad .
\end{aligned}
$$

Hierin ist ε die mittlere Schiefe der Ekliptik aus (2.5).

Das Unterprogramm NUTEQU erwartet als Eingabe die mittleren äquatorialen Koordinaten eines Planeten und wandelt diese in Abhängigkeit vom Zeitpunkt T in wahre Koordinaten um. Die Eingabedaten werden dabei überschrieben.

```
(*----------------------------------------------------------------------*)
(* NUTEQU: Transformation von mittleren in wahre aequatoriale     16.07.88 *)
(*         Koordinaten (Terme >0.1" nach IAU 1980)                      *)
(*         T = (JD-2451545.0)/36525.0                                   *)
(*----------------------------------------------------------------------*)
PROCEDURE NUTEQU(T:REAL;VAR X,Y,Z:REAL);
   CONST ARC=206264.8062;          (* Bogensekunden pro radian = 3600*180/pi *)
         P2 =6.283185307;          (* 2*pi                                 *)
   VAR   LS,D,F,N,EPS : REAL;
         DPSI,DEPS,C,S: REAL;
         DX,DY,DZ     : REAL;
   FUNCTION FRAC(X:REAL):REAL;
      (* evtl. TRUNC fuer T<-24 durch LONG_TRUNC oder INT ersetzen! *)
      BEGIN  FRAC:=X-TRUNC(X) END;
   BEGIN
      LS   := P2*FRAC(0.993133+  99.997306*T);   (* mittl. Anomalie Sonne   *)
      D    := P2*FRAC(0.827362+1236.853087*T);   (* Diff. Laenge Mond-Sonne *)
      F    := P2*FRAC(0.259089+1342.227826*T);   (* Knotenabstand           *)
      N    := P2*FRAC(0.347089-   5.372447*T);   (* Laenge des aufst.Knotens *)
      EPS  := 0.4090928-2.2696E-4*T;             (* Ekliptikschiefe         *)
      DPSI := ( -17.200*SIN(N)   - 1.319*SIN(2*(F-D+N)) - 0.227*SIN(2*(F+N))
               + 0.206*SIN(2*N) + 0.143*SIN(LS) ) / ARC;
      DEPS := ( + 9.203*COS(N)   + 0.574*COS(2*(F-D+N)) + 0.098*COS(2*(F+N))
               - 0.090*COS(2*N)                     ) / ARC;
      C := DPSI*COS(EPS);  S := DPSI*SIN(EPS);
      DX := -(C*Y+S*Z); DY := (C*X-DEPS*Z); DZ := (S*X+DEPS*Y);
      X  := X + DX;          Y  := Y + DY;      Z  := Z + DZ;
   END;
(*----------------------------------------------------------------------*)
```

5.5 Das Programm PLANPOS

Das Programm PLANPOS berechnet die Positionen der Sonne und der neun großen Planeten für einen vorgegebenen Zeitpunkt. Wegen der beschränkten Gültigkeit des Unterprogramms PLU200 werden die Plutokoordinaten allerdings nur zwischen den Jahren 1890 und 2100 ausgegeben. Neben dem Datum kann das Äquinoktium spezifiziert werden, auf das sich die zu berechnenden Positionen beziehen sollen. Zur Auswahl stehen dabei scheinbare Koordinaten, sowie astrometrische Koordinaten für die derzeit gebräuchlichen Äquinoktien B1950 und J2000. Scheinbare Koordinaten beziehen sich auf das wahre Äquinoktium des Datums und beinhalten Korrekturen für Präzession, Nutation, Aberration und Lichtlaufzeit. Man kann sie zum Beispiel an den Teilkreisen eines parallaktisch montierten Fernrohres einstellen oder ablesen. Die astrometrischen Koordinaten benötigt man, wenn man die Planetenpositionen in eine Himmelskarte des entsprechenden Äquinoktiums eintragen möchte. Sie berücksichtigen Präzession und Lichtlaufzeit.

```
(*---------------------------------------------------------------------*)
(*                              PLANPOS                               *)
(*       heliozentrische und geozentrische Planetenpositionen         *)
(*                          Stand 05.05.89                            *)
(*---------------------------------------------------------------------*)


PROGRAM PLANPOS(INPUT,OUTPUT);

  CONST J2000 =   0.0;
        B1950 = -0.500002108;

  TYPE REAL33 = ARRAY[1..3,1..3] OF REAL;

  VAR DAY, MONTH, YEAR, IPLAN, IMODE, K   : INTEGER;
      HOUR, MODJD, T, TEQX                : REAL;
      X,Y,Z, XP,YP,ZP, XS,YS,ZS           : REAL;
      L,B,R, LS,BS,RS, RA,DEC,DELTA,DELTAO : REAL;
      A                                   : REAL33;
      MODE                                : CHAR;


(*---------------------------------------------------------------------*)
(*  An dieser Stelle sind folgende Unterprogramme in der angegebenen   *)
(*  Reihenfolge einzugeben:                                           *)
(*     SN, CS, TN,  ATN, ATN2, POLAR, GMS                             *)
(*     MJD                                                            *)
(*     ECLEQU                                                         *)
(*     PMATECL, PRECART, NUTEQU                                       *)
(*     SUN200, MER200, VEN200, MAR200, JUP200, SAT200, URA200, NEP200, PLU200 *)
(*     GEOCEN                                                         *)
(*---------------------------------------------------------------------*)


(*---------------------------------------------------------------------*)
PROCEDURE AUSGABE(IPLAN:INTEGER;L,B,R,RA,DEC,DELTA:REAL);
  VAR H,M: INTEGER;
      S  : REAL;
  BEGIN
    GMS(L,H,M,S);   WRITE (H:3,M:3,S:5:1);
    GMS(B,H,M,S);   WRITE (H:4,M:3,S:5:1);
    IF IPLAN<4 THEN WRITE (R:11:6)
               ELSE WRITE (R:10:5,' ');
    GMS(RA,H,M,S);  WRITE (H:4,M:3,S:6:2);
    GMS(DEC,H,M,S); WRITE (H:4,M:3,S:5:1);
    IF IPLAN<4 THEN WRITE (DELTA:11:6)
               ELSE WRITE (DELTA:10:5,' ');

  END;
(*---------------------------------------------------------------------*)


BEGIN (* PLANPOS *)

  WRITELN;
  WRITELN(' PLANPOS: geozentrische und heliozentrische Planetenpositionen');
  WRITELN('                    Version 05.05.89                    ');
  WRITELN('          (c) 1989 Thomas Pfleger,Oliver Montenbruck    ');
  WRITELN;
```

```
REPEAT

  WRITELN;
  WRITELN (' (J) J2000 astrometrisch     (B) B1950 astrometrisch');
  WRITELN (' (S) Scheinbare Koordinaten  (E) Ende                ');
  WRITELN;
  WRITE   (' Eingabe: '); READLN (MODE);
  WRITELN;

  IF MODE IN ['S','s','J','j','B','b']  THEN

    BEGIN

      (* Datum einlesen *)

      WRITE (' Datum (Tag Monat Jahr Stunde) ?   ');
      READLN (DAY,MONTH,YEAR,HOUR);  WRITELN; WRITELN; WRITELN; WRITELN;
      MODJD := MJD (DAY,MONTH,YEAR,HOUR);  T:=(MODJD-51544.5)/36525.0;
      WRITE (' Datum: ', YEAR:5,MONTH:3,DAY:3,HOUR:5:1,'(ET)');
      WRITE ('JD:':6,(MODJD+2400000.5):12:3,'Aequinoktium ':18);
      CASE MODE OF
        'S','s': WRITELN ('des Datums');
        'J','j': WRITELN ('J2000');
        'B','b': WRITELN ('B1950');
      END;
      WRITELN;

      (* Kopfzeilen *)

      WRITE   (' ':10,'l':6,'b':12,'r':11);
      WRITELN (' ':7,'ra':5,'dec':13,'delta':13);
      WRITE   (' ':9,' o '' "',' ':3,' o '' "',' ':6,'AE',' ':4);
      WRITELN (' ':2,' h  m  s',' ':4,' o '' "',' ':6,'AE');

      (* ekliptikale Koordinaten der Sonne, Aeqinoktium T  *)

      SUN200 (T,LS,BS,RS);

      (* Planetenkoordinaten *)

      IF ( (-1.1<T) AND (T<+1.0) ) THEN K:=9 ELSE K:=8; (* Pluto ja/nein *)

      FOR IPLAN:=0 TO K DO

        BEGIN

          (* heliozentrische ekliptikale Planetenkoordinaten *)

          CASE IPLAN OF
            1: MER200(T,L,B,R); 2: VEN200(T,L,B,R);
            4: MAR200(T,L,B,R); 5: JUP200(T,L,B,R); 6: SAT200(T,L,B,R);
            7: URA200(T,L,B,R); 8: NEP200(T,L,B,R); 9: PLU200(T,L,B,R);
            0: BEGIN L:=0.0; B:=0.0; R:=0.0; END;
            3: BEGIN L:=LS+180.0; B:=-BS; R:=RS; END;
          END;
```

```
(* geozentrische ekliptikale PLanetenkoordinaten (retardiert) *)

IF MODE IN ['S','s'] THEN IMODE:=2 ELSE IMODE:=1;
GEOCEN (T, L,B,R, LS,BS,RS, IPLAN,IMODE,
        XP,YP,ZP, XS,YS,ZS, X,Y,Z,DELTA0);

(* Praezession, aequat. Koord., Nutation  *)

CASE MODE OF
  'J','j': TEQX:=J2000; 'B','b': TEQX:=B1950;
 END;

IF MODE IN ['S','s']
  THEN
    BEGIN  ECLEQU(T,X,Y,Z); NUTEQU(T,X,Y,Z); END
  ELSE
    BEGIN
      PMATECL(T,TEQX,A); PRECART (A,XP,YP,ZP);
      PRECART (A,X,Y,Z); ECLEQU (TEQX,X,Y,Z);
      END;

(* Polarkoordinaten *)

POLAR (XP,YP,ZP,R,B,L);
POLAR (X,Y,Z,DELTA,DEC,RA); RA:=RA/15.0;

(* Ausgabe *)

CASE IPLAN OF
  0: WRITE(' Sonne   ');  1: WRITE(' Merkur  ');
  2: WRITE(' Venus   ');  3: WRITE(' Erde    ');
  4: WRITE(' Mars    ');  5: WRITE(' Jupiter ');
  6: WRITE(' Saturn  ');  7: WRITE(' Uranus  ');
  8: WRITE(' Neptun  ');  9: WRITE(' Pluto   ');
  END;
  AUSGABE(IPLAN,L,B,R,RA,DEC,DELTA0); WRITELN;

END;

WRITELN;
WRITELN (' l,b,r:   heliozentrisch ekliptikal (geometrisch)');
WRITE   (' ra,dec:  geozentrisch aequatorial  ');
IF MODE IN ['S','s'] THEN WRITELN('(scheinbar)')
                     ELSE WRITELN('(astrometrisch)');
WRITELN (' delta:   geozentrische Entfernung  (geometrisch)');
WRITELN;

END;

UNTIL MODE IN ['E','e']

END. (* PLANPOS *)

(*--------------------------------------------------------------------*)
```

PLANPOS fragt zu Beginn, auf welches Äquinoktium sich die berechneten Positionen beziehen sollen. Mögliche Eingaben sind S (scheinbare Koordinaten, Äquinoktium des Datums), J (J2000, astrometrisch) und B (B1950, astrometrisch). Diese Optionsabfrage erscheint außer zu Beginn auch nach jedem Rechenlauf. Hierbei ist es auch möglich, den Programmlauf zu beenden (E).

Im folgenden Beispiel wählen wir zunächst scheinbare Koordinaten. Nach der entsprechenden Abfrage ist der genaue Zeitpunkt anzugeben, für den die Planetenstellungen berechnet werden sollen. Man beachte, daß es sich dabei um eine Zeitangabe in Ephemeridenzeit (ET) handelt! Im Beispiel wählen wir den 1. Januar 1989 um 0^h ET. Alle Eingaben sind durch kursive Schrift hervorgehoben. PLANPOS gibt nun die gewünschten Koordinaten aus.

```
PLANPOS: geozentrische und heliozentrische Planetenpositionen
                  Version 05.05.89
        (c) 1989 Thomas Pfleger,Oliver Montenbruck


(J) J2000 astrometrisch     (B) B1950 astrometrisch
(S) Scheinbare Koordinaten  (E) Ende

Eingabe:  S


Datum (Tag Monat Jahr Stunde) ?    1 1 1989 0.0


Datum:  1989  1  1  0.0(ET)    JD: 2447527.500    Aequinoktium des Datums
```

	l		b		r	ra			dec			delta
	o	' "	o	' "	AE	h	m	s	o	' "		AE
Sonne	0 0 0.0	0 0 0.0	0.000000	18 45 53.71			-23 1 25.5			0.983309
Merkur	347 56 35.7	-6 5 21.5	0.370100	19 59 16.66			-22 34 11.9			1.175632
Venus	226 5 15.0	1 43 26.9	0.723666	17 7 15.24			-22 3 57.5			1.522289
Erde	100 33 9.4	0 0 0.2	0.983309	0 0 0.0			0 0 0.0			0.000000
Mars	60 32 51.9	0 21 19.3	1.49745	1 13 47.46			8 24 5.3			0.97649
Jupiter	64 30 7.8	0-45 53.2	5.03195	3 38 35.12			18 33 7.5			4.27637
Saturn	275 6 53.5	0 47 14.5	10.04354	18 24 14.55			-22 36 28.2			11.02274
Uranus	271 18 42.6	0-13 47.8	19.31483	18 7 39.26			-23 39 0.8			20.28599
Neptun	279 54 35.7	0 55 55.8	30.21917	18 42 54.14			-22 10 16.6			31.20230
Pluto	222 55 15.8	15 52 34.5	29.65861	15 6 35.07			-1 16 18.2			30.17673

```
l,b,r:   heliozentrisch ekliptikal (geometrisch)
ra,dec:  geozentrisch aequatorial  (scheinbar)
delta:   geozentrische Entfernung  (geometrisch)
```

Zu beachten ist noch, daß die heliozentrischen ekliptikalen Koordinaten der Sonne ebenso wie die geozentrischen äquatorialen Koordinaten der Erde stets zu Null gesetzt werden.

Wir wollen nun zum Vergleich die Planetenpositionen für denselben Zeitpunkt, aber jetzt bezogen auf das Äquinoktium J2000 berechnen lassen. Die kleinen Unterschiede, die sich dabei ergeben, sind durch die Präzession für etwa 11 Jahre bedingt.

```
(J) J2000 astrometrisch     (B) B1950 astrometrisch
(S) Scheinbare Koordinaten  (E) Ende
```

Eingabe: *J*

Datum (Tag Monat Jahr Stunde) ?   *1 1 1989 0.0*

Datum: 1989 1 1 0.0(ET)   JD: 2447527.500   Aequinoktium J2000

	l			b			r	ra			dec			delta
	o	'	"	o	'	"	AE	h	m	s	o	'	"	AE
Sonne	0	0	0.0	0	0	0.0	0.000000	18	46	34.57	-23	0	32.4	0.983309
Merkur	348	5	49.4	-6	5	22.1	0.370100	19	59	56.55	-22	32	12.3	1.175632
Venus	226	14	28.3	1	43	22.9	0.723666	17	7	55.77	-22	4	40.7	1.522289
Erde	100	42	22.5	0	0	5.2	0.983309	0	0	0.00	0	0	0.0	0.000000
Mars	60	42	5.0	0	21	24.1	1.49745	1	14	21.40	8	27	27.8	0.97649
Jupiter	64	39	21.0	0	-45	48.3	5.03195	3	39	11.60	18	35	3.6	4.27637
Saturn	275	16	6.7	0	47	9.5	10.04354	18	24	55.40	-22	35	56.0	11.02274
Uranus	271	27	55.8	0	-13	52.9	19.31483	18	8	20.47	-23	38	44.9	20.28599
Neptun	280	3	48.9	0	55	50.8	30.21917	18	43	34.77	-22	9	26.4	31.20230
Pluto	223	4	29.9	15	52	30.6	29.65861	15	7	9.55	-1	18	40.7	30.17673

```
l,b,r:   heliozentrisch ekliptikal (geometrisch)
ra,dec:  geozentrisch aequatorial  (astrometrisch)
delta:   geozentrische Entfernung  (geometrisch)
```

Man kann erkennen, daß die Unterschiede zwar klein, aber doch zu beachten sind. Beim Vergleich mit Jahrbüchern ist deshalb etwas Aufmerksamkeit erforderlich. Zum Teil werden nur die Positionen der Planeten Merkur bis Neptun als scheinbare Koordinaten gegeben, während man für Plutoephemeriden die astrometrischen Koordinaten benutzt. Der Grund hierfür ist, daß man bei der Beobachtung dieses lichtschwachen Planeten auf den Vergleich mit einem Atlas oder einer Aufsuchkarte angewiesen ist, um den Planeten auch identifizieren zu können.

```
(J) J2000 astrometrisch     (B) B1950 astrometrisch
(S) Scheinbare Koordinaten  (E) Ende
```

Eingabe: *E*

Auf die nächste Abfrage hin wird das Programm durch die Eingabe *E* beendet.

6. Die Mondbahn

6.1 Allgemeine Beschreibung der Mondbahn

Die Bewegung des Mondes wird vornehmlich durch zwei Körper bestimmt, nämlich durch Erde und Sonne. Betrachtet man die Anziehungskräfte, die auf den Mond einwirken, so stellt man fest, daß nicht die Erde als nächster Nachbar, sondern die weiter entfernte Sonne die Mondbahn am stärksten beeinflußt. Obwohl die Stärke der Gravitationskraft quadratisch mit der Entfernung abnimmt, übertrifft die Anziehung der Sonne aufgrund der hohen Masse die der Erde. Mit den entsprechenden Zahlenwerten (Entfernung Erde-Mond $r \approx 380000$ km, Entfernung Sonne-Mond $R \approx 150$ Mio. km, Verhältnis Sonnenmasse zu Erdmasse $M/m \approx 330000$) sieht man, daß die Anziehungskraft der Sonne etwa doppelt so groß ist, wie die der Erde:

$$\frac{F_\odot}{F_\oplus} = \frac{M}{R^2} \bigg/ \frac{m}{r^2} \approx 2 \quad .$$

Die Summe beider Kräfte hat damit unabhängig von der gegenseitigen Orientierung von Sonne, Erde und Mond immer eine resultierende Komponente, die in Richtung der Sonne und niemals von ihr weg zeigt. Damit läßt sich die räumliche Bewegung des Mondes als eine rund 150 Mio.km große Ellipse um die Sonne beschreiben, der kleine monatliche Schwankungen überlagert sind. Da die Gravitationskraft nie von der Sonne weg weist, ist die Bahn trotz dieser Schwankungen immer zur Sonne hin gekrümmt.

Obwohl die Mondbahn also hauptsächlich durch die Anziehungskraft der Sonne bestimmt wird, erscheint es nicht unbedingt ratsam, sie in heliozentrischen Koordinaten zu beschreiben. Schließlich sind wir ja letztendlich an der Bewegung des Mondes um die Erde interessiert. Da Erde und Mond relativ eng benachbart sind, wirken auf sie fast gleiche Gravitationskräfte von seiten der Sonne. Wären diese Kräfte exakt gleich groß, dann hätte die Sonne überhaupt keinen Einfluß auf die *gegenseitige* Lage von Erde und Mond. Sie wäre dann alleine für deren gemeinsame jährliche Bahn um die Sonne verantwortlich, während die Anziehungskraft der Erde die monatliche Bewegung des Mondes bestimmen würde. Die Differenz der Sonnenanziehung auf Erde und Mond ist nur etwa r/R-mal so groß wie die Anziehung selbst und damit rund 200-mal kleiner als die Kraft, die von seiten der Erde auf den Mond wirkt. Die zweckmäßigste Beschreibung der Mondbahn erhält man deshalb in einem geozentrischen Bezugssystem. Der Mond bewegt sich darin auf einer monatlichen Keplerbahn um die Erde, die von der Sonne mehr oder weniger stark gestört wird.

Die mittlere Bahnellipse hat eine Exzentrizität von $e = 0.055$ und ist rund 5°1 gegen die Ekliptik geneigt. Die Umlaufzeit von Perigäum zu Perigäum (sogenannter *anomalistischer* Monat) beträgt im Durchschnitt 27.55 Tage. Dies sind knapp zwei Tage weniger als die Zeit, die zwischen zwei aufeinanderfolgenden Neu- oder Vollmondphasen vergeht (*synodischer* Monat) . Dieser Unterschied erklärt sich aus der scheinbaren Bewegung der Sonne vor dem Himmelshintergrund, die im Monat rund 30° beträgt. Nach einem Umlauf um die Erde benötigt der Mond etwa zwei Tage, um diesen Vorsprung der Sonne einzuholen und wieder die gleiche Phase zu zeigen.

Aufgrund der exzentrischen Bahn weicht der Mond um bis zu 6°3 von seinem mittleren Ort ab. Diese auffallendste Unregelmäßigkeit wird als *große Ungleichheit* bezeichnet. Sie hat noch nichts mit den Störungen durch die Sonne zu tun, sondern ist allein auf die elliptische Bahnform zurückzuführen. Der Betrag der großen Ungleichheit folgt aus der Mittelpunktsgleichung (5.1), die bereits bei der Reihenentwicklung der Planetenbahnen erwähnt wurde. Schon Ptolemäus wies aber im Almagest darauf hin, daß sich die Mondbahn damit alleine noch nicht befriedigend beschreiben läßt. Er bemerkte als erster die *Evektion*, eine Störung von 1°3, die von der gegenseitigen Stellung von Sonne und Mond abhängt. Wesentlich später wurden von Tycho de Brahe aufgrund seiner genauen Beobachtungen zwei weitere Störungen (*Variation* und *jährliche Gleichung*) entdeckt, bevor Newton mit der Aufstellung des Gravitationsgesetzes die Grundlage für ein theoretisches Verständnis der Mondbewegung schuf. Im Jahre 1770 wurden von Mayer erstmals Mondtafeln veröffentlicht, die genau genug waren, um eine Orts- und Zeitbestimmung auf See zu gestatten. Heute sind insgesamt über tausend einzelne periodische Störungsterme bekannt.

Neben diesen mehr oder minder großen periodischen Schwankungen der Mondbahn bewirkt der Einfluß der Sonne auch eine Reihe säkularer Effekte, deren wichtigster eine langsame Drehung der Mondbahnebene ist. In 18.6 Jahren dreht sich bei nahezu fester Bahnneigung die Knotenlinie, also die Schnittlinie von Mondbahn und Ekliptik, um volle 360°. Diese Knotenwanderung erfolgt *rückläufig*, das heißt, die Länge des aufsteigenden Knotens *verringert* sich gegenüber dem Frühlingspunkt jährlich um etwa 20°. Der Grund für diese Verlagerung liegt darin, daß die Anziehungskraft der Sonne ständig versucht, den Mond in die Ekliptik zu ziehen und die Symmetrieachse der Bahn aufzurichten. Diese weicht jedoch wie eine Kreiselachse der einwirkenden Kraft aus und beginnt eine langsame Präzessionsbewegung, die sie in den besagten 18.6 Jahren einmal um den Pol der Ekliptik herumführt.

Die Lage des Perigäums, also die räumliche Orientierung der großen Halbachse der Bahn, ist ebenfalls veränderlich. Jedes Jahr verschiebt sich das Perigäum in der Bahnebene (rechtläufig) um über 40°. Ein voller Umlauf dauert etwa 8.85 Jahre.

Die verschiedenen Größen für die mittlere Bewegung von Sonne und Mond, die im Rahmen der Mondtheorie Verwendung finden, sind mit den dort gebräuchlichen Bezeichnungen ($T = (JD - 2451545)/36525$):

- die mittlere Länge des Mondes (L_0)

$$L_0 = 218\overset{\circ}{.}31617 + 481267\overset{\circ}{.}88088 \cdot T - 4\overset{''}{.}06 \cdot T^2$$
$$= 0\overset{r}{.}60643382 + 1336\overset{r}{.}85522467 \cdot T - 0\overset{r}{.}00000313 \cdot T^2 \quad , \quad (6.1)$$

- die mittlere Anomalie des Mondes (l)

$$l = 134\overset{\circ}{.}96292 + 477198\overset{\circ}{.}86753 \cdot T + 33\overset{''}{.}25 \cdot T^2$$
$$= 0\overset{r}{.}37489701 + 1325\overset{r}{.}55240982 \cdot T + 0\overset{r}{.}00002565 \cdot T^2 \quad , \quad (6.2)$$

- die mittlere Anomalie der Sonne (l')

$$l' = 357\overset{\circ}{.}52543 + 35999\overset{\circ}{.}04944 \cdot T - 0\overset{''}{.}58 \cdot T^2$$
$$= 0\overset{r}{.}99312619 + 99\overset{r}{.}99735956 \cdot T - 0\overset{r}{.}00000044 \cdot T^2 \quad , \quad (6.3)$$

- der mittlere Abstand des Mondes vom aufsteigenden Knoten (F)

$$F = 93\overset{\circ}{.}27283 + 483202\overset{\circ}{.}01873 \cdot T - 11\overset{''}{.}56 \cdot T^2$$
$$= 0\overset{r}{.}25909118 + 1342\overset{r}{.}22782980 \cdot T - 0\overset{r}{.}00000892 \cdot T^2 \quad , \quad (6.4)$$

- und die mittlere Elongation des Mondes (D), also die Differenz der mittleren Längen von Sonne und Mond,

$$D = 297\overset{\circ}{.}85027 + 445267\overset{\circ}{.}11135 \cdot T - 5\overset{''}{.}15 \cdot T^2$$
$$= 0\overset{r}{.}82736186 + 1236\overset{r}{.}85308708 \cdot T - 0\overset{r}{.}00000397 \cdot T^2 \quad . \quad (6.5)$$

Die einzelnen Werte sind im Gradmaß und in Einheiten eines Umlaufs ($1^r = 360°$) angegeben. L_0 bezieht sich auf das mittlere Äquinoktium des Datums, die übrigen Größen sind Winkel, die nicht von der Präzession beeinflußt werden. Die Länge des aufsteigenden Knotens (Ω) wird nicht explizit verwendet. Sie ergibt sich aus der Differenz $\Omega = L_0 - F$.

Die wahre ekliptikale Länge des Mondes (λ) unterscheidet sich von der mittleren Länge durch eine Reihe periodischer Terme, die von den Argumenten l, l', F und D abhängen:

$$\lambda = L_0 + \Delta\lambda$$

mit

$$
\begin{aligned}
\Delta\lambda \;=\;\; &+22640''{\cdot}\sin(l) & &\text{(große Ungleichheit)}\\
&-4586''{\cdot}\sin(l-2D) & &\text{(Evektion)}\\
&+2370''{\cdot}\sin(2D) & &\text{(Variation)}\\
&+769''{\cdot}\sin(2l) & &\text{(große Ungleichheit)}\\
&-668''{\cdot}\sin(l') & &\text{(jährliche Gleichung)}\\
&-412''{\cdot}\sin(2F) & &\text{(Reduktion auf die Ekliptik)}\\
&-212''{\cdot}\sin(2l-2D)\\
&-206''{\cdot}\sin(l+l'-2D)\\
&+192''{\cdot}\sin(l+2D)\\
&-165''{\cdot}\sin(l'-2D)\\
&+148''{\cdot}\sin(l-l')\\
&-125''{\cdot}\sin(D) & &\text{(parallaktische Gleichung)}\\
&-110''{\cdot}\sin(l+l')\\
&-55''{\cdot}\sin(2F-2D)\quad .
\end{aligned}
$$

In einer ungestörten Bahn hängt die ekliptikale Breite β über

$$
\begin{aligned}
\sin\beta &= \sin i \cdot \sin u\\
\beta &\approx i \cdot \sin u
\end{aligned}
$$

von der Bahnneigung i und dem Ort in der Bahn ab. u bezeichnet darin das Argument der Breite, also den Winkel zwischen dem Ortsvektor und der Knotenlinie. Angesichts der Störungen durch die Sonne wird die Breite des Mondes in erster Näherung durch eine leicht abgewandelte Gleichung, nämlich durch

$$
\beta \approx 18520'' \sin(S) + N
$$

mit $S = F + \Delta S$ berechnet. ΔS setzt sich aus einer Reihe von Termen zusammen, die im wesentlichen mit der Entwicklung von $\Delta\lambda$ übereinstimmen. Beschränkt man sich auf die wichtigsten Unterschiede, dann ist

$$
\Delta S \approx \Delta\lambda + 412'' \sin(2F) + 541'' \sin(l') \quad .
$$

Die Größe N beinhaltet eine kleine Zahl zusätzlicher Breitenänderungen, die durch eine Schwankung der Bahnneigung verursacht werden:

$$
N = -526'' \sin(F-2D) + 44'' \sin(l+F-2D) - 31'' \sin(-l+F-2D) + \ldots \quad . \tag{6.6}
$$

Die bisherige, stark vereinfachte Darstellung soll zunächst als grober Überblick über die Formulierung der Mondtheorie und die Berechnung der ekliptikalen Länge und Breite des Mondes dienen. Im Programm MINI_MOON, das in Kap.3 ohne nähere Erläuterungen vorgestellt wurde, sind gerade die bisher besprochenen Gleichungen verarbeitet. Ein Blick auf dieses Programm sollte die einzelnen Rechenschritte noch einmal verdeutlichen.

Anzumerken ist noch, daß für die Berechnung der ekliptikalen Breite auf die Verwendung einer Reihenentwicklung von β selbst bewußt verzichtet wurde. Eine solche Reihe, deren wichtigste Glieder

$$\beta = 18461'' \sin(F) + 1010'' \sin(l + F) + 1000'' \sin(l - F) - 624'' \sin(F - 2D)$$
$$-199'' \sin(l - F - 2D) - 167'' \sin(l + F - 2D) + \dots$$

sind, ist zwar leichter zu verwenden, erfordert aber einen unnötig hohen Rechenaufwand. Dies liegt daran, daß die einzelnen Terme hier nur ungerade Vielfache von F enthalten, während in den Termen der Entwicklung von $\Delta\lambda$ und ΔS immer nur gerade Vielfache von F auftreten. Zu jedem Term in $\Delta\lambda$ gibt es einen gleichartigen Term in ΔS, für den dieselbe Winkelfunktion benötigt wird. Bei entsprechender Organisation müssen für ΔS deshalb keine zusätzlichen trigonometrischen Terme mehr ausgewertet werden. Dagegen haben die Reihen von $\Delta\lambda$ und $\Delta\beta$ keine Terme, die gemeinsam ausgewertet werden könnten.

6.2 Die Brownsche Mondtheorie

Die zu Beginn des Jahrhunderts entwickelte Mondtheorie von E.W. Brown ist wohl die bekannteste analytische Formulierung der Mondbewegung. Sie wird hier in der Fassung der *Improved Lunar Ephemeris* (ILE) des Nautical Almanac Office von 1954 vorgestellt. Von den weit über tausend Störungstermen der Theorie wird allerdings nur ein Bruchteil im Programm MOON verwendet. Die damit erreichte Genauigkeit liegt bei rund einer Bogensekunde.

Die Rechnung beginnt mit der Bestimmung der mittleren Argumente L, l, l', F und D nach (6.1) bis (6.5). Die Zeit T ist dabei in julianischen Jahrhunderten *Ephemeridenzeit* seit der Epoche J2000 ausgedrückt. Die mittleren Argumente unterliegen zusätzlich noch kleinen langperiodischen Schwankungen, die als Korrekturen zu den obigen Werten hinzuaddiert werden:

ΔL_0	Δl	$\Delta l'$	ΔF	ΔD	
$+0\rlap{.}''84$	$+2\rlap{.}''94$	$-6\rlap{.}''40$	$+0\rlap{.}''21$	$+7\rlap{.}''24 \cdot \sin(2\pi(0.19833 + 0.05611T))$	
$+0\rlap{.}''31$	$+0\rlap{.}''31$	$0\rlap{.}''0$	$+0\rlap{.}''31$	$+0\rlap{.}''31 \cdot \sin(2\pi(0.27869 + 0.04508T))$	
$+14\rlap{.}''27$	$+14\rlap{.}''27$	$0\rlap{.}''0$	$+14\rlap{.}''27$	$+14\rlap{.}''27 \cdot \sin(2\pi(0.16827 - 0.36903T))$	
$+7\rlap{.}''26$	$+9\rlap{.}''34$	$0\rlap{.}''0$	$-88\rlap{.}''70$	$+7\rlap{.}''26 \cdot \sin(2\pi(0.34734 - 5.37261T))$	(6.7)
$+0\rlap{.}''28$	$+1\rlap{.}''12$	$0\rlap{.}''0$	$-15\rlap{.}''30$	$+0\rlap{.}''28 \cdot \sin(2\pi(0.10498 - 5.37899T))$	
$+0\rlap{.}''24$	$+0\rlap{.}''83$	$-1\rlap{.}''89$	$+0\rlap{.}''24$	$+2\rlap{.}''13 \cdot \sin(2\pi(0.42681 - 0.41855T))$	
$0\rlap{.}''00$	$0\rlap{.}''00$	$0\rlap{.}''00$	$-1\rlap{.}''86$	$0\rlap{.}''00 \cdot \sin(2\pi(0.14943 - 5.37511T))$	

Mit den so verbesserten mittleren Argumenten der Mondbahn werden insgesamt fünf Reihen von Störungstermen berechnet:

$\Delta\lambda$ \qquad\qquad Störungen der ekliptikalen Länge,

ΔS, N, $\gamma_1 C$ \quad Störungen der ekliptikalen Breite und

$\Delta \sin\Pi$ \qquad\quad Störungen der Parallaxe .

Alle diese Reihen haben die gemeinsame Struktur

$$\begin{Bmatrix} \Delta\lambda, \Delta S, N \\ \gamma_1 C, \Delta\sin\Pi \end{Bmatrix} = \sum_n \begin{Bmatrix} a_n, b_n, c_n \\ d_n, e_n \end{Bmatrix} \cdot \begin{Bmatrix} \sin \\ \cos \end{Bmatrix} (p_n l + q_n l' + r_n F + s_n D) \quad .$$

Das Tupel (p, q, r, s) beschreibt dabei die Abhängigkeit eines einzelnen Summanden von l, l', F und D und damit die Periodizität des Terms. Für die Rechnung faßt man zweckmäßigerweise alle Terme gleicher Charakteristik zusammen. Aus der gesamten Tabelle der Störungsterme ist hier nur ein kleiner Ausschnitt wiedergegeben:

$\Delta\lambda$	ΔS	$\gamma_1 C$	$\Delta\sin\Pi$	p	q	r	s
$+22639{.}''500$	$+22609{.}''07$	$+0{.}''079$	$+186{.}''5398$	$+1$	0	0	0
$-4586{.}''465$	$-4578{.}''13$	$-0{.}''077$	$+34{.}''3117$	$+1$	0	0	-2
$+2369{.}''912$	$+2373{.}''36$	$+0{.}''601$	$+28{.}''2333$	0	0	0	$+2$
$+769{.}''016$	$+767{.}''96$	$+0{.}''107$	$+10{.}''1657$	$+2$	0	0	0
$-668{.}''146$	$-126{.}''98$	$-1{.}''302$	$-0{.}''3997$	0	$+1$	0	0
$-411{.}''608$	$-0{.}''20$	$+0{.}''000$	$-0{.}''0124$	0	0	$+2$	0

Die Reihe für die Größe N kann aufgrund der unterschiedlichen Charakteristik nicht mit den übrigen Reihen zusammen berechnet werden. Sie enthält aber auch nur einige wenige Glieder.

Angesichts der großen Zahl von Störungstermen lohnt es sich durchaus, einige Mühe auf die Berechnung der auftretenden Winkelfunktionen zu verwenden. Die Berechnung einer Sinus- oder Cosinusfunktion ist — verglichen mit elementaren Operationen wie den vier Grundrechenarten — relativ aufwendig und rechenzeitintensiv. Es ist aber gar nicht notwendig, jede Winkelfunktion explizit auszuwerten, wenn man auf die Additionstheoreme

$$\cos(\alpha_1 + \alpha_2) = \cos\alpha_1\cos\alpha_2 - \sin\alpha_1\sin\alpha_2$$
$$\sin(\alpha_1 + \alpha_2) = \sin\alpha_1\cos\alpha_2 + \cos\alpha_1\sin\alpha_2$$

zurückgreift. Mit Hilfe des kurzen Unterprogramms ADDTHE

```
PROCEDURE ADDTHE(C1,S1,C2,S2:REAL;VAR C,S:REAL);
  BEGIN C:=C1*C2-S1*S2; S:=S1*C2+C1*S2; END;
```

kann man zunächst Sinus und Cosinus von Vielfachen der mittleren Argumente berechnen:

$$\text{CO[I,K]} = \begin{cases} \cos(il) & (k = 1) \\ \cos(il') & (k = 2) \\ \cos(iF) & (k = 3) \\ \cos(iD) & (k = 4) \end{cases} \qquad \text{SI[I,K]} = \begin{cases} \sin(il) & (k = 1) \\ \sin(il') & (k = 2) \\ \sin(iF) & (k = 3) \\ \sin(iD) & (k = 4) \end{cases}$$

Für l (K=1) erhält man etwa mittels

```
CO[0,K]:=1.0; CO[1,K]:=COS(L);  SI[0,K]:=0.0; SI[1,K]:=SIN(L);
FOR I := 2 TO MAX DO
  ADDTHE(CO[I-1,K],SI[I-1,K],CO[1,K],SI[1,K],CO[I,K],SI[I,K]);
FOR I := 1 TO MAX DO
  BEGIN CO[-I,K]:=CO[I,K]; SI[-I,K]:=-SI[I,K]; END;
```

alle Werte $\cos(il)$ und $\sin(il)$ für I=-MAX... +MAX mit nur zwei Aufrufen der Sinus-
oder Cosinusfunktion. Die Prozedur TERM, die auf die zuvor berechneten Werte
CO[I,K] und SI[I,K] zugreift, erlaubt dann die einfache Berechnung von

$$x \;=\; \cos(pl + ql' + rF + sD) \quad \text{und} \quad y \;=\; \sin(pl + ql' + rF + sD)$$

zu gegebener Charakteristik (p, q, r, s).

```
PROCEDURE TERM(P,Q,R,S:INTEGER;VAR X,Y:REAL);
  VAR I: ARRAY[1..4] OF INTEGER;  K: INTEGER;
  BEGIN
    I[1]:=P; I[2]:=Q; I[3]:=R; I[4]:=S;  X:=1.0; Y:=0.0;
    FOR K:=1 TO 4 DO
      IF (I[K]<>0) THEN  ADDTHE(X,Y,CO[I[K],K],SI[I[K],K],X,Y);
  END;
```

Am Beispiel der Reihe für die Breitenstörung N (6.6) läßt sich die Anwendung
dieser Prozedur gut erläutern. Die Prozedur SOLARN hat die Aufgabe, alle Terme
der genannten Störungsreihe in der Variablen N aufzuaddieren. Ein einzelner
Term wird in dem internen Unterprogramm ADDN bearbeitet, dem als Parameter
der Koeffizient und die charakteristischen Werte (p, q, r, s) des Terms übergeben
werden. Mit Hilfe von TERM wird darin zunächst der Wert der zugehörigen Winkelfunktion berechnet (N enthält nur sin-Terme), mit dem Koeffizienten multipliziert und zu N addiert. Natürlich müssen aber vor dem Aufruf von SOLARN
bereits alle Werte der Felder CO[I,K] und SI[I,K] bestimmt worden sein.

```
PROCEDURE SOLARN(VAR N: REAL);
  VAR X,Y: REAL;
  PROCEDURE ADDN(COEFFN:REAL;P,Q,R,S:INTEGER);
    BEGIN TERM(P,Q,R,S,X,Y); N:=N+COEFFN*Y END;
  BEGIN
    N := 0.0;
    ADDN(-526.069, 0, 0,1,-2); ADDN(  -3.352, 0, 0,1,-4);
    ADDN( +44.297,+1, 0,1,-2); ADDN(  -6.000,+1, 0,1,-4);
    ADDN( +20.599,-1, 0,1, 0); ADDN( -30.598,-1, 0,1,-2);
    ADDN( -24.649,-2, 0,1, 0); ADDN(  -2.000,-2, 0,1,-2);
    ADDN( -22.571, 0,+1,1,-2); ADDN( +10.985, 0,-1,1,-2);
  END;

BEGIN
  ... berechne hier CO und SI ...
  SOLARN(N);  WRITELN(N);
  ...
END;
```

In ganz entsprechender Weise arbeiten die Prozeduren ADDSOL und SOLAR1,
SOLAR2 und SOLAR3, die die Reihen $\Delta\lambda$, ΔS, $\gamma_1 C$ und $\Delta\sin\Pi$ berechnen.

Die Behandlung der solaren Störungsterme in der bisher besprochenen Weise
ist allerdings noch nicht ganz vollständig. Dies liegt daran, daß die Koeffizienten
der Störungsterme genaugenommen etwas andere als die angegebenen Werte
haben. Jeder Koeffizient der Reihen $\Delta\lambda$, ΔS, N, $\gamma_1 C$ und $\Delta\sin\Pi$ ist eigentlich
eine Funktion verschiedener Parameter, wie zum Beispiel der Exzentrizität der

Sonnenbahn, für die von Brown gewisse numerische Werte angesetzt wurden. Um den korrekten Werten dieser Parameter Rechnung zu tragen, muß jeder Term, der durch das Tupel (p, q, r, s) charakterisiert ist, mit einem Faktor

$$(1.000002208)^{|p|} \cdot (1.0 - 0.002495388(T + 1))^{|q|} \cdot (1.000002708 + 139.978\Delta\gamma)^{|r|}$$

multipliziert werden. Darin ist $\Delta\gamma$ durch die (in LONG_PERIODIC berechnete) Größe

$$\begin{aligned}
\Delta\gamma \;=\; & -0.000003332 \cdot \sin(2\pi(0.59734 - 5.37261T)) \\
& -0.000000539 \cdot \sin(2\pi(0.35498 - 5.37899T)) \\
& -0.000000064 \cdot \sin(2\pi(0.39943 - 5.37511T))
\end{aligned}$$

gegeben. Man kann diese Korrekturen allerdings in sehr einfacher Weise berücksichtigen, wenn man bei der oben beschriebenen Berechnung der Felder CO[I,K] und SI[I,K] die Größen

$$\begin{aligned}
&\text{CO[1,1] und SI[1,1]} \quad \text{mit} \quad (1.000002208), \\
&\text{CO[1,2] und SI[1,2]} \quad \text{mit} \quad (1.0 - 0.002495388(T + 1)) \;\text{und} \\
&\text{CO[1,3] und SI[1,3]} \quad \text{mit} \quad (1.000002708 + 139.978\Delta\gamma)
\end{aligned}$$

multipliziert. Durch den fortgesetzten Aufruf von ADDTHE werden dann bereits alle diese vorberechneten Winkelfunktionswerte mit dem richtigen Korrekturfaktor versehen. So enthält beispielsweise SI[3,2] statt $\sin(3l')$ den Wert $(1.0 - 0.002495388(T + 1))^{|3|} \cdot \sin(3l')$. Mit dieser kleinen Änderung werden alle Terme automatisch und ohne großen Aufwand mit dem richtigen Faktor multipliziert.

Die Berechnung der verschiedenen Störungen des Mondes durch die Sonne ist damit abgeschlossen. Allerdings ist die Sonne nicht der einzige Körper des Sonnensystems, der den Mond auf seiner Bahn beeinflußt. In einer genauen Theorie der Mondbahn dürfen auch die planetaren Störungen nicht vernachlässigt werden. Im Programm MOON werden deshalb die wichtigsten Beiträge von Venus und Jupiter berücksichtigt:

$$\begin{aligned}
\Delta\lambda_{\text{plan}} \;=\; & +0\overset{''}{.}82\sin(0.7736 \quad -62.5512T) + 0\overset{''}{.}31\sin(0.0466 \quad -125.1025T) \\
& +0\overset{''}{.}35\sin(0.5785 \quad -25.1042T) + 0\overset{''}{.}66\sin(0.4591 + 1335.8075T) \\
& +0\overset{''}{.}64\sin(0.3130 \quad -91.5680T) + 1\overset{''}{.}14\sin(0.1480 + 1331.2898T) \\
& +0\overset{''}{.}21\sin(0.5918 + 1056.5859T) + 0\overset{''}{.}44\sin(0.5784 + 1322.8595T) \\
& +0\overset{''}{.}24\sin(0.2275 \quad -5.7374T) + 0\overset{''}{.}28\sin(0.2965 \quad +2.6929T) \\
& +0\overset{''}{.}33\sin(0.3132 \quad +6.3368T)
\end{aligned}$$

Diese Störungen der ekliptikalen Länge werden in PLANETARY berechnet.

Damit sind nun alle benötigten Größen bekannt. Die ekliptikale Länge des Mondes erhält man durch Addition der solaren und planetaren Störungen zur mittleren Länge:

$$\lambda \;=\; L_0 + \Delta\lambda + \Delta\lambda_{\text{plan}} \;.$$

L_0 ist dabei der bereits nach (6.7) korrigierte Wert der mittleren Länge. Für die ekliptikale Breite wird zunächst ΔS zum mittleren Knotenabstand F addiert:

$$S = F + \Delta S \quad .$$

Damit gilt

$$\beta = (1.000002708 + 139.978\Delta\gamma) \cdot \{18519.''70 + \gamma_1 C\}\cdot\sin(S)$$
$$-\{6.''24\}\cdot\sin(3S) + N \quad .$$

Die Entfernung des Mondes wird aus dem Sinus der Horizontalparallaxe Π berechnet:

$$r = (1/\sin\Pi)\, R_\oplus \quad (\text{Erdradius } R_\oplus \approx 6378.14 \text{ km}) \quad .$$

$\sin\Pi$ hat den Wert

$$\sin\Pi = 0.99953253 \cdot (3422.''7 + \Delta\sin\Pi) \cdot \frac{\pi}{180 \cdot 3600''} \quad .$$

Der Faktor

$$\frac{\pi}{180 \cdot 3600''} = \frac{1}{206264.''81}$$

dient dabei nur zur Umrechnung von Bogensekunden ins Bogenmaß.

Es folgt nun das vollständige Unterprogramm MOON. Zu einer gegebenen Zeit T (ausgedrückt in julianischen Jahrhunderten Ephemeridenzeit seit der Epoche J2000) berechnet es die geozentrischen ekliptikalen Koordinaten Länge und Breite des Mondes sowie dessen Entfernung vom Erdmittelpunkt in Einheiten des Erdradius. Die Koordinaten beziehen sich auf das mittlere Äquinoktium des Datums.

```
(*-------------------------------------------------------------------*)
(* MOON: analytische Mondtheorie nach E.W.Brown (Improved Lunar Ephemeris)  *)
(*       mit einer Genauigkeit von ca. 1"                             *)
(*                                                                    *)
(*       T: Zeit in julianischen Jahrhunderten seit J2000 (Ephemeridenzeit)  *)
(*          (T=(JD-2451545.0)/36525.0)                                *)
(*       LAMBDA: geozentrische ekliptikale Laenge (Aequinoktium des Datums)  *)
(*       BETA:   geozentrische ekliptikale Breite (Aequinoktium des Datums)  *)
(*       R:      geozentrische Entfernung (in Erdradien)              *)
(*                                                                    *)
(*-------------------------------------------------------------------*)

PROCEDURE MOON ( T:REAL; VAR LAMBDA,BETA,R: REAL );

  CONST PI2 = 6.283185308;  (* 2*pi;  pi=3.141592654...          *)
        ARC = 206264.81;    (* 3600*180/pi = Bogensekunden pro radian *)

  VAR DGAM,FAC         : REAL;
      DLAM,N,GAM1C,SINPI : REAL;
      LO, L, LS, F, D ,S : REAL;
      DLO,DL,DLS,DF,DD,DS: REAL;
      CO,SI: ARRAY[-6..6,1..4] OF REAL;
```

```
(* gebrochener Anteil einer Zahl                                        *)
(* evtl. TRUNC fuer T<-24 durch LONG_TRUNC oder INT ersetzen!          *)
FUNCTION FRAC(X:REAL):REAL;
   BEGIN  X:=X-TRUNC(X); IF (X<0) THEN X:=X+1; FRAC:=X   END;


(* berechne c=cos(a1+a2) und s=sin(a1+a2) aus den Additionstheo-      *)
(* remen fuer c1=cos(a1), s1=sin(a1), c2=cos(a2) und s2=sin(a2)        *)
PROCEDURE ADDTHE(C1,S1,C2,S2:REAL;VAR C,S:REAL);
   BEGIN  C:=C1*C2-S1*S2; S:=S1*C2+C1*S2; END;


(* berechne sin(phi); phi in Einheiten von 1r=360 Grad                 *)
FUNCTION SINUS (PHI:REAL):REAL;
   BEGIN  SINUS:=SIN(PI2*FRAC(PHI)); END;


(* berechne die langperiodischen Aenderungen der mittleren Elemente *)
(* l,l',F,D und L0 sowie dgamma                                        *)
PROCEDURE LONG_PERIODIC ( T: REAL; VAR DLO,DL,DLS,DF,DD,DGAM: REAL );
   VAR S1,S2,S3,S4,S5,S6,S7: REAL;
   BEGIN
     S1:=SINUS(0.19833+0.05611*T); S2:=SINUS(0.27869+0.04508*T);
     S3:=SINUS(0.16827-0.36903*T); S4:=SINUS(0.34734-5.37261*T);
     S5:=SINUS(0.10498-5.37899*T); S6:=SINUS(0.42681-0.41855*T);
     S7:=SINUS(0.14943-5.37511*T);
     DLO:= 0.84*S1+0.31*S2+14.27*S3+ 7.26*S4+ 0.28*S5+0.24*S6;
     DL := 2.94*S1+0.31*S2+14.27*S3+ 9.34*S4+ 1.12*S5+0.83*S6;
     DLS:=-6.40*S1                                    -1.89*S6;
     DF := 0.21*S1+0.31*S2+14.27*S3-88.70*S4-15.30*S5+0.24*S6-1.86*S7;
     DD := DLO-DLS;
     DGAM   := -3332E-9 * SINUS(0.59734-5.37261*T)
                -539E-9 * SINUS(0.35498-5.37899*T)
                 -64E-9 * SINUS(0.39943-5.37511*T);

   END;



(* INIT: berechne die mittleren Elemente und deren sin und cos         *)
(*    l Anomalie des Mondes              l' Anomalie der Sonne         *)
(*    F Abstand des Mondes vom Knoten  D  Elongation des Mondes        *)
PROCEDURE INIT;
   VAR I,J,MAX   : INTEGER;
       T2,ARG,FAC: REAL;
   BEGIN
     T2:=T*T;
     DLAM :=0; DS:=0; GAM1C:=0; SINPI:=3422.7000;
     LONG_PERIODIC ( T, DLO,DL,DLS,DF,DD,DGAM );
     LO := PI2*FRAC(0.60643382+1336.85522467*T-0.00000313*T2) + DLO/ARC;
     L  := PI2*FRAC(0.37489701+1325.55240982*T+0.00002565*T2) + DL /ARC;
     LS := PI2*FRAC(0.99312619+  99.99735956*T-0.00000044*T2) + DLS/ARC;
     F  := PI2*FRAC(0.25909118+1342.22782980*T-0.00000892*T2) + DF /ARC;
     D  := PI2*FRAC(0.82736186+1236.85308708*T-0.00000397*T2) + DD /ARC;
     FOR I := 1 TO 4 DO
       BEGIN
         CASE I OF
           1: BEGIN ARG:=L;  MAX:=4; FAC:=1.000002208;              END;
           2: BEGIN ARG:=LS; MAX:=3; FAC:=0.997504612-0.002495388*T; END;
```

```
          3: BEGIN ARG:=F;  MAX:=4; FAC:=1.000002708+139.978*DGAM; END;
          4: BEGIN ARG:=D;  MAX:=6; FAC:=1.0;                      END;
        END;
        CO[0,I]:=1.0; CO[1,I]:=COS(ARG)*FAC;
        SI[0,I]:=0.0; SI[1,I]:=SIN(ARG)*FAC;
        FOR J := 2 TO MAX DO
          ADDTHE(CO[J-1,I],SI[J-1,I],CO[1,I],SI[1,I],CO[J,I],SI[J,I]);
        FOR J := 1 TO MAX DO
          BEGIN CO[-J,I]:=CO[J,I]; SI[-J,I]:=-SI[J,I]; END;
      END;
  END;


(* TERM berechne X=cos(p*arg1+q*arg2+r*arg3+s*arg4) und   *)
(* Y=sin(p*arg1+q*arg2+r*arg3+s*arg4)                     *)
PROCEDURE TERM(P,Q,R,S:INTEGER;VAR X,Y:REAL);
  VAR I: ARRAY[1..4] OF INTEGER; K: INTEGER;
  BEGIN
    I[1]:=P; I[2]:=Q; I[3]:=R; I[4]:=S; X:=1.0; Y:=0.0;
    FOR K:=1 TO 4 DO
      IF (I[K]<>0) THEN  ADDTHE(X,Y,CO[I[K],K],SI[I[K],K],X,Y);
  END;


PROCEDURE ADDSOL(COEFFL,COEFFS,COEFFG,COEFFP:REAL;P,Q,R,S:INTEGER);
  VAR X,Y: REAL;
  BEGIN
    TERM(P,Q,R,S,X,Y);
    DLAM :=DLAM +COEFFL*Y; DS   :=DS   +COEFFS*Y;
    GAM1C:=GAM1C+COEFFG*X; SINPI:=SINPI+COEFFP*X;
  END;


PROCEDURE SOLAR1;
  BEGIN
    ADDSOL(   13.902,   14.06,-0.001,   0.2607,0, 0, 0, 4);
    ADDSOL(    0.403,   -4.01,+0.394,   0.0023,0, 0, 0, 3);
    ADDSOL( 2369.912, 2373.36,+0.601,  28.2333,0, 0, 0, 2);
    ADDSOL( -125.154, -112.79,-0.725,  -0.9781,0, 0, 0, 1);
    ADDSOL(    1.979,    6.98,-0.445,   0.0433,1, 0, 0, 4);
    ADDSOL(  191.953,  192.72,+0.029,   3.0861,1, 0, 0, 2);
    ADDSOL(   -8.466,  -13.51,+0.455,  -0.1093,1, 0, 0, 1);
    ADDSOL(22639.500,22609.07,+0.079, 186.5398,1, 0, 0, 0);
    ADDSOL(   18.609,    3.59,-0.094,   0.0118,1, 0, 0,-1);
    ADDSOL(-4586.465,-4578.13,-0.077,  34.3117,1, 0, 0,-2);
    ADDSOL(   +3.215,    5.44,+0.192,  -0.0386,1, 0, 0,-3);
    ADDSOL(  -38.428,  -38.64,+0.001,   0.6008,1, 0, 0,-4);
    ADDSOL(   -0.393,   -1.43,-0.092,   0.0086,1, 0, 0,-6);
    ADDSOL(   -0.289,   -1.59,+0.123,  -0.0053,0, 1, 0, 4);
    ADDSOL(  -24.420,  -25.10,+0.040,  -0.3000,0, 1, 0, 2);
    ADDSOL(   18.023,   17.93,+0.007,   0.1494,0, 1, 0, 1);
    ADDSOL( -668.146, -126.98,-1.302,  -0.3997,0, 1, 0, 0);
    ADDSOL(    0.560,    0.32,-0.001,  -0.0037,0, 1, 0,-1);
    ADDSOL( -165.145, -165.06,+0.054,   1.9178,0, 1, 0,-2);
    ADDSOL(   -1.877,   -6.46,-0.416,   0.0339,0, 1, 0,-4);
    ADDSOL(    0.213,    1.02,-0.074,   0.0054,2, 0, 0, 4);
```

```
    ADDSOL(   14.387,   14.78,-0.017,   0.2833,2, 0, 0, 2);
    ADDSOL(   -0.586,   -1.20,+0.054,  -0.0100,2, 0, 0, 1);
    ADDSOL(  769.016,  767.96,+0.107,  10.1657,2, 0, 0, 0);
    ADDSOL(   +1.750,    2.01,-0.018,   0.0155,2, 0, 0,-1);
    ADDSOL( -211.656, -152.53,+5.679,  -0.3039,2, 0, 0,-2);
    ADDSOL(   +1.225,    0.91,-0.030,  -0.0088,2, 0, 0,-3);
    ADDSOL(  -30.773,  -34.07,-0.308,   0.3722,2, 0, 0,-4);
    ADDSOL(   -0.570,   -1.40,-0.074,   0.0109,2, 0, 0,-6);
    ADDSOL(   -2.921,  -11.75,+0.787,  -0.0484,1, 1, 0, 2);
    ADDSOL(   +1.267,    1.52,-0.022,   0.0164,1, 1, 0, 1);
    ADDSOL( -109.673, -115.18,+0.461,  -0.9490,1, 1, 0, 0);
    ADDSOL( -205.962, -182.36,+2.056,  +1.4437,1, 1, 0,-2);
    ADDSOL(    0.233,    0.36, 0.012,  -0.0025,1, 1, 0,-3);
    ADDSOL(   -4.391,   -9.66,-0.471,   0.0673,1, 1, 0,-4);
  END;


PROCEDURE SOLAR2;
  BEGIN
    ADDSOL(    0.283,    1.53,-0.111,  +0.0060,1,-1, 0,+4);
    ADDSOL(   14.577,   31.70,-1.540,  +0.2302,1,-1, 0, 2);
    ADDSOL(  147.687,  138.76,+0.679,  +1.1528,1,-1, 0, 0);
    ADDSOL(   -1.089,    0.55,+0.021,   0.0    ,1,-1, 0,-1);
    ADDSOL(   28.475,   23.59,-0.443,  -0.2257,1,-1, 0,-2);
    ADDSOL(   -0.276,   -0.38,-0.006,  -0.0036,1,-1, 0,-3);
    ADDSOL(    0.636,    2.27,+0.146,  -0.0102,1,-1, 0,-4);
    ADDSOL(   -0.189,   -1.68,+0.131,  -0.0028,0, 2, 0, 2);
    ADDSOL(   -7.486,   -0.66,-0.037,  -0.0086,0, 2, 0, 0);
    ADDSOL(   -8.096,  -16.35,-0.740,   0.0918,0, 2, 0,-2);
    ADDSOL(   -5.741,   -0.04, 0.0  ,  -0.0009,0, 0, 2, 2);
    ADDSOL(    0.255,    0.0 , 0.0  ,   0.0    ,0, 0, 2, 1);
    ADDSOL( -411.608,   -0.20, 0.0  ,  -0.0124,0, 0, 2, 0);
    ADDSOL(    0.584,    0.84, 0.0  ,  +0.0071,0, 0, 2,-1);
    ADDSOL(  -55.173,  -52.14, 0.0  ,  -0.1052,0, 0, 2,-2);
    ADDSOL(    0.254,    0.25, 0.0  ,  -0.0017,0, 0, 2,-3);
    ADDSOL(   +0.025,   -1.67, 0.0  ,  +0.0031,0, 0, 2,-4);
    ADDSOL(    1.060,    2.96,-0.166,   0.0243,3, 0, 0,+2);
    ADDSOL(   36.124,   50.64,-1.300,   0.6215,3, 0, 0, 0);
    ADDSOL(  -13.193,  -16.40,+0.258,  -0.1187,3, 0, 0,-2);
    ADDSOL(   -1.187,   -0.74,+0.042,   0.0074,3, 0, 0,-4);
    ADDSOL(   -0.293,   -0.31,-0.002,   0.0046,3, 0, 0,-6);
    ADDSOL(   -0.290,   -1.45,+0.116,  -0.0051,2, 1, 0, 2);
    ADDSOL(   -7.649,  -10.56,+0.259,  -0.1038,2, 1, 0, 0);
    ADDSOL(   -8.627,   -7.59,+0.078,  -0.0192,2, 1, 0,-2);
    ADDSOL(   -2.740,   -2.54,+0.022,   0.0324,2, 1, 0,-4);
    ADDSOL(    1.181,    3.32,-0.212,   0.0213,2,-1, 0,+2);
    ADDSOL(    9.703,   11.67,-0.151,   0.1268,2,-1, 0, 0);
    ADDSOL(   -0.352,   -0.37,+0.001,  -0.0028,2,-1, 0,-1);
    ADDSOL(   -2.494,   -1.17,-0.003,  -0.0017,2,-1, 0,-2);
    ADDSOL(    0.360,    0.20,-0.012,  -0.0043,2,-1, 0,-4);
    ADDSOL(   -1.167,   -1.25,+0.008,  -0.0106,1, 2, 0, 0);
    ADDSOL(   -7.412,   -6.12,+0.117,   0.0484,1, 2, 0,-2);
    ADDSOL(   -0.311,   -0.65,-0.032,   0.0044,1, 2, 0,-4);
    ADDSOL(   +0.757,    1.82,-0.105,   0.0112,1,-2, 0, 2);
    ADDSOL(   +2.580,    2.32,+0.027,   0.0196,1,-2, 0, 0);
```

```
    ADDSOL(   +2.533,     2.40,-0.014,   -0.0212,1,-2, 0,-2);
    ADDSOL(   -0.344,    -0.57,-0.025,   +0.0036,0, 3, 0,-2);
    ADDSOL(   -0.992,    -0.02, 0.0  ,    0.0   ,1, 0, 2, 2);
    ADDSOL(  -45.099,    -0.02, 0.0  ,   -0.0010,1, 0, 2, 0);
    ADDSOL(   -0.179,    -9.52, 0.0  ,   -0.0833,1, 0, 2,-2);
    ADDSOL(   -0.301,    -0.33, 0.0  ,    0.0014,1, 0, 2,-4);
    ADDSOL(   -6.382,    -3.37, 0.0  ,   -0.0481,1, 0,-2, 2);
    ADDSOL(   39.528,    85.13, 0.0  ,   -0.7136,1, 0,-2, 0);
    ADDSOL(    9.366,     0.71, 0.0  ,   -0.0112,1, 0,-2,-2);
    ADDSOL(    0.202,     0.02, 0.0  ,    0.0   ,1, 0,-2,-4);
  END;


PROCEDURE SOLAR3;
  BEGIN
    ADDSOL(    0.415,     0.10, 0.0  ,    0.0013,0, 1, 2, 0);
    ADDSOL(   -2.152,    -2.26, 0.0  ,   -0.0066,0, 1, 2,-2);
    ADDSOL(   -1.440,    -1.30, 0.0  ,   +0.0014,0, 1,-2, 2);
    ADDSOL(    0.384,    -0.04, 0.0  ,    0.0   ,0, 1,-2,-2);
    ADDSOL(   +1.938,    +3.60,-0.145,   +0.0401,4, 0, 0, 0);
    ADDSOL(   -0.952,    -1.58,+0.052,   -0.0130,4, 0, 0,-2);
    ADDSOL(   -0.551,    -0.94,+0.032,   -0.0097,3, 1, 0, 0);
    ADDSOL(   -0.482,    -0.57,+0.005,   -0.0045,3, 1, 0,-2);
    ADDSOL(    0.681,     0.96,-0.026,    0.0115,3,-1, 0, 0);
    ADDSOL(   -0.297,    -0.27, 0.002,   -0.0009,2, 2, 0,-2);
    ADDSOL(    0.254,    +0.21,-0.003,    0.0   ,2,-2, 0,-2);
    ADDSOL(   -0.250,    -0.22, 0.004,    0.0014,1, 3, 0,-2);
    ADDSOL(   -3.996,     0.0 , 0.0  ,   +0.0004,2, 0, 2, 0);
    ADDSOL(    0.557,    -0.75, 0.0  ,   -0.0090,2, 0, 2,-2);
    ADDSOL(   -0.459,    -0.38, 0.0  ,   -0.0053,2, 0,-2, 2);
    ADDSOL(   -1.298,     0.74, 0.0  ,   +0.0004,2, 0,-2, 0);
    ADDSOL(    0.538,     1.14, 0.0  ,   -0.0141,2, 0,-2,-2);
    ADDSOL(    0.263,     0.02, 0.0  ,    0.0   ,1, 1, 2, 0);
    ADDSOL(    0.426,    +0.07, 0.0  ,   -0.0006,1, 1,-2,-2);
    ADDSOL(   -0.304,    +0.03, 0.0  ,   +0.0003,1,-1, 2, 0);
    ADDSOL(   -0.372,    -0.19, 0.0  ,   -0.0027,1,-1,-2, 2);
    ADDSOL(   +0.418,     0.0 , 0.0  ,    0.0   ,0, 0, 4, 0);
    ADDSOL(   -0.330,    -0.04, 0.0  ,    0.0   ,3, 0, 2, 0);
  END;


(* Stoerungsanteil N der ekliptikalen Breite          *)
PROCEDURE SOLARN(VAR N: REAL);
  VAR X,Y: REAL;
  PROCEDURE ADDN(COEFFN:REAL;P,Q,R,S:INTEGER);
    BEGIN TERM(P,Q,R,S,X,Y); N:=N+COEFFN*Y END;
  BEGIN
    N := 0.0;
    ADDN(-526.069, 0, 0,1,-2); ADDN(  -3.352, 0, 0,1,-4);
    ADDN( +44.297,+1, 0,1,-2); ADDN(  -6.000,+1, 0,1,-4);
    ADDN( +20.599,-1, 0,1, 0); ADDN( -30.598,-1, 0,1,-2);
    ADDN( -24.649,-2, 0,1, 0); ADDN(  -2.000,-2, 0,1,-2);
    ADDN( -22.571, 0,+1,1,-2); ADDN( +10.985, 0,-1,1,-2);
  END;
```

```
(* Stoerungen der ekliptikalen Laenge durch Venus und Jupiter          *)
PROCEDURE PLANETARY(VAR DLAM:REAL);
  BEGIN
    DLAM   := DLAM
       +0.82*SINUS(0.7736  -62.5512*T)+0.31*SINUS(0.0466 -125.1025*T)
       +0.35*SINUS(0.5785  -25.1042*T)+0.66*SINUS(0.4591+1335.8075*T)
       +0.64*SINUS(0.3130  -91.5680*T)+1.14*SINUS(0.1480+1331.2898*T)
       +0.21*SINUS(0.5918+1056.5859*T)+0.44*SINUS(0.5784+1322.8595*T)
       +0.24*SINUS(0.2275   -5.7374*T)+0.28*SINUS(0.2965   +2.6929*T)
       +0.33*SINUS(0.3132   +6.3368*T);
  END;


BEGIN


  INIT;

  SOLAR1; SOLAR2; SOLAR3; SOLARN(N);    PLANETARY(DLAM);

  LAMBDA := 360.0*FRAC( (L0+DLAM/ARC) / PI2 );

  S    := F + DS/ARC;
  FAC  := 1.000002708+139.978*DGAM;
  BETA := ( FAC*(18518.511+1.189+GAM1C)*SIN(S)-6.24*SIN(3*S)+N ) / 3600.0;

  SINPI := SINPI * 0.999953253;
  R    := ARC / SINPI;


END;

(*-------------------------------------------------------------------------*)
```

Die Prozedur MOON wird noch durch das Unterprogramm MOONEQU ergänzt, das anstelle der mittleren ekliptikalen Koordinaten die wahren äquatorialen Koordinaten Rektaszension und Deklination berechnet.

```
(*-------------------------------------------------------------------------*)
(* MOONEQU: aequatoriale Mondkoordinaten                     18.09.88 *)
(*         (Rektaszension RA und Deklination DEC in Grad, R in Erdradien) *)
(*         T in julian.Jahrhndt. seit J2000 ( T:= (JD - 2451545.0)/36525 ) *)
(*         Die Koord. beziehen sich auf das wahre Aequinoktium des Datums. *)
(*-------------------------------------------------------------------------*)
PROCEDURE MOONEQU(T:REAL;VAR RA,DEC,R:REAL);
  VAR L,B,X,Y,Z: REAL;
  BEGIN
    MOON(T,L,B,R);              (* ekliptikale Moondkoordinaten          *)
    CART(R,B,L,X,Y,Z);          (* (mittleres Aequinoktium des Datums)   *)
    ECLEQU(T,X,Y,Z);            (* Umwandlung in aequatoriale Koordinaten *)
    NUTEQU(T,X,Y,Z);            (* Nutation                              *)
    POLAR(X,Y,Z,R,DEC,RA);
  END;
(*-------------------------------------------------------------------------*)
```

6.3 Tschebyscheff-Approximation

Trotz aller Kunstgriffe bei der Auswertung der Störungsreihen erfordert die Berechnung der Mondkoordinaten mit dem Unterprogramm MOON noch einen relativ hohen Aufwand. Dies macht sich besonders dort sehr unangenehm bemerkbar, wo viele Mondpositionen auf einmal benötigt werden. Zum Beispiel wollen wir im nächsten Kapitel Sternbedeckungen durch den Mond vorhersagen. Dabei wird iterativ die Konjunktionszeit des Mondes mit einem bestimmten Stern gesucht. Um derart rechenintensive Aufgaben effizient lösen zu können, sollen nun noch zwei Unterprogramme entwickelt werden, mit denen man die Koordinaten eines Himmelskörpers in praktisch geeigneter Form approximieren kann. Damit kann man immer dann Rechenzeit einsparen, wenn mehr Koordinatenwerte benötigt werden, als man für die Aufstellung der Näherung braucht.

Ein einfaches Beispiel einer Approximation haben wir schon kennengelernt, als wir in Kap. 3 den Höhenverlauf von Sonne und Mond abschnittsweise durch Parabeln beschrieben haben. Hier wurde zu je drei Stützstellen der Funktion ein Polynom zweiten Grades bestimmt, das dann den Funktionsverlauf in einem Intervall angenähert darstellt. Ganz allgemein kann man zu n voneinander verschiedenen Punkten (x_i, y_i) mit $i = 1 \ldots n$ in eindeutiger Weise ein Polynom $P_n(x)$ vom Grad $n - 1$ bestimmen, das genau durch die vorgegebenen Punkte verläuft. Um dieses Polynom zu ermitteln, gibt es eine ganze Reihe von Verfahren. Wir wollen hier nur die von Lagrange und Newton nennen.

Leider aber erweist sich ein solchermaßen ermitteltes Polynom in vielen praktischen Fällen als ungeeignet. Die vorgegebenen Funktionswerte werden zwar immer richtig wiedergegeben, zwischen den Stützstellen neigt das Polynom aber zu Schwingungen, die im allgemeinen nichts mit dem Verlauf der approximierten Funktion zu tun haben und zum Rand des Intervalls unkontrolliert anwachsen. Dieser Effekt ist um so stärker, je höher man den Grad des Polynoms wählt. Brauchbare Resultate erhält man deshalb mit der Lagrange-Interpolation meist nur bei niedrigen Ordnungen (etwa bis $n = 5$). Wir benötigen aber ein Verfahren, bei dem eine gleichmäßige Approximation auch bei hohen Ordnungen der Polynome gewährleistet ist. Im folgenden soll gezeigt werden, wie man eine solche Näherung findet. Den Schlüssel dazu bilden die sogenannten *Tschebyscheff-Polynome* (Abb. 6.1).

Das Tschebyscheff-Polynom n-ten Grades ist (für $|x| \leq 1$) als

$$T_n(x) = \cos(n \cdot \arccos x) \tag{6.8}$$

definiert. Dieser trigonometrischen Darstellung sieht man zunächst nicht an, daß es sich in Wirklichkeit um Polynome handelt. Nur für $n = 0$ ($T_0 = 1$) und $n = 1$ ($T_1 = x$) ist dies noch leicht zu erkennen. Aus dem Additionstheorem für die Cosinus-Funktion kann man aber sehr schnell eine Rekursionsbeziehung für die T_n ableiten, aus der man unmittelbar sieht, daß der Ausdruck (6.8) tatsächlich Polynome definiert. Es gilt nämlich allgemein

$$\cos(\alpha + \beta) + \cos(\alpha - \beta) = 2\cos(\alpha)\cos(\beta)$$

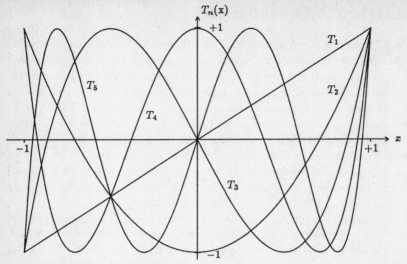

Abb. 6.1. Die Tschebyscheff-Polynome T_1 bis T_5

und damit auch

$$\cos((n+1)\varphi) \;=\; 2\cos(n\varphi)\cos(\varphi) - \cos((n-1)\varphi) \quad . \tag{6.9}$$

Setzt man hierin $\varphi = \arccos x$, dann folgt

$$T_{n+1}(x) \;=\; 2x\,T_n(x) - T_{n-1}(x) \quad \text{für} \quad n \geq 1 \quad . \tag{6.10}$$

Von dieser Rekursionsbeziehung werden wir später ausführlich Gebrauch machen. $T_n(x)$ ist aufgrund dieses Zusammenhangs jedenfalls sicher ein Polynom vom Grad n in x. Ausgeschrieben lauten die ersten Tschebyscheff-Polynome:

$$
\begin{aligned}
T_0(x) &= 1 & T_3(x) &= 4x^3 - 3x \\
T_1(x) &= x & T_4(x) &= 8x^4 - 8x^2 + 1 \\
T_2(x) &= 2x^2 - 1 & T_5(x) &= 16x^5 - 20x^3 + 5x \quad .
\end{aligned}
$$

Wir wollen jetzt die Eigenschaften der Tschebyscheff-Polynome im Intervall $[-1, +1]$ genauer betrachten. Wie man durch Einsetzen in die Definition (6.8) leicht erkennen kann, hat $T_n(x)$ in diesem Bereich genau n Nullstellen :

$$T_n(x) = 0 \quad \text{für} \quad x = \cos(\pi \cdot (k - 1/2)/n) \quad \text{mit} \quad k = 1, 2, \ldots, n \quad . \tag{6.11}$$

Die Funktionswerte von $T_n(x)$ bleiben für $|x| \leq 1$ betragsmäßig auf 1 beschränkt.

Um eine beliebige im Intervall $[a, b]$ definierte Funktion $f(x)$ zu approximieren, ersetzen wir zunächst die unabhängige Variable x durch die normalisierte Variable $\hat{x}$ aus dem Intervall $[-1, +1]$. Dazu benutzen wir die Umrechnungen

$$\hat{x} = \frac{x - \frac{1}{2}(a+b)}{\frac{1}{2}(b-a)} \quad \text{für } x \in [a, b] \to \hat{x} \in [-1, +1]$$

und

$$x = \hat{x} \cdot \frac{1}{2}(b-a) + \frac{1}{2}(a+b) \quad \text{für } \hat{x} \in [-1, +1] \rightarrow x \in [a, b] \quad .$$

Eine Funktion $f(x)$ läßt sich dann in der Form

$$f(x) \approx f^*(x) = \sum_{j=0}^{n} c_j T_j(\hat{x}) - c_0/2 \tag{6.12}$$

durch Tschebyscheff-Polynome bis zum Grad n darstellen. Die Koeffizienten c_j dieser Summe werden aus der Beziehung

$$c_j = \frac{2}{n+1} \sum_{k=1}^{n+1} f(x_k^{n+1}) T_j(\hat{x}_k^{n+1}) \tag{6.13}$$

berechnet, wobei $\hat{x}_k^{n+1}$ die k-te Nullstelle von T_{n+1} darstellt. Ausführlich geschrieben lauten die einzelnen Terme in dieser Beziehung wegen (6.8) und (6.11):

$$x_k^{n+1} = \frac{(b-a)}{2} \cdot \cos\left(\pi \frac{2k-1}{2n+2}\right) + \frac{(a+b)}{2}$$

$$T_j(\hat{x}_k^{n+1}) = \cos\left(j\pi \frac{2k-1}{2n+2}\right) \quad .$$

Man erkennt, daß die gegebene Funktion f zur Berechnung der Koeffizienten c_j an $(n+1)$ Punkten auszuwerten ist. Diese sind als Nullstellen von T_{n+1} fest vorgegeben und nicht mehr frei wählbar wie bei der Lagrange-Interpolation. Hierin aber liegt gerade das Geheimnis für das gutartige Verhalten der Tschebyscheff-Approximation. f^* ist nicht nur ein Polynom n-ten Grades, das mit f an $(n+1)$ Punkten ($f^*(x_k^{n+1}) = f(x_k^{n+1})$) übereinstimmt. Durch die Wahl der Stützstellen, die am Rand des Interpolationsintervalls dichter liegen als in der Mitte, wird vielmehr überall ein gleichmäßiger Approximationsfehler gewährleistet. Man erkennt dies besonders gut, wenn man bei der Berechnung von f^* nicht alle Terme in (6.12) aufsummiert. Vernachlässigt man etwa das höchste Glied $c_n T_n$, dann kann man sicher sagen, daß der resultierende Fehler wegen $|T_n| \leq 1$ in ganz $[a, b]$ kleiner als $|c_n|$ ist. Eine derartige Abschätzung ist bei anderen Interpolationsverfahren nicht möglich.

Natürlich kann man die Tschebyscheff-Approximation in dieser Form nur verwenden, wenn man auch die jeweils benötigten Funktionswerte an allen vorgegebenen Stellen berechnen kann. Wir wollen aber die Koordinaten von Himmelskörpern entwickeln, die wir im Prinzip für beliebige Zeitpunkte kennen. Deswegen spielt diese Einschränkung für unsere Anwendung keine Rolle.

Die Auswertung der Gleichung (6.13) gestaltet sich in der vorliegenden Form noch sehr rechenintensiv. Für jeden Entwicklungskoeffizienten c_j sind im zweiten Faktor der Summe $(n+1)$ Cosinus-Terme zu berechnen. Damit ergibt sich die Notwendigkeit, zur Berechnung der Approximierenden n-ter Ordnung den Cosinus $(n+1)^2$ mal auszuwerten. Wir sollten versuchen, hier eine bessere Lösung zu finden.

Die Punkte $\hat{x}_k^{n+1}$ lassen sich zum Beispiel gut rekursiv berechnen. Für $k = 1, 2, \ldots, (n+1)$ ist nämlich

$$\hat{x}_k^{n+1} = \cos\left(\frac{\pi}{2n+2}\right), \cos\left(\frac{3\pi}{2n+2}\right), \cos\left(\frac{5\pi}{2n+2}\right), \ldots, \cos\left(\frac{(2n+1)\pi}{2n+2}\right) \quad .$$

Diese Folge von Werten erhält man sehr schnell mit Hilfe der Beziehung (6.9), wenn man $\varphi = \pi/(2n+2)$ setzt. Als Programm läßt sich dies folgendermaßen umsetzen:

```
PHI:=PI/(2*N+2);                        (* h(k)=cos(pi*k/N/2) *)
H[0]:=1.0; H[1]:=COS(PHI);
FOR K:=2 TO (2*N+1) DO H[K]:=2*H[1]*H[K-1]-H[K-2];
```

Das Feldelement H[2*K-1] enthält dann die Nullstelle $\hat{x}_k^n$. Ganz entsprechend werden auch die Werte

$$\cos(j\pi(2k-1)/(2n+2))$$

berechnet.

Wir wollen hier und im weiteren von einer Entwicklung der Mondposition zwischen den Zeitpunkten T_a und T_b ausgehen. Die Stützstellen T[K] sowie die Mondkoordinaten Länge L[K], Breite B[K] und Entfernung R[K] zu diesen Zeitpunkten werden dann wie folgt bestimmt:

```
BMA := (TB-TA)/2.0;              (* halbe Intervallbreite *)
BPA := (TA+TB)/2.0;             (* Intervallmitte        *)
FOR K:=1 TO N+1 DO T[K] := H[2*K-1]*BMA+BPA   (* Stuetzstellen      *)
FOR K:=1 TO N+1 DO MOON(T[K],L[K],B[K],R[K]); (* Funktionswerte     *)
FOR K:=2 TO N+1 DO
  IF (L[K-1]<L[K]) THEN L[K]:=L[K]-360.0;
```

Die letzte Schleife bewirkt, daß die Längen L[K] keine Unstetigkeiten durch einen Sprung von 360° auf 0° mehr enthalten. Ein solcher Sprung muß in jedem Fall stetig gemacht werden, um keine fehlerhaften Resultate bei der Entwicklung zu erhalten.

Um nun nicht ständig die Intervallgrenzen, die Entwicklungsordnung und den Vektor der Polynomkoeffizienten getrennt übergeben zu müssen, definiert man zweckmäßigerweise im Hauptprogramm eine Datenstruktur der Art:

```
CONST MAX_TP_DEG = 13;
TYPE TPOLYNOM = RECORD                     (*Tschebyscheff-Polynom *)
                M  : INTEGER;              (* Grad              *)
                A,B: REAL;                 (* Intervall         *)
                C  : ARRAY [0..MAX_TP_DEG] OF REAL; (* Koeffizienten *)
              END;
```

Die Prozedur T_FIT_MOON berechnet die Tschebyscheff-Entwicklung der Koordinaten des Mondes. Das darin aufgerufene Unterprogramm T_FIT_LBR läßt sich auch allgemein zur Entwicklung von Sonnen- und Planetenkoordinaten verwenden. Anstelle des Parameters POSITION ist dann die Routine SUN200 oder eines der Unterprogramme MER200,..., PLU200 aus Kap. 5 einzusetzen.

```
(*-----------------------------------------------------------------------*)
(* T_FIT_LBR: Tschebyscheff-Entwicklung der Koordinaten des Mondes oder  *)
(*            eines Planeten (Reihen fuer Laenge, Breite und Radius).     *)
(*                                                                        *)
(*        POSITION: Prozedur zur Berechnung der Koordinaten L,B,R         *)
(*        TA      : Startzeitpunkt des Entwicklungsintervalls             *)
(*        TB      : Ende des Entwicklungsintervalls                       *)
(*        N       : Ordnung der Entwicklung; (N<=MAX_TP_DEG)              *)
(*        L_POLY,B_POLY,R_POLY: Tschebyscheff-Polynome fuer L,B,R         *)
(*                                                                        *)
(* Hinweise:                                                              *)
(* . Das Intervall [TA,TB] muss kuerzer als ein Umlauf sein!              *)
(* . Es duerfen nur heliozentrische Planetenkoordinaten oder geozentrische *)
(*   Mondkoordinaten entwickelt werden!                                  *)
(*-----------------------------------------------------------------------*)

PROCEDURE T_FIT_LBR ( PROCEDURE POSITION (T:REAL; VAR LL,BB,RR: REAL);
                      TA,TB: REAL; N: INTEGER;
                      VAR L_POLY,B_POLY,R_POLY: TPOLYNOM);
  CONST PI = 3.1415926535898;
        NDIM = 27;
  VAR   I,J,K        : INTEGER;
        FAC,BPA,BMA,PHI: REAL;
        T,H,L,B,R    : ARRAY[0..NDIM] OF REAL;
  BEGIN
    IF (NDIM<2*MAX_TP_DEG+1) THEN WRITELN(' NDIM zu klein in T_FIT_LBR');
    IF (N>MAX_TP_DEG) THEN WRITELN(' N zu gross in T_FIT_LBR');
    L_POLY.M := N;    B_POLY.M := N;    R_POLY.M := N;
    L_POLY.A := TA;   B_POLY.A := TA;   R_POLY.A := TA;
    L_POLY.B := TB;   B_POLY.B := TB;   R_POLY.B := TB;
    BMA := (TB-TA)/2.0;   BPA := (TB+TA)/2.0;
    FAC := 2.0/(N+1);
    PHI:=PI/(2*N+2);                           (* h(k)=cos(pi*k/N/2)   *)
    H[0]:=1.0; H[1]:=COS(PHI);
    FOR I:=2 TO (2*N+1) DO H[I]:=2*H[1]*H[I-1]-H[I-2];
    FOR K:=1 TO N+1 DO T[K] := H[2*K-1]*BMA+BPA;  (* Stuetzstellen      *)
    FOR K:=1 TO N+1 DO POSITION(T[K],L[K],B[K],R[K]);
    FOR K := 2 TO N+1 DO                        (* L stetig machen in  *)
      IF (L[K-1]<L[K]) THEN L[K]:=L[K]-360.0;   (* [-360,+360] !!!!    *)
    FOR J := 0 TO N DO                          (* Tscheb.-Koeffizienten *)
      BEGIN                                     (* C(j) berechnen      *)
        PHI:=PI*J/(2*N+2); H[1]:=COS(PHI);
        FOR I:=2 TO (2*N+1) DO H[I] := 2*H[1]*H[I-1]-H[I-2];
        L_POLY.C[J]:=0.0; B_POLY.C[J]:=0.0; R_POLY.C[J]:=0.0;
        FOR K:=1 TO N+1 DO
          BEGIN
            L_POLY.C[J] := L_POLY.C[J] + H[2*K-1]*L[K];
            B_POLY.C[J] := B_POLY.C[J] + H[2*K-1]*B[K];
            R_POLY.C[J] := R_POLY.C[J] + H[2*K-1]*R[K];
          END;
        L_POLY.C[J]:=L_POLY.C[J]*FAC; B_POLY.C[J]:=B_POLY.C[J]*FAC;
        R_POLY.C[J]:=R_POLY.C[J]*FAC;
      END;
  END;
```

```
(*--------------------------------------------------------------------------*)
(* T_FIT_MOON: Berechnet die Tschebyscheff-Entwicklung der                  *)
(*             Koordinaten des Mondes (Reihen fuer RA,DEC und Radius).       *)
(*                                                                          *)
(*        TA       : Beginn des Entwicklungsintervalls (jul.Jahrh. seit J2000) *)
(*        TB       : Ende des Entwicklungsintervalls ( TB < TA + 1 Monat )   *)
(*        N        : Ordnung der Entwicklung                                 *)
(*        RA_POLY,DE_POLY,R_POLY: Tschebyscheff Polynome fuer RA,DEC,R       *)
(*--------------------------------------------------------------------------*)
PROCEDURE T_FIT_MOON ( TA,TB: REAL; N: INTEGER;
                       VAR RA_POLY,DE_POLY,R_POLY: TPOLYNOM);
  BEGIN
    T_FIT_LBR (MOONEQU,TA,TB,N,RA_POLY,DE_POLY,R_POLY);
  END;
(*--------------------------------------------------------------------------*)
```

Bei der Auswertung einer gegebenen Entwicklung nach Tschebyscheff-Polynomen ist es nicht nötig, die Polynome auch explizit zu berechnen. Ein von Clenshaw angegebener Algorithmus liefert unter Anwendung der Rekursionsbeziehung aus (6.10) folgende Vorschrift zur Auswertung einer Tschebyscheff-Entwicklung (6.12) vom Grad n mit den Koeffizienten $(c_0, c_1, \ldots, c_n)$:

- Setze $f_{n+1} = 0$ und $f_{n+2} = 0$.

- Berechne mit dem normalisierten Argument $\hat{x}$ die Folge

$$f_i = 2\hat{x} f_{i+1} - f_{i+2} + c_i \quad \text{für } i = n, n-1, \ldots, 0 \quad .$$

- Der gesuchte Funktionswert ist dann

$$f(x) = (f_0 - f_2)/2 = \hat{x} f_1 - f_2 - c_0/2 \quad .$$

Die Funktion T_EVAL wertet eine T-Entwicklung nach diesem Schema aus:

```
(*--------------------------------------------------------------------------*)
(* T_EVAL: Berechnet Funktionswerte fuer eine im Intervall [F.A,F.B] durch  *)
(*         eine Tschebyscheff-Entwickl. vom Grad F.M approximierte Funktion. *)
(*    F: Tschebyscheff-Polynom                                               *)
(*    X: Argument                                                            *)
(*--------------------------------------------------------------------------*)
FUNCTION T_EVAL(F: TPOLYNOM; X: REAL): REAL;
  VAR F1,F2,OLD_F1,XX,XX2 : REAL;
      I              : INTEGER;
  BEGIN
    IF ( (X<F.A) OR (F.B<X) ) THEN
      BEGIN WRITELN(' T_EVAL : x nicht in [a,b]'); END;
    F1 := 0.0;  F2 := 0.0;
    XX := (2.0*X-F.A-F.B)/(F.B-F.A); XX2 := 2.0*XX;
    FOR I := F.M DOWNTO 1 DO
      BEGIN OLD_F1 := F1; F1 := XX2*F1-F2+F.C[I]; F2 := OLD_F1; END;
    T_EVAL := XX*F1-F2+0.5*F.C[0]
  END;
(*--------------------------------------------------------------------------*)
```

6.4 Das Programm LUNA

Das Programm LUNA faßt die verschiedenen Routinen dieses Kapitels zu einer kleinen Anwendung zusammen. Man kann damit eine Mondephemeride — also eine Tabelle von Mondpositionen — berechnen, wie sie in vielen Jahrbüchern zu finden ist. Ausgegeben werden die scheinbaren (auf das Äquinoktium des Datums bezogenen) äquatorialen Koordinaten des Mondes, seine Entfernung in Erdradien sowie seine Äquatorial-Horizontalparallaxe. LUNA entwickelt die Mondkoordinaten jeweils für eine Zeitraum von zehn Tagen in eine Reihe von Tschebyscheff-Polynomen. Diese Reihenentwicklung läßt sich anschließend sehr einfach und schnell auswerten. Zum Aufstellen dieser Reihe mit der geforderten Approximationsgenauigkeit werden 13 Mondpositionen berechnet. Benötigt man die Mondkoordinaten also nur mit einer Schrittweite von etwa einem Tag oder mehr, so entsteht durch die Reihenentwicklung ein gewisser Mehraufwand. Ephemeriden mit kleiner Schrittweite (wie sie etwa für die Zwecke der Navigation benötigt werden) können dagegen mit dieser Technik mit beträchtlichem Zeitvorteil aufgestellt werden.

```
(*------------------------------------------------------------------*)
(*                             LUNA                                 *)
(*                        Mondephemeride                            *)
(*                         28.09.1988                               *)
(*------------------------------------------------------------------*)

PROGRAM LUNA(INPUT,OUTPUT);

  CONST MAX_TP_DEG = 13;              (* Entwicklungsordnung        *)
        T_OVERLAP  = 3.42E-6;         (* 3h  in julian.Jahrhunderten *)
        T_DEVELOP  = 2.737850787E-4;  (* 10d in julian. Jahrhunderten *)

  TYPE  TPOLYNOM = RECORD                    (* Tschebyscheff-Polynom *)
                   M  : INTEGER;             (* Grad               *)
                   A,B: REAL;                (* Intervall          *)
                   C  : ARRAY [0..MAX_TP_DEG] OF REAL; (* Koeffizienten *)
                   END;

  VAR RA,DE,R,PAR, MODJD,HOUR : REAL;
      T,DT,T_START,T_END,TA,TB: REAL;
      DAY,MONTH,YEAR,NLINE    : INTEGER;
      RA_POLY,DE_POLY,R_POLY  : TPOLYNOM;

(*------------------------------------------------------------------*)
(* An dieser Stelle sind folgende Unterprogramme in der angegebenen *)
(* Reihenfolge einzugeben:                                          *)
(*   SN, CS, ASN, ATN, ATN2, CART, POLAR, GMS, T_EVAL, T_FIT_LBR    *)
(*   MJD, CALDAT, ECLEQU, NUTEQU                                    *)
(*   MOON, MOONEQU, T_FIT_MOON                                      *)
(*------------------------------------------------------------------*)


(*------------------------------------------------------------------*)
(* GETEPH: Eingabe des Zeitraums der Ephemeride                     *)
(*------------------------------------------------------------------*)
```

```
PROCEDURE GETEPH(VAR T1,DT,T2:REAL);
  VAR YEAR,MONTH,DAY: INTEGER;
      HOUR          : REAL;
  BEGIN
    WRITELN;
    WRITELN('                         LUNA: Mondephemeride              ');
    WRITELN('                            Version 28.09.88               ');
    WRITELN('              (c) 1988 Thomas Pfleger, Oliver Montenbruck   ');
    WRITELN;
    WRITELN(' Beginn und Ende der Ephemeride: ');
    WRITELN;
    WRITE  (' Erstes  Berechnungsdatum (TT MM JJJJ HH.HHH)   ');
    READLN (DAY,MONTH,YEAR,HOUR);
    T1 := ( MJD(DAY,MONTH,YEAR,HOUR) - 51544.5 ) / 36525.0;
    WRITE  (' Letztes Berechnungsdatum (TT MM JJJJ HH.HHH)   ');
    READLN (DAY,MONTH,YEAR,HOUR);
    T2 := ( MJD(DAY,MONTH,YEAR,HOUR) - 51544.5 ) / 36525.0;
    WRITE  (' Schrittweite  (TT HH.HH)                    ');
    READLN (DAY,HOUR);
    DT := ( DAY + HOUR/24.0 ) / 36525.0;
  END;
(*---------------------------------------------------------------------------*)
(* WRTLBRP: formatierte Ausgabe                                              *)
(*---------------------------------------------------------------------------*)
PROCEDURE WRTLBRP (L,B,R,P:REAL);
  VAR H,M: INTEGER;
      S  : REAL;
  BEGIN
    GMS(L,H,M,S);  WRITE (H:5,M:3,S:5:1);
    GMS(B,H,M,S);  WRITE (H:5,M:3,S:5:1);  WRITE (R:10:3);
    GMS(P,H,M,S);  IF (H>0) THEN M:=M+60;  WRITELN (M:6,S:6:2);
  END;
(*---------------------------------------------------------------------------*)


BEGIN    (* Hauptprogramm *)

  GETEPH(T_START,DT,T_END);                  (* Berechnungszeitraum einlesen *)

  WRITELN;
  WRITE  ('    Datum      ET       Ra          Dec       Entfernung ');
  WRITELN (' Parallaxe');
  WRITE  ('                h        h  m  s     o  ''  "   Erdradien');
  WRITELN ('       ''  "   ');

  T := T_START;   TB := T_START;   NLINE := 0;


  WHILE (T<=T_END) DO

    BEGIN

      IF (T>TB-T_OVERLAP) THEN        (* Neue Entwicklung der Koordinaten *)
        BEGIN
          TA := T-T_OVERLAP;  TB := T+T_DEVELOP+T_OVERLAP;
          T_FIT_MOON (TA,TB,MAX_TP_DEG,RA_POLY,DE_POLY,R_POLY);
        END;
```

```
(* Datum *)
MODJD := T*36525.0 + 51544.5;  CALDAT (MODJD,DAY,MONTH,YEAR,HOUR);
WRITE  (DAY:3,MONTH:3,YEAR:5,HOUR:5:1);

(* Koordinaten *)
RA  := T_EVAL(RA_POLY,T)/15.0;  IF RA<0.0 THEN RA := RA + 24.0;
DE  := T_EVAL(DE_POLY,T);
R   := T_EVAL(R_POLY, T);
PAR := ASN(1.0/R);

(* Koordinaten ausgeben *)
WRTLBRP (RA,DE,R,PAR);
NLINE := NLINE + 1;
IF (NLINE MOD 5) = 0 THEN WRITELN;

T := T + DT;

    END;

END.
(*---------------------------------------------------------------------------*)
```

Startet man LUNA, so wird zunächst die Entwicklung der Mondkoordinaten berechnet, was einige Sekunden in Anspruch nimmt. Dann werden die Koordinaten in sehr schneller Folge ausgegeben, bis eine erneute Reihenentwicklung (für den anschließenden Zeitraum) nötig wird.

Wir wollen als Beispiel eine Mondephemeride für den Januar 1989 mit einer Schrittweite von zwei Tagen berechnen lassen, um die Bedienung des Programms zu erläutern. LUNA fordert als Eingabe nur die Eckdaten der Ephemeride in der Form „Tag, Monat, Jahr und Stunde mit Dezimalbruchteil" sowie die Schrittweite in der Form „Tag und Stunde mit Dezimalbruchteil". Dabei ist zu beachten, daß sich hier (wie auch bei der Berechnung von Planetenpositionen) alle Zeitangaben auf die Ephemeridenzeit beziehen. Die Eingabedaten sind im folgenden durch kursive Schrift hervorgehoben.

```
             LUNA: Mondephemeride
               Version 28.09.88
      (c) 1988 Thomas Pfleger, Oliver Montenbruck

Beginn und Ende der Ephemeride:

Erstes  Berechnungsdatum (TT MM JJJJ HH.HHH)     1 1 1989 0.0
Letztes Berechnungsdatum (TT MM JJJJ HH.HHH)    31 1 1989 0.0
Schrittweite  (TT HH.HH)                             2 0.0

   Datum     ET        Ra           Dec       Entfernung  Parallaxe
             h      h  m   s      o   '   "    Erdradien    '   "
 1  1 1989  0.0   13  5 26.2   -10 42 58.7     63.053     54 31.41
 3  1 1989  0.0   14 38 15.3   -20 23 19.2     61.961     55 29.10
 5  1 1989  0.0   16 26 11.9   -26 51 42.9     60.407     56 54.71
 7  1 1989  0.0   18 27 52.8   -27 43  3.3     58.861     58 24.44
 9  1 1989  0.0   20 29 55.2   -21 44 30.5     57.789     59 29.44
```

11	1 1989	0.0	22 21 11.9	-10 29 51.2	57.442	59 51.00
13	1 1989	0.0	0 3 44.1	2 54 49.4	57.757	59 31.44
15	1 1989	0.0	1 46 21.7	15 30 4.5	58.481	58 47.18
17	1 1989	0.0	3 36 54.1	24 39 14.7	59.389	57 53.29
19	1 1989	0.0	5 35 18.6	28 13 6.1	60.375	56 56.57
21	1 1989	0.0	7 31 1.7	25 29 44.7	61.406	55 59.16
23	1 1989	0.0	9 14 3.9	17 51 26.1	62.408	55 5.27
25	1 1989	0.0	10 44 27.6	7 31 36.2	63.194	54 24.13
27	1 1989	0.0	12 8 35.2	-3 38 59.4	63.512	54 7.79
29	1 1989	0.0	13 34 26.4	-14 17 56.9	63.141	54 26.88
31	1 1989	0.0	15 10 2.7	-23 1 46.5	62.014	55 26.26

Auffallend sind hier die hohen Deklinationen, die der Mond etwa am 7. und am 19. Januar 1989 erreicht. In diesem Jahr liegt die Knotenlinie der Mondbahn so, daß sich die Schiefe der Ekliptik (ca. 23°5) und die Neigung der Mondbahn gegen die Ekliptik (ca. 5°1) gleichsinnig überlagern und so Deklinationen von mehr als 28° auftreten können. Der Mond steht in diesem Jahr dann zu bestimmten Zeiten auffallend hoch oder tief am Himmel, und auch seine Auf- und Untergangsazimute können Extremwerte annehmen.

7. Sonnenfinsternisse

Etwa alle 30 Tage wendet der Mond zur Zeit des Neumonds der Erde seine unbeleuchtete Seite zu. Für einen Beobachter, der von Norden auf die Ekliptik sieht, stehen Sonne, Mond und Erde dann in einer Reihe. Dennoch trifft der Schatten, den der Mond im Sonnenlicht wirft, nur selten die Erde. Durch die Neigung seiner Bahn steht der Mond zur Neumondzeit meist etwas ober- oder unterhalb der Erdbahnebene, so daß sein Schatten die Erde verfehlt. Nur an zwei Tagen im Monat durchkreuzt der Mond die Ekliptik. Fällt einer dieser sogenannten Knotendurchgänge mit dem Neumond zusammen, dann stehen Sonne, Mond und Erde so in einer Linie, daß der Mondschatten auf einen Teil der Erde trifft. Eine solche Sonnenfinsternis findet im allgemeinen zweimal pro Jahr statt. Wer sich innerhalb des rund 100 km großen Kernschattens befindet, sieht die Sonne völlig vom Mond bedeckt. Da dies ein verhältnismäßig kleines Gebiet ist, haben nur wenige Menschen jemals die Gelegenheit, selbst eine totale Sonnenfinsternis mitzuerleben.

Würde die Mondbahnebene fest im Raum stehen, dann fänden alle Finsternisse in zwei bestimmten Monaten statt. Durch die Wanderung der Knotenlinie der Mondbahn verschieben sich die Daten der Finsternisse jedoch jedes Jahr um durchschnittlich drei Wochen. Der 18.6 Jahre dauernde Umlauf des Mondknotens spiegelt sich so direkt im Rhythmus der Sonnenfinsternisse wieder (vgl. Abb. 7.1).

7.1 Neumondzeiten

Um einen Überblick über die möglichen Sonnenfinsternisse eines Jahres zu erhalten, kann man zunächst einmal die monatlichen Neumonddaten bestimmen und die jeweilige Stellung des Mondes zur Ekliptik untersuchen. Der Neumondzeitpunkt ist dabei der Moment, in dem die ekliptikalen Längen $\lambda_\odot$ und λ_M von Sonne und Mond übereinstimmen, in dem also die Differenz $\lambda_M - \lambda_\odot$ verschwindet. Diese setzt sich ihrerseits aus der Differenz D der mittleren Längen und der Differenz der periodischen Störungen zusammen:

$$\lambda_M - \lambda_\odot = D + (\Delta\lambda_M - \Delta\lambda_\odot) \quad .$$

Nach (6.5) hat die Elongation D den Wert

$$
\begin{aligned}
D &= D_0 + D_1 \cdot T \\
&= 297\overset{\circ}{.}85027 + 445267\overset{\circ}{.}11135 \cdot T
\end{aligned}
$$

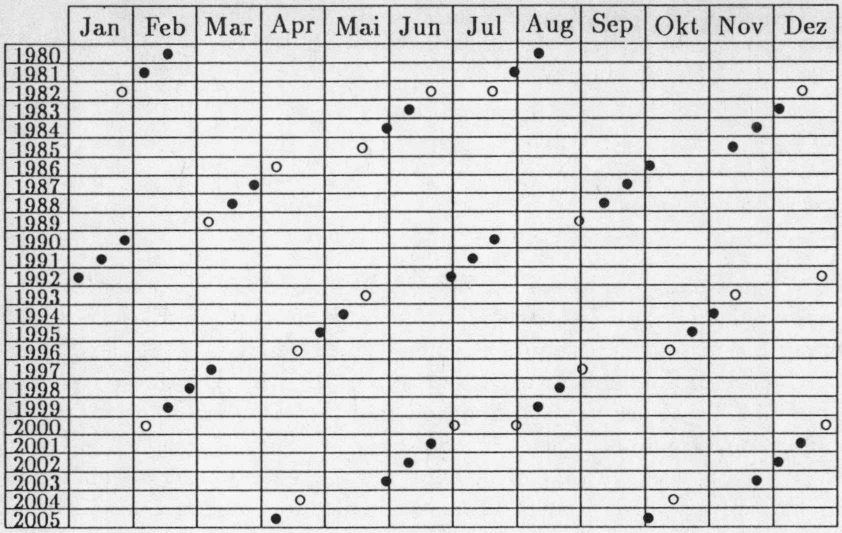

	Jan	Feb	Mar	Apr	Mai	Jun	Jul	Aug	Sep	Okt	Nov	Dez
1980		•						•				
1981		•					•					
1982	o					o	o					o
1983						•						•
1984					•						•	
1985					o						o	
1986				o						•		
1987			•						•			
1988			•					•				
1989			o					◑				
1990		•					•					
1991	•						•					
1992	•					•						o
1993					o						o	
1994					•					•		
1995					•					•		
1996				o						o		
1997			•						◑			
1998			•					•				
1999		•						•				
2000		o					◑					o
2001						•						•
2002						•						•
2003					•						•	
2004				o						o		
2005				•					◑			

Abb. 7.1. Sonnenfinsternisse zwischen 1980 und 2005 (• =total/ringförmig, o =partiell)

mit

$$T = (JD - 2451545)/36525 \quad .$$

D_1 gibt an, um welchen Betrag sich D in einem julianischen Jahrhundert ändert. Für den mittleren Abstand zwischen zwei Neumonden, also die Zeitspanne, in der D um 360° wächst, ergeben sich daraus rund 29.53 Tage. Damit lassen sich sehr einfach die ungefähren Neumondzeitpunkte im Verlauf des Jahres berechnen.

Die periodischen Störungen der Mond- und Sonnenbahn variieren in einer kurzen Zeit Δt nur wenig, so daß sich $\lambda_M - \lambda_\odot$ in dieser Zeit im wesentlichen nur um den Wert $D_1 \cdot \Delta t/36525^{\mathrm{d}}$ ändert. Eine Näherung t_0 für den Zeitpunkt des Neumonds kann man deshalb über

$$t_1 = t_0 - \frac{D(t_0) - (\Delta\lambda_M(t_0) - \Delta\lambda_\odot(t_0))}{D_1} \cdot 36525^{\mathrm{d}}$$

verbessern. Führt man diesen Schritt ein zweites Mal durch, dann ist der Neumondzeitpunkt ausreichend genau bestimmt. $\Delta\lambda_M$ und $\Delta\lambda_\odot$ lassen sich über kurze Reihenentwicklungen bestimmen, die von den mittleren Längen und Anomalien von Sonne und Mond (vgl. (6.2)...(6.5)) abhängen:

$$\Delta\lambda_M = +22640'' \sin(l) - 4586'' \sin(l - 2D) + 2370'' \sin(2D)$$
$$+769'' \sin(2l) - 668'' \sin(l') + \ldots$$
$$\Delta\lambda_\odot = +6893'' \sin(l') + 72'' \sin(2l') \quad .$$

Über eine ähnliche Reihenentwicklung kann auch die ekliptikale Breite des Mondes dargestellt werden:

$$\beta_M \approx +18520'' \sin(F + \Delta\lambda) - 526'' \sin(F - 2D) \quad .$$

Zur Erläuterung dieser Formel sei ebenfalls auf Kap. 6 verwiesen.

Die behandelten Schritte sind im folgenden zu dem Programm NEWMOON zusammengefaßt. Nach der Eingabe des gewünschten Jahres werden die einzelnen
Neumonddaten und die dazugehörigen Werte der ekliptikalen Breite β des Mondes bestimmt. Aus diesen Informationen läßt sich das Auftreten von Sonnenfinsternissen ausreichend genau beurteilen.

Entsprechend der Neigung der Mondbahn gegen die Ekliptik schwankt β im
Lauf des Jahres zwischen $-5°$ und $+5°$. Sonnenfinsternisse finden im allgemeinen
während der beiden Neumonde mit den (betragsmäßig) kleinsten ekliptikalen
Breiten statt. In einigen Jahren (z.B. 1982 oder 2000) kann es allerdings anstelle
zweier totaler Finsternisse auch zu vier partiellen Finsternissen kommen. Der
höchste Wert der ekliptikalen Breite, bei dem noch eine totale Finsternis möglich
ist, liegt bei etwa einem Grad. Eine partielle Sonnenfinsternis kann dagegen
noch bis zu $\beta \approx 1.5°$ eintreten. Zusätzlich läßt sich bereits erkennen, wo eine
bestimmte Finsternis sichtbar ist. Steht der Mond etwa nördlich der Ekliptik
($\beta > 0$), dann wird das Gebiet des Schattens vornehmlich auf der Nordhalbkugel
der Erde liegen.

```
(*--------------------------------------------------------------------*)
(*                          NEWMOON                                   *)
(*        Neumondzeitpunkte und ekliptikale Breite des Mondes        *)
(*                       Version 12.11.88                            *)
(*--------------------------------------------------------------------*)


PROGRAM NEWMOON (INPUT,OUTPUT);

CONST D1 = +1236.853086; (* Aenderung der Differenz der mittleren *)
                         (* Laengen von Mond und Sonne            *)
                         (* dD/dT = 1236.85 Umlaeufe/Jahrhundert  *)
      D0 =     +0.827361; (* Diff. der mittl. Laengen von Mond und *)
                         (* Sonne fuer J2000 (in Umlaeufen)       *)

VAR   DAY,MONTH,YEAR,YEAR_CALC : INTEGER;
      HOUR                     : REAL;
      LUNATION_0,LUNATION_I    : INTEGER;
      T_NEW_MOON,MJD_NEW_MOON  : REAL;
      B_MOON                   : REAL;


(*--------------------------------------------------------------------*)
(*  An dieser Stelle sind die Unterprogramme MJD und CALDAT einzugeben *)
(*--------------------------------------------------------------------*)


(*--------------------------------------------------------------------*)
(* IMPROVE verbessert eine Naeherung T fuer die Zeit des Neumondes und *)
(* bestimmt die ungefaehre ekliptikale Breite B des Mondes.          *)
(* ( T in julian. Jahrh. seit J2000, T = (JD-2451545)/36525 )        *)
(*--------------------------------------------------------------------*)


PROCEDURE IMPROVE ( VAR T,B: REAL);

  CONST P2 =6.283185307; (* 2*pi *)
        ARC=206264.8062; (* Bogensekunden pro radian *)
  VAR   L,LS,D,F,DLM,DLS,DLAMBDA: REAL;
```

```
(* evtl. TRUNC fuer T<-24 durch LONG_TRUNC oder INT ersetzen! *)
FUNCTION FRAC(X:REAL):REAL;
  BEGIN  X:=X-TRUNC(X); IF (X<0) THEN X:=X+1; FRAC:=X  END;


BEGIN
  (* mittlere Elemente L,LS,D,F der Mondbahn                        *)
  L  := P2*FRAC(0.374897+1325.552410*T);   (* mittl. Anomalie des Mondes *)
  LS := P2*FRAC(0.993133+  99.997361*T);   (* mittl. Anomalie Sonne      *)
  D  := P2*(FRAC(0.5+D0+D1*T)-0.5);        (* mit.Diff.Laenge Mond-Sonne *)
  F  := P2*FRAC(0.259086+1342.227825*T);   (* Knotenabstand              *)
  (* periodische Stoerungen der Laengen von Mond und Sonne (in ")       *)
  DLM := + 22640*SIN(L) - 4586*SIN(L-2*D) + 2370*SIN(2*D) + 769*SIN(2*L)
         - 668*SIN(LS) - 412*SIN(2*F) - 212*SIN(2*L-2*D)
         - 206*SIN(L+LS-2*D) + 192*SIN(L+2*D) - 165*SIN(LS-2*D)
         - 125*SIN(D) - 110*SIN(L+LS) + 148*SIN(L-LS) - 55*SIN(2*F-2*D);
  DLS := + 6893*SIN(LS) + 72*SIN(2*LS);
  (* Differenz der wahren Laengen von Mond und Sonne (in Umlaeufen)   *)
  DLAMBDA := D / P2  +  ( DLM - DLS) / 1296000.0;
  (* Korrektur der Neumondzeit *)
  T   := T  - DLAMBDA / D1;
  (* ekliptikale Breite B des Mondes (in Grad) *)
  B   := ( + 18520.0*SIN(F+DLM/ARC) - 526*SIN(F-2*D) ) / 3600.0;
END;

(*------------------------------------------------------------------------*)


BEGIN (* Hauptprogramm *)

  WRITELN;
  WRITELN (' NEWMOON: Neumondzeiten und ekliptikale Breite des Mondes ');
  WRITELN ('                      Version 12.11.88                    ');
  WRITELN ('         (c) 1988 Thomas Pfleger,Oliver Montenbruck       ');
  WRITELN;
  WRITE   (' Neumonddaten fuer das Jahr '); READLN(YEAR_CALC);
  WRITELN;
  WRITELN (' Datum':16,'UT':7,'Breite':11); WRITELN;
  WRITELN (' h':23,'o':9);

  LUNATION_0 := TRUNC( D1 * (YEAR_CALC-2000)/100 );
  FOR LUNATION_I := LUNATION_0 TO LUNATION_0 + 13 DO
    BEGIN
      T_NEW_MOON   := ( LUNATION_I - D0 ) / D1;
      IMPROVE ( T_NEW_MOON, B_MOON );
      IMPROVE ( T_NEW_MOON, B_MOON );
      MJD_NEW_MOON := 36525.0*T_NEW_MOON + 51544.5;
      CALDAT ( MJD_NEW_MOON, DAY,MONTH,YEAR,HOUR );
      IF YEAR=YEAR_CALC THEN
        WRITELN(DAY:10,MONTH:3,YEAR:5,HOUR:6:1,B_MOON:9:1)
    END;
  WRITELN;

END.

(*------------------------------------------------------------------------*)
```

7.2 Die Geometrie der Finsternis

Die Lichtstrahlen, die von der Sonne ausgehen, markieren zwei kegelförmige Gebiete, die als Kern- und Halbschatten bezeichnet werden (Abb. 7.2). Für einen Beobachter, der sich im Gebiet des Kernschattens aufhält, erscheint der Mond größer als die Sonne und bedeckt diese völlig.

In einer Entfernung von durchschnittlich 375 000 km läuft der Kernschattenkegel hinter dem Mond spitz zusammen. Daran schließt sich ein Gebiet an, in dem die Sonnenfinsternis ringförmig erscheint. Der Mond steht von hier aus gesehen zwar als dunkle Scheibe vor der Sonne, kann diese aber nicht völlig verfinstern. Ein Teil der Sonne bleibt deshalb als heller Ring um den Mond herum sichtbar. Ein Beispiel für diesen Typ war die ringförmige Sonnenfinsternis vom 29. April 1976, die von weiten Teilen des Mittelmeeres aus beobachtet werden konnte.

Im Halbschatten (Penumbra) wird die Sonne immer nur teilweise bedeckt und erscheint als mehr oder minder breite Sichel. Der Verfinsterungsgrad ist dabei umso größer, je weiter man sich dem Kernschattenkegel nähert.

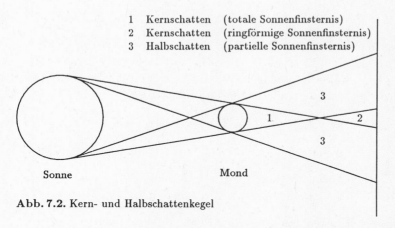

1 Kernschatten   (totale Sonnenfinsternis)
2 Kernschatten   (ringförmige Sonnenfinsternis)
3 Halbschatten   (partielle Sonnenfinsternis)

Sonne   Mond

Abb. 7.2. Kern- und Halbschattenkegel

Die Entfernung des Mondes von der Erde beträgt im Mittel 380 000 km, sie schwankt aber wegen der Exzentrizität der Mondbahn um mehr als 25 000 km. Demzufolge befindet sich die Erde während einer Finsternis immer in der Nähe der Spitze des Kernschattengebietes. Selbst im Perigäum, wenn Mond und Erde sich am nächsten kommen, beträgt der Kernschattendurchmesser auf der Erdoberfläche selten mehr als 200 km. Im Apogäum verläuft die Finsternis ringförmig. Daneben gibt es als Grenzfall Finsternisse, die für einige Zeit total, ansonsten aber ringförmig sind. Ein Beispiel hierfür war die Finsternis vom 29. März 1987.

In einer Ebene, die senkrecht zur Verbindungslinie von Sonne und Mond in einer Entfernung s hinter dem Mond steht, betragen die Durchmesser von Kernschatten (d) und Halbschatten (D)

$$d(s) = D_\odot \left(\frac{s}{r_{\odot M}}\right) - D_M \left(1 + \frac{s}{r_{\odot M}}\right) \quad \text{und} \tag{7.1}$$

$$D(s) = D_\odot \left(\frac{s}{r_{\odot M}}\right) + D_M \left(1 + \frac{s}{r_{\odot M}}\right) \quad .$$

Hierin sind $D_\odot$ und D_M die Durchmesser von Sonne und Mond:

$$\begin{aligned} D_\odot &= 1\,392\,000 \text{ km} &= 218.25\,R_\oplus \\ D_M &= 3\,476 \text{ km} &= 0.5450\,R_\oplus \quad . \end{aligned}$$

$r_{\odot M}$ bezeichnet die Entfernung zwischen Sonne und Mond.

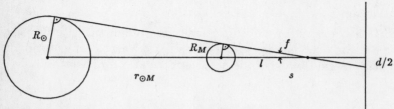

Abb. 7.3. Zur Berechnung des Schattendurchmessers

Die Ableitung der Formeln für den Schattendurchmesser ist in Abb. 7.3 für den Kernschatten illustriert. Dort ist f der halbe Öffnungswinkel des Schattenkegels und l der Abstand der Schattenspitze vom Mondmittelpunkt. Bezeichnen $R_\odot$ und R_M ferner die Radien von Sonne und Mond, dann gilt

$$\sin(f) \cdot l = R_M \quad \text{und} \quad \sin(f) \cdot (l + r_{\odot M}) = R_\odot$$

oder umgeformt

$$\sin(f) = \frac{R_\odot - R_M}{r_{\odot M}} \quad \text{und} \quad l = \frac{R_M \cdot r_{\odot M}}{R_\odot - R_M} \quad .$$

Der Durchmesser des Schattens im Abstand s vom Mond ist damit

$$\begin{aligned} d &= 2(s - l) \cdot \tan(f) \\ &\approx 2(s - l) \cdot \sin(f) \\ &= 2R_\odot \left(\frac{s}{r_{\odot M}}\right) - 2R_M \left(1 + \frac{s}{r_{\odot M}}\right) \quad . \end{aligned}$$

Ganz entsprechend ist die Gleichung für den Halbschattendurchmesser D zu beweisen. Das Vorzeichen von d in den obigen Gleichungen ist so gewählt, daß d im eigentlichen Kernschattengebiet, also bei einer totalen Finsternis, *negative*

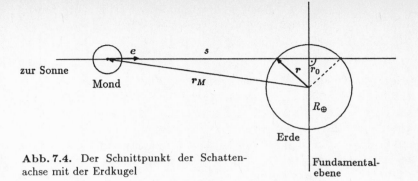

Abb. 7.4. Der Schnittpunkt der Schattenachse mit der Erdkugel

und bei einer partiellen Finsternis positive Werte annimmt. Während der Halbschattendurchmesser D in der Nähe der Erde etwa halb so groß ist wie die Erde
selbst, schwankt der Durchmesser d des Kernschattens zwischen $-0.04\,R_\oplus$ (250
km) und $+0.06\,R_\oplus$ (350 km).

Den Ort des Kernschattens auf der Erde erhält man, wenn man eine Gerade
durch die Mitte von Sonne und Mond legt und diese mit der Erdoberfläche
schneidet (vgl. Abb. 7.4). Die Richtung dieser Geraden wird durch den Vektor

$$e = \frac{r_M - r_\odot}{|r_M - r_\odot|} \tag{7.2}$$

der Länge Eins beschrieben, der sich aus den Koordinaten $r_\odot$ und r_M von Sonne
und Mond berechnen läßt. Für den Schattenpunkt r gilt damit die Gleichung

$$r = r_M + se \tag{7.3}$$

oder, komponentenweise geschrieben,

$$\begin{pmatrix} x \\ y \\ z \end{pmatrix} = \begin{pmatrix} x_M \\ y_M \\ z_M \end{pmatrix} + s \cdot \begin{pmatrix} e_x \\ e_y \\ e_z \end{pmatrix} \quad .$$

s bezeichnet den Abstand zwischen dem Schattenpunkt und der Mondmitte. Da
die Spitze von r auf der Erdoberfläche liegt, gilt für eine zunächst als ideale
Kugel angenommene Erde mit Radius $R_\oplus$:

$$r^2 = x^2 + y^2 + z^2 = R_\oplus^2 \quad . \tag{7.4}$$

Zusammengenommen führt dies auf die quadratische Gleichung

$$s^2 + 2(r_M e)s + (r_M^2 - R_\oplus^2) = 0 \quad .$$

Sie hat die zwei Lösungen

$$s = \begin{cases} s_0 - \sqrt{\Delta} & \text{Tagseite der Erde} \\ s_0 + \sqrt{\Delta} & \text{Nachtseite der Erde} \end{cases}$$

mit

$$s_0 = -\boldsymbol{r}_M \boldsymbol{e} = -(x_M e_x + y_M e_y + z_M e_z) \qquad \text{und} \qquad (7.5)$$
$$\Delta = s_0^2 + R_\oplus^2 - r_M^2 \ .$$

s_0 ist anschaulich die Entfernung des Mondes von der sogenannten Fundamentalebene, die senkrecht auf der Schattenachse steht und durch den Erdmittelpunkt verläuft. Der gesuchte Schnittpunkt der Schattenachse mit der Erdkugel liegt im Abstand $\sqrt{\Delta}$ von dieser Ebene auf der dem Mond und der Sonne zugewandten Seite. Der zweite Schnittpunkt liegt auf der Nachtseite der Erde und hat für die Finsternis keine weitere Bedeutung. Für die Koordinaten des Kernschattens auf der Erdoberfläche ergibt sich zusammengefaßt die Lösung

$$\boldsymbol{r} = \boldsymbol{r}_M + (s_0 - \sqrt{\Delta}) \cdot \boldsymbol{e} \ . \qquad (7.6)$$

Dabei wird natürlich vorausgesetzt, daß die Diskriminante Δ positiv ist, da anderenfalls die Schattenachse an der Erde vorbeiläuft. Eine Sonnenfinsternis beginnt allerdings schon vor dieser zentralen Phase. Bereits wenn der Halbschattenkegel die Erde berührt, ist von Teilen der Erde aus eine partielle Finsternis zu beobachten. Ist

$$r_0 = \sqrt{r_M^2 - s_0^2}$$

der Abstand der Schattenachse vom Erdmittelpunkt und sind d_0 und D_0 die Durchmesser von Kern- und Halbschatten auf der Fundamentalebene, dann lassen sich die einzelnen Phasen der Finsternis im wesentlichen anhand der folgenden Bedingungen unterscheiden:

$$
\begin{array}{llll}
R_\oplus + D_0/2 & < & r_0 & \text{keine Finsternis} \\
R_\oplus + |d_0|/2 & < & r_0 < R_\oplus + D_0/2 & \text{partielle Phase} \\
R_\oplus & < & r_0 < R_\oplus + |d_0|/2 & \text{nichtzentrale Phase} \\
& & r_0 < R_\oplus & \text{zentrale Phase} \ .
\end{array}
$$

Während der nicht zentralen Phase streift der Kernschattenkegel die Erde, so daß von einem kleinen Gebiet aus eine totale oder ringförmige Finsternis beobachtet werden kann. Die Schattenachse selbst schneidet die Erdoberfläche in dieser Phase allerdings nicht. Es gibt deshalb keinen Ort auf der Erde, von dem aus gesehen der Mond so vor der Sonnenscheibe steht, daß deren Mittelpunkte zusammenfallen.

Die bisherigen Betrachtungen gingen davon aus, daß die Erde die Form einer idealen Kugel hat. Um auch die leichte Abplattung der Erde bei der Finsternisberechnung zu berücksichtigen, sind einige kleinere Korrekturen notwendig. Die Erdoberfläche kann man sich aus einer Kugel mit dem Radius $R_\oplus$ entstanden denken, die parallel zur Erdachse um den Faktor

$$1 - f = 0.996647$$

gestaucht wurde. Jeder Punkt (x, y, z) dieses Rotationsellipsoids erfüllt die Gleichung

$$\boldsymbol{r}^2 = x^2 + y^2 + z^2/(1 - f)^2 = R_\oplus^2 \ , \qquad (7.7)$$

die man aus (7.4) erhält, wenn man z durch $z/(1-f)$ ersetzt. Die z-Achse des verwendeten Koordinatensystems soll dabei parallel zur Erdachse orientiert sein (äquatoriale Koordinaten).

Aus der Tatsache, daß die Erde bei einer entsprechenden Streckung in eine Kugel übergeht, ergibt sich eine einfache Methode, um den Ort des Kernschattens trotz der Abplattung richtig zu berechnen. Man multipliziert dazu die z-Koordinaten von Sonne und Mond mit dem Faktor $1/(1-f)$, legt eine Gerade durch die so modifizierten Positionen und schneidet sie mit einer Kugel vom Radius der Erde. Der so berechnete Schnittpunkt unterscheidet sich dann lediglich durch die um den Faktor $1/(1-f)$ zu hohe z-Koordinate vom Schnittpunkt der eigentlichen Schattenachse mit der Erdoberfläche. Bei dieser Vorgehensweise können die oben aufgestellten Beziehungen ohne Änderungen übernommen werden.

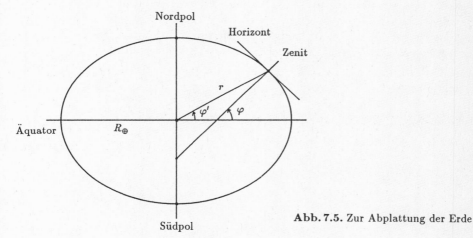

Abb. 7.5. Zur Abplattung der Erde

7.3 Geographische Koordinaten und die Abplattung der Erde

Um einen Punkt der Erdoberfläche durch Koordinaten zu kennzeichnen, verwendet man im allgemeinen die geographische Länge (λ) und die geographische Breite (φ). Diese sind eng mit den äquatorialen Koordinaten Rektaszension (α) und Deklination (δ) verwandt, mit denen in der Astronomie gearbeitet wird. Beide Koordinatensysteme sind parallel zur Äquatorebene und zur Rotationsachse der Erde ausgerichtet.

Die gegenseitige Umrechnung von Deklination und geographischer Breite würde sich erübrigen, wenn die Erde die Gestalt einer idealen Kugel hätte. In diesem Fall wären beide Koordinaten identisch. Da die Erde aber ein — wenn auch nur geringfügig — abgeplattetes Rotationsellipsoid ist, soll zunächst der Begriff der geographischen Breite etwas präzisiert werden. φ gibt an, um welchen Winkel der lokale Horizont eines Ortes gegen die Erdachse geneigt ist. Dies ist in Abb. 7.5 dargestellt. In einem Schnitt durch Nord- und Südpol hat die

Erde die Form einer Ellipse, an die sich der Horizont als Tangente anschmiegt. Wie man sieht, ist φ nicht mit der geozentrischen Breite φ' beziehungsweise der Deklination δ identisch, die beide den Winkel zwischen dem Ortsvektor und der Äquatorebene angeben. φ und φ' sind über die Gleichungen

$$r \cdot \cos(\varphi') = \frac{R_\oplus}{\sqrt{1 - e^2 \sin^2 \varphi}} \cos\varphi$$

$$r \cdot \sin(\varphi') = \frac{(1 - e^2)R_\oplus}{\sqrt{1 - e^2 \sin^2 \varphi}} \sin\varphi \qquad (7.8)$$

$$\tan(\varphi') = (1 - e^2) \tan\varphi$$

miteinander verknüpft. Hierin ist $R_\oplus = 6378.14$ km der Äquatorradius der Erde. e bezeichnet die Exzentrizität des Erdellipsoids. Aufgrund der bei der Rotation der Erde wirkenden Zentrifugalkräfte ist die Erde soweit verformt, daß der Äquatorradius rund 20 km größer ist, als die Entfernung R_{Pol} zwischen der Erdmitte und den Polen. Das Verhältnis dieser Größen definiert die Abplattung

$$f = \frac{R_\oplus - R_{\mathrm{Pol}}}{R_\oplus} = \frac{21.385 \text{ km}}{6378.14 \text{ km}} = \frac{1}{298.257} = 0.003353 \quad . \qquad (7.9)$$

Die Exzentrizität des Erdkörpers berechnet sich daraus zu

$$e = \sqrt{1 - (1 - f)^2} = \sqrt{2f - f^2} \quad . \qquad (7.10)$$

Anstelle der strengen Gleichungen (7.8) kann auch die völlig ausreichende Näherung

$$\varphi = \varphi' + 0\overset{\circ}{.}1924 \cdot \sin(2\varphi') \qquad (7.11)$$

zur Bestimmung der geographischen Breite verwendet werden. In dieser Darstellung ist gut zu erkennen, daß die Differenz zwischen φ und φ' für mittlere Breiten maximal wird und dort rund zwölf Bogenminuten beträgt. An den Polen und am Äquator verschwindet der Unterschied ganz.

Neben der geographischen Breite dient die geographische Länge als zweite Koordinate zur eindeutigen Beschreibung eines Ortes auf der Erde. Sie entspricht im wesentlichen der Rektaszension in einem äquatorialen Koordinatensystem. Während die Zählung der Rektaszension aber am raumfesten Frühlingspunkt beginnt, wird die geographische Länge vom erdfesten Meridian von Greenwich aus gezählt. Die beiden Koordinaten unterscheiden sich demnach im wesentlichen um einen Winkel $\Theta_0(t)$, der über die Drehung der Erde von der Zeit t abhängt:

$$\alpha = \Theta_0(t) + (-\lambda) \quad . \qquad (7.12)$$

Das negative Vorzeichen von λ berücksichtigt dabei zusätzlich, daß gemäß der in der Geographie üblichen Konvention λ positiv nach Westen gezählt wird, während α in entgegengesetzter, östlicher, Richtung wächst. $\Theta_0(t)$ ist die jeweilige Rektaszension des Nullmeridians und damit nichts anderes, als die Sternzeit von Greenwich. Die Berechnung der Sternzeit wurde bereits in Abschn. 3.3

behandelt, wo auch ein entsprechendes Unterprogramm (LMST) angegeben ist. Eine wesentliche Schwierigkeit, die sich in diesem Zusammenhang stellt, ist die sorgfältige Unterscheidung von Weltzeit (UT) und Ephemeridenzeit (ET oder TDB/TDT). Während die Koordinaten von Sonne und Mond immer nur als Funktion der gleichförmigen Ephemeridenzeit berechnet werden können, benötigt man die Weltzeit als Argument zur Berechnung der Sternzeit. Die Weltzeit kann aber nicht mit einer Uhr gemessen werden, sondern muß gemäß ihrer Definition aus Beobachtungen ermittelt werden. Demzufolge ist es nur rückwirkend möglich, den genauen Unterschied $\Delta T = ET - UT$ zwischen beiden Zeitzählungen korrekt zu berücksichtigen. Für den Zeitraum von 1900 bis 1985 sind in Tabelle (3.1) einige gemessene Werte dieser Differenz wiedergegeben. Um die Werte nicht immer gesondert eingeben zu müssen, kann man auch auf eine Polynomapproximation der Tabellendaten zurückgreifen:

$$
\begin{aligned}
\Delta T &= ET - UT & (7.13)\\
&= +71\overset{s}{.}28 + 92\overset{s}{.}23T - 160\overset{s}{.}22T^2 - 516\overset{s}{.}52T^3 - 339\overset{s}{.}84T^4\\
&\text{mit } T = (JD - 2451545.0)/36525.0 \text{ und } -1.00 \leq T \leq -0.15 \quad.
\end{aligned}
$$

Diese Näherung, die auf rund 1-2 s genau ist, darf allerdings nur zwischen den Jahren 1900 und 1985 verwendet werden. Außerhalb dieses Bereichs liefert sie unkorrekte Ergebnisse. Das Unterprogramm ETMINUT prüft diese Bedingung und liefert anderenfalls in der Variablen VALID den Wert FALSE zurück. Da die ET-UT-Werte aus Beobachtungen bestimmt werden müssen, ist eine längerfristige Vorhersage leider nicht möglich. Die aktuellen Daten werden aber in den verschiedenen Jahrbüchern publiziert und können dort nachgeschlagen werden.

```
(*------------------------------------------------------------------------*)
(* ETMINUT: Differenz Ephemeridenzeit - Weltzeit                          *)
(*          (Polynomdarstellung; gueltig von 1900-1985)                   *)
(*          T:    Zeit in jul.Jahrh. seit J2000 (=(JD-2451545.0)/36525.0) *)
(*          DTSEC: DT=ET-UT in sec (nur fuer VALID=TRUE)                   *)
(*          VALID: TRUE fuer Zeiten zwischen 1900 und 1985, sonst FALSE    *)
(*------------------------------------------------------------------------*)
PROCEDURE ETMINUT(T: REAL; VAR DTSEC: REAL; VAR VALID: BOOLEAN);
  BEGIN
    VALID := ( (-1.0<T) AND (T<-0.15) );
    IF (VALID) THEN
      BEGIN
        DTSEC := ((((-339.84*T-516.52)*T-160.22)*T)+92.23)*T+71.28;
      END;
  END;
(*------------------------------------------------------------------------*)
```

Die Differenz von ET und UT ist eine sehr langsam veränderliche Größe und kann deshalb während der gesamten Sonnenfinsternis als konstant angesehen werden.

7.4 Die Dauer der Finsternis

Die Dauer der totalen oder ringförmigen Phase einer Finsternis ist nicht für jeden Punkt der Zentrallinie gleich. Neben dem Durchmesser des Kernschattens hängt sie vor allem von der Geschwindigkeit ab, mit der der Schatten über die Erdoberfläche wandert. Eine exakte Berechnung der Totalitätsdauer erfordert eine iterative Bestimmung der Zeiten, zu denen die totale Phase der Finsternis beginnt und endet und ist deshalb sehr aufwendig. Für die Beurteilung des Finsternisverlaufs und die Auswahl eines günstigen Beobachtungsortes entlang der Zentrallinie ist jedoch auch die folgende Betrachtung völlig ausreichend.

Die äquatorialen Koordinaten

$$\boldsymbol{r} = (x, y, z) \quad \text{und} \quad \boldsymbol{r}' = (x', y', z')$$

der Orte, in denen die Schattenachse die Erde zu einer Zeit t und zu einer benachbarten Zeit $t + \Delta t$ schneidet, lassen sich mit den bereits behandelten Gleichungen (7.5) und (7.6) berechnen[1]. Die Differenz dieser beiden Vektoren ist ein Maß für die Geschwindigkeit, mit der sich das Kernschattengebiet fortbewegt. Allerdings beschreibt $\boldsymbol{r}' - \boldsymbol{r}$ noch nicht die gesuchte Wanderung des Schattens relativ zur Erdoberfläche.

Aus der Dauer von $23^{\mathrm{h}}56^{\mathrm{m}}$ einer vollen Umdrehung ergibt sich der Winkel w, um den sich die Erde in der Zeit Δt um ihre Achse dreht, zu

$$w = 2\pi \cdot \frac{\Delta t}{1436^{\mathrm{m}}} \qquad \text{(Bogenmaß)} \quad .$$

Der Ort der Erdoberfläche, der zur Zeit $t + \Delta t$ die äquatorialen Koordinaten $\boldsymbol{r}' = (x', y', z')$ besitzt, hat zur Zeit t deshalb die Koordinaten

$$\boldsymbol{r}'' = \begin{pmatrix} +x' \cdot \cos w + y' \cdot \sin w \\ -x' \cdot \sin w + y' \cdot \cos w \\ +z' \end{pmatrix} \approx \begin{pmatrix} x' + wy' \\ y' - wx' \\ z' \end{pmatrix} \quad ,$$

die aus $\boldsymbol{r}'$ durch eine entsprechende Drehung um die z-Achse mit dem Drehwinkel w hervorgehen. Der Weg, den die Mitte des Kernschattens in der Zeitspanne Δt auf der Erdoberfläche zurücklegt, ist damit

$$\Delta \boldsymbol{r} = \boldsymbol{r}'' - \boldsymbol{r}$$
$$\begin{pmatrix} \Delta x \\ \Delta y \\ \Delta z \end{pmatrix} = \begin{pmatrix} x' + wy' & - & x \\ y' - wx' & - & y \\ z' & - & z \end{pmatrix} \quad .$$

Beschreibt $\boldsymbol{e} = (e_x, e_y, e_z)$ wie in (7.3) die Richtung der Schattenachse, dann kann $\Delta \boldsymbol{r}$ in einen Anteil $\Delta \boldsymbol{r}_\parallel$ parallel zu $\boldsymbol{e}$ und in einen Anteil $\Delta \boldsymbol{r}_\perp$ senkrecht zur Schattenachse zerlegt werden. Die Längen dieser beiden Stücke sind

$$\Delta r_\parallel = \Delta \boldsymbol{r} \cdot \boldsymbol{e} = \Delta x e_x + \Delta y e_y + \Delta z e_z$$

---

[1]Die Abplattung der Erde wird angesichts einiger weiterer Näherungen in diesem Abschnitt vernachlässigt.

und

$$\Delta r_\perp = \sqrt{(\Delta r)^2 - (\Delta r_\parallel)^2} \quad .$$

$\Delta r_\perp$ ist die Strecke, um die sich der Auftreffpunkt des Kernschattens in der Zeit Δt senkrecht zur Einfallsrichtung des Schattens weiterbewegt. Die Dauer τ der Totalität oder der ringförmigen Phase beträgt bei einem Durchmesser $|d|$ des Kernschattenkegels demnach

$$\tau = \frac{|d|}{\Delta r_\perp} \cdot \Delta t \quad .$$

7.5 Sonnen- und Mondkoordinaten

Eine wichtige Voraussetzung für die Berechnung von Sonnenfinsternissen sind natürlich genaue Koordinaten von Sonne und Mond. Um zum Beispiel die Zentrallinie der Finsternis auf etwa 10 km genau festlegen zu können, muß der Ort des Mondes in seiner Bahn mit einer vergleichbaren Genauigkeit bekannt sein. In einer mittleren Entfernung von 380 000 km entspricht dies einem Winkel von 5″. Ähnlich genau müssen auch die geozentrischen Sonnenkoordinaten bekannt sein. Diese Anforderungen werden von den bereits behandelten Prozeduren SUN200 und MOON sehr gut erfüllt. Auf die Grundlagen der darin verwendeten Störungsreihen soll hier nicht mehr näher eingegangen werden. Sie können in Kap. 5 und Kap. 6 noch einmal nachgeschlagen werden.

Für unsere Zwecke ist allerdings neben der hohen Genauigkeit auch eine ausreichende Schnelligkeit wünschenswert, weil man für die Berechnung des Finsternisverlaufs eine große Zahl von Sonnen- und Mondpositionen benötigt. Deshalb soll zunächst eine Tschebyscheff-Entwicklung der einzelnen Koordinaten berechnet werden. Darunter versteht man bestimmte Polynome, die die Sonnen- und Mondbahn über einen kurzen Zeitraum mit genügender Genauigkeit darstellen, aber wesentlich einfacher auszuwerten sind, als die vollständigen Reihenentwicklungen mit unbeschränkter Gültigkeit. Dieser Weg wurde bereits bei der Berechnung der Mondephemeride (Kap. 6) beschritten. Dort sind auch die Grundlagen der Tschebyscheff-Entwicklung und die zugehörigen Unterprogramme (T_EVAL, T_FIT_LBR, T_FIT_MOON) behandelt, mit denen der Leser bereits vertraut sein sollte.

Die Entwicklung der Mondkoordinaten erfordert lediglich einen Aufruf der Routine T_FIT_MOON. Voraussetzung ist allerdings die vorherige Definition eines entsprechenden Datentyps TPOLYNOM. Da sich eine Sonnenfinsternis immer nur über einige Stunden erstreckt, genügt es, bei der Entwicklung mit Polynomen der Ordnung acht zu arbeiten.

```
CONST MAX_TP_DEG = 8;                   (* Entwicklungsgrad der T-Polynome *)
TYPE  TPOLYNOM = RECORD                 (* Tschebyscheff-Polynom *)
                M  : INTEGER;                   (* Grad        *)
                A,B: REAL;                      (* Intervall   *)
                C  : ARRAY [0..MAX_TP_DEG] OF REAL;  (* Koeffizienten *)
                END;
```

```
VAR    T_BEGIN,T_END              : REAL;
       RAM_POLY,DEM_POLY,RM_POLY : TPOLYNOM;
...


(* Entwicklungen der Mondkoordinaten Rektaszension, Deklination      *)
(* und Radius nach Tschebyscheff-Polynomen (bis Ordnung MAX_TP_DEG=8) *)

T_FIT_MOON ( T_BEGIN,T_END, MAX_TP_DEG, RAM_POLY,DEM_POLY,RM_POLY );
...
```

Die Polynome für die Mondkoordinaten können später mit Hilfe des Unterprogramms T_EVAL ausgewertet werden.

Um auch die Sonnenkoordinaten entsprechend darstellen zu können, benötigen wir noch zwei kleine Unterprogramme. SUNEQU berechnet zu einer gegebenen Zeit die äquatorialen Koordinaten Rektaszension und Deklination der Sonne. Dabei werden auch zwei Korrekturen angebracht, die notwendig sind, um die Positionen von Sonne und Mond korrekt miteinander vergleichen zu können. Zum einen handelt es sich dabei um die Berücksichtigung der Lichtlaufzeit, die von der Sonne zur Erde etwa 8.32 Minuten beträgt. In dieser Zeit wandert die Sonne in ihrer Bahn rund 20″ weiter. Da der zu einer bestimmten Zeit t *beobachtete* Ort der Sonne dem geometrischen Ort zur früheren Zeit $t - 8^{\mathrm{m}}\!.32$ der Lichtaussendung entspricht, muß die Auswertung der Sonnenkoordinaten entsprechend vorverlegt werden. Beim Mond ist dieser Effekt bereits in die Brownsche Theorie der Mondbahn mit eingearbeitet und muß deshalb nicht gesondert behandelt werden. Desweiteren muß nach der Umwandlung der ekliptikalen Sonnenkoordinaten in äquatoriale Koordinaten die Nutation (vgl. Kap. 5.4.3) berücksichtigt werden. Die so korrigierte Rektaszension und Deklination gibt dann die Position der Sonne in einem Koordinatensystem wieder, das parallel zur aktuellen (und nicht zur mittleren) Lage der Erdachse und des Erdäquators orientiert ist. Für die Mondbahn wurde die Nutation bereits in entsprechender Weise in der Prozedur MOONEQU berücksichtigt.

```
(*----------------------------------------------------------------------*)
(* SUNEQU: aequatoriale Sonnenkoordinaten                               *)
(*         (Rektaszension RA und Deklination DEC in Grad, R in Erdradien) *)
(*         T in julian.Jahrhndt. seit J2000 ( T:= (JD - 2451545.0)/36525 ) *)
(*         Die Koord. beziehen sich auf das wahre Aequinoktium des Datums. *)
(*----------------------------------------------------------------------*)

PROCEDURE SUNEQU(T:REAL;VAR RA,DEC,R:REAL);

  VAR DT,L,B,X,Y,Z: REAL;

  BEGIN
    DT := (8.32/1440.0)/36525.0; (* Retardierung um 8.32 Minuten *)
    SUN200(T-DT,L,B,R);          (* geozentrische ekliptikale    *)
    CART(R,B,L,X,Y,Z);           (* Sonnenkoordinaten            *)
    ECLEQU(T,X,Y,Z);             (* aequatoriale Koordinaten     *)
    NUTEQU(T,X,Y,Z);             (* Nutationskorrektur           *)
    POLAR(X,Y,Z,R,DEC,RA);
  END;
```

```
(*----------------------------------------------------------------*)
(* T_FIT_SUN: Berechnet die Tschebyscheff-Entwicklung der          *)
(*            Koordinaten der Sonne (Reihen fuer RA,DEC und Radius).*)
(*                                                                 *)
(*      TA      : Beginn des Entwicklungsintervalls (jul.Jahrh. seit J2000) *)
(*      TB      : Ende des Entwicklungsintervalls ( TB < TA + 1 Monat )     *)
(*      N       : Ordnung der Entwicklung                          *)
(*      RA_POLY,DE_POLY,R_POLY: Tschebyscheff Polynome fuer RA,DEC,R *)
(*----------------------------------------------------------------*)
PROCEDURE T_FIT_SUN ( TA,TB: REAL; N: INTEGER;
                      VAR RA_POLY,DE_POLY,R_POLY: TPOLYNOM);
  BEGIN
    T_FIT_LBR (SUNEQU,TA,TB,N,RA_POLY,DE_POLY,R_POLY);
  END;
(*----------------------------------------------------------------*)
```

T_FIT_SUN wird wie T_FIT_MOON verwendet, um die Tschebyscheff-Entwicklung der Sonnenkoordinaten zu berechnen. Wegen der langsameren Bewegung der Sonne genügt hier allerdings ein niedrigerer Entwicklungsgrad.

7.6 Das Programm ECLIPSE

Das Programm ECLIPSE berechnet ausgehend vom Datum des nächstgelegenen Neumonds die Zentrallinie einer Sonnenfinsternis und die Dauer der totalen oder ringförmigen Phase.

Das Kernstück des Programms bildet das Unterprogramm INTSECT, in dem — ausgehend von den geozentrischen Koordinaten von Sonne und Mond — der Schnittpunkt der Schattenachse mit der Erdoberfläche bestimmt wird. Ferner werden die Durchmesser der beiden Schattenkegel in der Nähe der Erde berechnet, aus denen sich auch die jeweilige Phase der Finsternis ergibt. Das Unterprogramm CENTRAL rechnet die von INTSECT gelieferten äquatorialen Koordinaten des Kernschattens in geographische Koordinaten um und bestimmt zusätzlich die Dauer der Totalität.

Als Eingaben des Programms werden neben dem Neumonddatum auch die Differenz zwischen Welt- und Ephemeridenzeit und die Ausgabeschrittweite abgefragt. Der Wert ΔT=ET-UT ist allerdings nur für vergangene Zeitpunkte bekannt und kann ansonsten nur unzuverlässig geschätzt werden. Für Vorhersagen von Finsternissen wird deshalb normalerweise ET-UT=0 gesetzt. Die so berechneten Koordinaten eines Punktes der Zentrallinie unterscheiden sich durch einen Versatz der geographischen Länge von den korrekten Werten. Dieser Unterschied entspricht der Drehung der Erde während der kurzen Zeitspanne ΔT. Ist λ' die berechnete Länge, dann ergibt sich bei der hier gewählten Zählweise ($\lambda > 0$ nach Westen) die tatsächliche geographische Länge zu:

$$\lambda = \lambda' - 0°25/^m \cdot \Delta T \quad .$$

Bei dem gegenwärtigen Wert von $\Delta T \approx 1^m$ liegen die mit $\Delta T = 0$ vorhergesagten Koordinaten der Zentrallinie also um 1/4° zu weit westlich. Am Äquator entspricht dies einer Strecke von rund 28 km.

```
(*------------------------------------------------------------------------*)
(*                            ECLIPSE                                      *)
(*                  Berechnung von Sonnenfinsternissen                     *)
(*                       Version 03.12.1988                                *)
(*------------------------------------------------------------------------*)
PROGRAM ECLIPSE(INPUT,OUTPUT);

  CONST MAX_TP_DEG = 8;                   (* Entwicklungsgrad der T-Polynome *)
        H         = 1.14E-6;              (* 1h in jul.Jahrh. (1/(24*36525)) *)

  TYPE  REAL33     = ARRAY[1..3,1..3] OF REAL;
        TPOLYNOM = RECORD                          (* Tschebyscheff-Polynom *)
                     M : INTEGER;                  (* Grad           *)
                     A,B: REAL;                    (* Intervall      *)
                     C : ARRAY [0..MAX_TP_DEG] OF REAL;  (* Koeffizienten *)
                   END;
        PHASE_TYPE = ( NO_ECLIPSE, PARTIAL,
                       NON_CEN_ANN, NON_CEN_TOT, ANNULAR, TOTAL );

  VAR   T_BEGIN,T_END,T,DT,MJDUT          : REAL;
        ETDIFUT                           : REAL;
        LAMBDA,PHI,T_UMBRA                : REAL;
        RAM_POLY,DEM_POLY,RM_POLY         : TPOLYNOM;
        RAS_POLY,DES_POLY,RS_POLY         : TPOLYNOM;
        PHASE                             : PHASE_TYPE;

(*------------------------------------------------------------------------*)
(* An dieser Stelle sind folgende Unterprogramme in der angegebenen       *)
(* Reihenfolge einzugeben:                                                *)
(*    SN, CS, ASN, ATN, ATN2, CART, POLAR, GMS, T_EVAL, T_FIT_LBR         *)
(*    ECLEQU                                                              *)
(*    PMATEQU, PRECART, NUTEQU                                            *)
(*    MJD, CALDAT, LMST, ETMINUT                                         *)
(*    SUN200, SUNEQU, T_FIT_SUN                                          *)
(*    MOON, MOONEQU, T_FIT_MOON                                          *)
(*------------------------------------------------------------------------*)




(*------------------------------------------------------------------------*)
(* GET_INPUT: liefert Suchzeitraum, Schrittweite und ET-UT               *)
(*            (T_BEGIN,T_END,DT in jul.Jahrh. seit J2000 UT; ET-UT in sec) *)
(*------------------------------------------------------------------------*)

PROCEDURE GET_INPUT ( VAR T_BEGIN, T_END, DT, ETDIFUT: REAL );

  VAR D,M,Y    : INTEGER;
      UT,T,DTAB : REAL;
      VALID    : BOOLEAN;

  BEGIN

    WRITELN;
    WRITELN ('                      ECLIPSE: Sonnenfinsternisse       ');
    WRITELN ('                           Version 03.12.88            ');
    WRITELN ('               (c) 1988 Thomas Pfleger, Oliver Montenbruck ');
```

```
    WRITELN;
    WRITE   ('  Neumonddatum (TT MM JJJJ UT): '); READLN(D,M,Y,UT);
    WRITE   ('  Ausgabeschrittweite (min)   : '); READLN(DTAB);
    DT := (DTAB/1440.0)/36525.0;
    UT := TRUNC ( UT*60.0/DTAB + 0.5 ) * DTAB/60.0 ; (* Rundung auf 1 min *)
    T := (MJD(D,M,Y,UT)-51544.5)/36525.0;
    T_BEGIN := T-0.25/36525.0;   T_END := T+0.25/36525.0;
    ETMINUT ( T, ETDIFUT, VALID);
    WRITE   ('  Differenz ET-UT (sec)      : ');
    IF (VALID) THEN  WRITE (' (Vorschlag:',TRUNC(ETDIFUT+0.5):4,' sec) ');
    READLN(ETDIFUT);
    WRITELN;
    WRITELN ('      Datum      UT      phi     lambda   Dauer  Phase ');
    WRITELN;
    WRITELN ('                h m      o '',      o ''    min         ');

  END;


(*-----------------------------------------------------------------------*)
(* WRTOUT: formatierte Ausgabe                                           *)
(*-----------------------------------------------------------------------*)

PROCEDURE WRTOUT ( MJDUT,LAMBDA,PHI,T_UMBRA: REAL; PHASE: PHASE_TYPE );

  VAR DAY,MONTH,YEAR,H,M: INTEGER;
      HOUR,S            : REAL;

  BEGIN

    CALDAT ( MJDUT,DAY,MONTH,YEAR,HOUR );       (* Datum *)
    WRITE ( DAY:5,MONTH:3,YEAR:5);
    GMS(HOUR+0.5/60.0,H,M,S); WRITE (H:4,M:3); (* Zeit gerundet auf 1 min *)
    IF ( ORD(PHASE)<ORD(ANNULAR) )
      THEN
        WRITE('       -- --     -- --    ---')
      ELSE
        BEGIN
          GMS(PHI,H,M,S);    WRITE (H:9,M:3);
          GMS(LAMBDA,H,M,S); WRITE (H:7,M:3); WRITE (T_UMBRA:7:1);
        END;
    CASE PHASE OF
      NO_ECLIPSE : WRITE('    ----                    ');
      PARTIAL    : WRITE('    partiell                ');
      NON_CEN_ANN: WRITE('    ringfoermig (nicht zentral)');
      NON_CEN_TOT: WRITE('    total (nicht zentral)   ');
      ANNULAR    : WRITE('    ringfoermig             ');
      TOTAL      : WRITE('    total                   ');
    END;
    WRITELN;

  END;
```

```
(*------------------------------------------------------------------------*)
(* INTSECT: berechnet den Schnittpunkt der Schattenachse mit der Erde      *)
(*                                                                         *)
(*   RAM,DEM,RM,  aequatoriale Koordinaten von Mond und Sonne (Rektaszension *)
(*   RAS,DES,RS:  und Deklination in Grad; Entfernung in Erdradien)        *)
(*   X,Y,Z:       aequatoriale Koord. des Schattenpunktes (in Erdradien)   *)
(*   EX,EY,EZ:    Richtungsvektor der Schattenachse                        *)
(*   D_UMBRA:     Durchmesser des Kernschattens in Erdradien              *)
(*   PHASE:       Phase der Finsternis                                     *)
(*------------------------------------------------------------------------*)
PROCEDURE INTSECT ( RAM,DEM,RM, RAS,DES,RS: REAL;
                    VAR X,Y,Z, EX,EY,EZ, D_UMBRA: REAL;
                    VAR PHASE: PHASE_TYPE );

  CONST FAC = 0.996633;          (* Erdradius(pol) = fac * Erdradius(aequ) *)
        D_M =   0.5450;          (* Monddurchmesser   in Erdradien       *)
        D_S = 218.25;            (* Sonnendurchmesser in Erdradien       *)
  VAR XM,YM,ZM, XS,YS,ZS, XMS,YMS,ZMS, RMS: REAL;
      DELTA, RO, SO, S, D_PENUMBRA       : REAL;

  BEGIN

    CART(RM,DEM,RAM,XM,YM,ZM); ZM:=ZM/FAC;  (* Sonne und Mond Koordinaten; *)
    CART(RS,DES,RAS,XS,YS,ZS); ZS:=ZS/FAC;  (* z-Koordinaten gestreckt    *)
    XMS:=XM-XS;  YMS:=YM-YS;  ZMS:=ZM-ZS;   (* Vektor,                    *)
    RMS := SQRT(XMS*XMS+YMS*YMS+ZMS*ZMS);   (* Abstand und                *)
    EX:=XMS/RMS;  EY:=YMS/RMS;  EZ:=ZMS/RMS;(* Richtungsvektor Sonne->Mond *)

    SO := -( XM*EX + YM*EY + ZM*EZ ); (* Entfernung Mond-Fundamentalebene *)
    DELTA := SO*SO+1.0-XM*XM-YM*YM-ZM*ZM;
    RO := SQRT(1.0-DELTA);            (* Entfernung Erdmitte-Schattenachse *)

    D_UMBRA    := (D_S-D_M)*SO/RMS-D_M; (* Kern- und Halbschatten-Durchm. *)
    D_PENUMBRA := (D_S+D_M)*SO/RMS+D_M; (* auf der Fundamentalebene       *)

    (* Phase bestimmen und eventuell Schattenkoordinaten berechnen        *)
    IF ( RO < 1.0 )
      THEN                          (* Schattenachse schneidet die Erde    *)
        BEGIN                       (* -> totale oder ringfoermige Finsternis *)
          S := SO-SQRT(DELTA);
          D_UMBRA := (D_S-D_M)*(S/RMS)-D_M;   (* Durchmesser auf der Erde *)
          X:=XM+S*EX;  Y:=YM+S*EY; Z:=ZM+S*EZ;
          Z:=Z*FAC;                     (* z-Koordinate stauchen    *)
          IF D_UMBRA>O THEN PHASE:=ANNULAR ELSE PHASE:=TOTAL;
        END
      ELSE
        IF ( RO < 1.0+0.5*ABS(D_UMBRA) )
          THEN                               (* nichtzentrale Finsternis *)
            IF D_UMBRA>O THEN PHASE:=NON_CEN_ANN ELSE PHASE:=NON_CEN_TOT
          ELSE
            IF ( RO < 1.0+0.5*D_PENUMBRA)
              THEN PHASE := PARTIAL          (* partielle Finsternis   *)
              ELSE PHASE := NO_ECLIPSE;      (* keine Finsternis       *)

  END;
```

```
(*--------------------------------------------------------------------*)
(* CENTRAL: Zentrallinie, Phase und Dauer der Finsternis              *)
(*                                                                    *)
(*   T_UT:        Zeitpunkt in julianischen Jahrhunderten seit J2000 UT *)
(*   ETDIFUT:     Differenz Ephemeridenzeit(ET)-Weltzeit(UT) (in sec)  *)
(*   RAM_POLY,DEM_POLY,RM_POLY, RAS_POLY,DES_POLY,RS_POLY:             *)
(*                Tschebyscheff-Polynome fuer Koordinaten von Mond und Sonne *)
(*   LAMBDA, PHI: geographische Laenge und Breite der Schattenmitte (in Grad)*)
(*   T_UMBRA:     Dauer der totalen/ringfoermigen Finsternis (in min)  *)
(*   PHASE:       Phase der Finsternis                                 *)
(*--------------------------------------------------------------------*)

PROCEDURE CENTRAL ( T_UT, ETDIFUT           : REAL;
                    RAM_POLY,DEM_POLY,RM_POLY: TPOLYNOM;
                    RAS_POLY,DES_POLY,RS_POLY: TPOLYNOM;
                    VAR LAMBDA,PHI,T_UMBRA   : REAL;
                    VAR PHASE                : PHASE_TYPE );

  CONST AE    = 23454.78;       (* 1AE in Erdradien (149597870km/6378.14km) *)
        DT    = 0.1;            (* kleines Zeitintervall; dt = 0.1 min      *)
        MPC   = 52596000.0;     (* Minuten pro julian.Jahrhdt. (1440*36525) *)
        OMEGA = 4.3755E-3;      (* Winkelgeschwindigkeit der Erde (rad/min) *)

  VAR RAM,DEM,RM, RAS,DES,RS, RA,DEC,R, DX,DY,DZ,D, MJDUT   : REAL;
      T,X,Y,Z,EX,EY,EZ,D_UMBRA, XX,YY,ZZ,EXX,EYY,EZZ,DU, W  : REAL;
      PH                                               : PHASE_TYPE;

  (* Sonne und Mondkoordinaten aus Tschebyscheff-Polynomen berechnen *)
  PROCEDURE POSITION ( T: REAL; VAR RAM,DEM,RM, RAS,DES,RS : REAL );
    BEGIN
      RAM:=T_EVAL(RAM_POLY,T); RAS:=T_EVAL(RAS_POLY,T);
      DEM:=T_EVAL(DEM_POLY,T); DES:=T_EVAL(DES_POLY,T);
      RM :=T_EVAL(RM_POLY,T);  RS :=T_EVAL(RS_POLY,T);  RS:=RS*AE;
    END;

BEGIN

  (* jul.Jahrh. seit J2000 ET  *)
  T := T_UT + ETDIFUT/(86400.0*36525.0);

  (* Phase und evtl. Koordinaten des Kernschattenpunkts zur Zeit T *)
  POSITION ( T, RAM,DEM,RM, RAS,DES,RS );
  INTSECT ( RAM,DEM,RM, RAS,DES,RS, X,Y,Z,EX,EY,EZ, D_UMBRA,PHASE );

  (* bei zentraler Phase:  geogr. Koord. und Totalitaetsdauer berechnen *)
  IF ( ORD(PHASE) < ORD(ANNULAR) )
    THEN BEGIN LAMBDA:=0.0; PHI:=0.0; T_UMBRA:=0.0; END
    ELSE
      BEGIN
        (* geographische Koordinaten: *)
        MJDUT := 36525.0*T_UT + 51544.5;
        POLAR ( X,Y,Z, R,DEC,RA );
        PHI    := DEC + 0.1924*SN(2.0*DEC);
        LAMBDA := 15.0*LMST(MJDUT,0.0)-RA;
```

```
          IF LAMBDA>+180.0 THEN LAMBDA:=LAMBDA-360.0;
          IF LAMBDA<-180.0 THEN LAMBDA:=LAMBDA+360.0;
          (* Totalitaetsdauer fuer den aktuellen Ort des Kernschattens: *)
          (* (a) Schattenkoordinaten zur Zeit T+DT (oder T-DT)          *)
          POSITION ( T+DT/MPC, RAM,DEM,RM, RAS,DES,RS ); W:=+DT*OMEGA;
          INTSECT ( RAM,DEM,RM, RAS,DES,RS, XX,YY,ZZ,EXX,EYY,EZZ, DU, PH );
          IF (ORD(PH)<ORD(ANNULAR)) THEN
            BEGIN
              POSITION ( T-DT/MPC, RAM,DEM,RM,RAS,DES,RS); W:=-DT*OMEGA;
              INTSECT ( RAM,DEM,RM,RAS,DES,RS, XX,YY,ZZ,EXX,EYY,EZZ, DU,PH );
            END;
          (* (b) Verschiebung DX,DY,DZ des Schattens auf der Erde *)
          (*      und Anteil D senkrecht zur Schattenachse        *)
          DX := XX-X+W*Y;   DY := YY-Y-W*X;   DZ := ZZ-Z;
          D  := SQRT( DX*DX+DY*DY+DZ*DZ -
                      (DX*EX+DY*EY+DZ*EZ)*(DX*EX+DY*EY+DZ*EZ) );
          T_UMBRA := DT * ABS(D_UMBRA) / D;
        END;

  END;


(*-------------------------------------------------------------------------------*)


BEGIN (* Hauptprogramm *)

  (* Suchintervall einlesen *)
  GET_INPUT ( T_BEGIN,T_END, DT, ETDIFUT );

  (* Entwicklungen *)
  T_FIT_MOON (T_BEGIN-H,T_END+H,8,RAM_POLY,DEM_POLY,RM_POLY);
  T_FIT_SUN  (T_BEGIN-H,T_END+H,3,RAS_POLY,DES_POLY,RS_POLY);

  (* punktweise Phase der Finsternis und Zentrallinie berechnen *)

  T := T_BEGIN;

  REPEAT

    CENTRAL ( T,ETDIFUT,
              RAM_POLY,DEM_POLY,RM_POLY, RAS_POLY,DES_POLY,RS_POLY,
              LAMBDA, PHI, T_UMBRA, PHASE );

    IF PHASE<>NO_ECLIPSE THEN
      BEGIN
        MJDUT := 36525.0*T + 51544.5;
        WRTOUT ( MJDUT, LAMBDA, PHI, T_UMBRA, PHASE );
      END;

    T := T+DT;

  UNTIL (T > T_END);

END.

(*-------------------------------------------------------------------------------*)
```

Als Beispiel wollen wir den Verlauf einer totalen Sonnenfinsternis berechnen lassen, die 1999 von Süddeutschland aus zu sehen sein wird. Die Zentrallinie dieser Finsternis verläuft in unmittelbarer Nähe der Städte Stuttgart und München. Zunächst rufen wir dazu NEWMOON auf, um die Neumondzeiten des Jahres 1999 zu bestimmen. Anhand der ekliptikalen Breite des Mondes lassen sich dann die verschiedenen Finsternistermine erkennen. Eine Faustformel besagt, daß das Auftreten einer totalen oder ringförmigen Finsternis bei einer Breite des Mondes von weniger als einem Grad möglich ist. Partielle Finsternisse können noch auftreten, wenn die Breite 1.5 nicht überschreitet.

```
NEWMOON: Neumondzeiten und ekliptikale Breite des Mondes
                    Version 12.11.88
        (c) 1988 Thomas Pfleger,Oliver Montenbruck


Neumonddaten fuer das Jahr   1999


        Datum      UT      Breite


                    h        o
        17  1 1999  15.8     2.2
        16  2 1999   6.7    -0.5
        17  3 1999  18.7    -3.0
        16  4 1999   4.2    -4.6
        15  5 1999  12.0    -5.0
        13  6 1999  19.2    -4.0
        13  7 1999   2.6    -2.1
        11  8 1999  11.2     0.4
         9  9 1999  22.0     2.9
         9 10 1999  11.7     4.6
         8 11 1999   4.0     5.0
         7 12 1999  22.6     3.9
```

Am 16. Februar und am 11. August dieses Jahres ist die ekliptikale Breite des Mondes bei Neumond auffallend klein, so daß hier Finsternisse stattfinden werden. Wie eine genauere Untersuchung mit ECLIPSE zeigt, ergeben sich folgende Sichtbarkeitsgebiete:

16.02.1999: Südlicher Indischer Ozean, Prince Edward Islands, Iles Crozet, Australien (ringförmig)

11.08.1999: Nordatlantik, Südliches Großbritannien, Mitteleuropa, Naher Osten, Indien (total)

Der Verlauf der totalen Finsternis vom 11. August 1999 soll nun mit ECLIPSE bestimmt werden. Dazu geben wir das bereits bestimmte Neumonddatum, die gewünschte Schrittweite in Minuten sowie einen Wert für die Differenz „Ephemeridenzeit−Weltzeit" ein. Die Approximation von ΔT=ET-UT, die im Unterprogramm ETMINUT berechnet wird, kann allerdings nur zwischen 1900 und 1985 einen geeigneten Vorschlag liefern. Für die gesuchte Finsternis geben wir deshalb einen Schätzwert von 60^s ein. Diese und die übrigen Eingaben sind im folgenden kursiv dargestellt. Im folgenden Ausdruck sind einige Werte zur Zeit der partiellen Phase nicht aufgeführt, um die Ausgabe nicht unnötig zu verlängern.

ECLIPSE: Sonnenfinsternisse
Version 03.12.88
(c) 1988 Thomas Pfleger, Oliver Montenbruck

Neumonddatum (TT MM JJJJ UT):   *11 8 1999 11.2*
Ausgabeschrittweite (min)   :   *3.0*
Differenz ET-UT (sec)   :   *60.0*

Datum	UT	phi	lambda	Dauer	Phase
	h m	o '	o '	min	
11 8 1999	8 27	-- --	-- --	---	partiell
11 8 1999	8 30	-- --	-- --	---	partiell
. . .	. .	.	.	.	.
. . .	. .	.	.	.	.
. . .	. .	.	.	.	.
11 8 1999	9 24	-- --	-- --	---	partiell
11 8 1999	9 27	-- --	-- --	---	partiell
11 8 1999	9 30	-- --	-- --	---	total (nicht zentral)
11 8 1999	9 33	44 51	50 36	1.1	total
11 8 1999	9 36	46 23	43 47	1.2	total
11 8 1999	9 39	47 24	38 36	1.4	total
11 8 1999	9 42	48 9	34 14	1.5	total
11 8 1999	9 45	48 44	30 22	1.5	total
11 8 1999	9 48	49 11	26 52	1.6	total
11 8 1999	9 51	49 32	23 37	1.7	total
11 8 1999	9 54	49 47	20 36	1.8	total
11 8 1999	9 57	49 59	17 44	1.8	total
11 8 1999	10 0	50 7	15 2	1.9	total
11 8 1999	10 3	50 11	12 27	1.9	total
11 8 1999	10 6	50 13	9 59	2.0	total
11 8 1999	10 9	50 12	7 38	2.1	total
11 8 1999	10 12	50 9	5 21	2.1	total
11 8 1999	10 15	50 3	3 10	2.1	total
11 8 1999	10 18	49 56	1 3	2.2	total
11 8 1999	10 21	49 46	0-58	2.2	total
11 8 1999	10 24	49 35	-2 56	2.3	total
11 8 1999	10 27	49 22	-4 51	2.3	total
11 8 1999	10 30	49 7	-6 43	2.3	total
11 8 1999	10 33	48 52	-8 31	2.3	total
11 8 1999	10 36	48 34	-10 16	2.4	total
11 8 1999	10 39	48 16	-11 58	2.4	total
11 8 1999	10 42	47 56	-13 38	2.4	total
11 8 1999	10 45	47 35	-15 15	2.4	total
11 8 1999	10 48	47 12	-16 50	2.4	total
11 8 1999	10 51	46 49	-18 22	2.4	total
11 8 1999	10 54	46 25	-19 53	2.4	total
11 8 1999	10 57	45 59	-21 21	2.4	total
11 8 1999	11 0	45 33	-22 48	2.5	total
11 8 1999	11 3	45 6	-24 14	2.4	total
11 8 1999	11 6	44 37	-25 38	2.4	total
11 8 1999	11 9	44 8	-27 0	2.4	total
11 8 1999	11 12	43 38	-28 22	2.4	total

11	8	1999	11 15	43 7	−29 42	2.4	total
11	8	1999	11 18	42 35	−31 1	2.4	total
11	8	1999	11 21	42 2	−32 20	2.4	total
11	8	1999	11 24	41 29	−33 38	2.4	total
11	8	1999	11 27	40 54	−34 56	2.3	total
11	8	1999	11 30	40 19	−36 13	2.3	total
11	8	1999	11 33	39 42	−37 30	2.3	total
11	8	1999	11 36	39 5	−38 48	2.3	total
11	8	1999	11 39	38 27	−40 5	2.2	total
11	8	1999	11 42	37 47	−41 23	2.2	total
11	8	1999	11 45	37 7	−42 42	2.1	total
11	8	1999	11 48	36 26	−44 2	2.1	total
11	8	1999	11 51	35 43	−45 23	2.1	total
11	8	1999	11 54	34 59	−46 46	2.0	total
11	8	1999	11 57	34 14	−48 10	2.0	total
11	8	1999	12 0	33 28	−49 38	1.9	total
11	8	1999	12 3	32 40	−51 8	1.9	total
11	8	1999	12 6	31 50	−52 41	1.8	total
11	8	1999	12 9	30 58	−54 20	1.7	total
11	8	1999	12 12	30 4	−56 3	1.7	total
11	8	1999	12 15	29 8	−57 54	1.6	total
11	8	1999	12 18	28 8	−59 53	1.5	total
11	8	1999	12 21	27 4	−62 4	1.5	total
11	8	1999	12 24	25 55	−64 31	1.4	total
11	8	1999	12 27	24 39	−67 19	1.3	total
11	8	1999	12 30	23 12	−70 44	1.2	total
11	8	1999	12 33	21 24	−75 20	1.0	total
11	8	1999	12 36	-- --	-- --	---	total (nicht zentral)
11	8	1999	12 39	-- --	-- --	---	partiell
11	8	1999	12 42	-- --	-- --	---	partiell
.	.	.	. .	.	.	.	.
.	.	.	. .	.	.	.	.
.	.	.	. .	.	.	.	.
11	8	1999	13 36	-- --	-- --	---	partiell
11	8	1999	13 39	-- --	-- --	---	partiell

Wenn die Phase der Finsternis total, aber nicht zentral ist, fällt die Achse des Kernschattenkegels an der Erde vorbei. Es existiert aber dennoch ein Gebiet auf der Erde, das vom Kernschattenkegel geschnitten wird. Dies ist meist zu Beginn und am Ende einer Finsternis der Fall. Sehr selten finden auch Finsternisse statt, die zwar total oder ringförmig, aber nirgends zentral erscheinen, da der Schattenkegel des Mondes die Erde nur tangential streift. Finsternisse dieser Art lohnen die Beobachtung wegen ihrer kurzen Dauer nicht und finden zudem meist in hohen geographischen Breiten statt.

8. Sternbedeckungen

Während eines Tages durchwandert der Mond ein rund 13° langes Stück seiner Bahn, die ihn von West nach Ost über den Himmel führt. Diese Bewegung läßt sich am besten verfolgen, wenn die Mondbahn in der Nähe hellerer Sterne vorbeiführt. Besonders augenfällig wird sie bei einer Sternbedeckung, bei der ein Stern plötzlich hinter dem östlichen Mondrand verschwindet und erst nach einer ganzen Weile auf der gegenüberliegenden Seite wieder zum Vorschein kommt. Insgesamt gibt es rund tausend mit freiem Auge sichtbare Sterne, die vom Mond bedeckt werden können. Sie liegen alle in einem schmalen Band nördlich und südlich der Ekliptik, von der sie nicht mehr als 8° entfernt sind.

Eine Sternbedeckung ähnelt in mancher Hinsicht einer Sonnenfinsternis. Im parallelen Licht der sehr weit entfernten Sterne läuft der Mondschatten jedoch nicht kegelförmig zusammen, sondern hat überall den gleichen Durchmesser. Ebenso gibt es keine Unterscheidung zwischen Kern- und Halbschatten. Der Schatten, den der Mond im Licht eines Sterns wirft, ist so groß wie der Mond selbst (1/4 Erddurchmesser) und kann die Erde deshalb nie völlig abdecken. Dementsprechend läßt sich eine bestimmte Sternbedeckung immer nur von Teilen der Erde aus beobachten.

Durch das Fehlen einer Atmosphäre um den Mond wird der Stern vom Mond nicht allmählich, sondern schlagartig verdeckt und ebenso schlagartig wieder freigegeben. Die Ein- und Austrittszeiten lassen sich daher gut messen und erlauben so präzise Rückschlüsse auf die Position des Mondes. Die Beobachtung von Sternbedeckungen lieferte deshalb lange Zeit wichtige Informationen zur Verbesserung unseres Wissens über die Mondbewegung und die Drehung der Erde.

Für die Beobachtungsplanung werden die wichtigsten Daten von Sternbedeckungen in verschiedenen astronomischen Jahrbüchern und Zeitschriften veröffentlicht. Die Angaben beziehen sich dabei immer nur auf ausgewählte, zentral gelegene Orte. Mit Hilfe der sogenannten Stationskoeffizienten können die Ein- und Austrittszeiten aber auf beliebige andere Beobachtungsstationen umgerechnet werden. Die Berechnung solcher Vorhersagedaten erfordert im allgemeinen keine allzu hohe Genaugkeit, so daß einzelne Vereinfachungen gegenüber einer strengen Rechnung erlaubt sind. Beispielsweise kann das unregelmäßige Profil des Mondrands unberücksichtigt bleiben. Aufwendig wird die Vorhersage von Sternbedeckungen allerdings dadurch, daß zunächst für eine sehr große Anzahl von Sternen überprüft werden muß, ob eine Bedeckung in einem vorgegebenen Zeitraum überhaupt stattfindet.

Das Programm OCCULT berechnet mögliche Bedeckungen für eine beliebige Auswahl von Sternen in Abschnitten von zehn Tagen. Innerhalb dieser Zeit-

Tabelle 8.1. Koordinaten und Eigenbewegungen in 100 Jahren (EB) für verschiedene Plejadensterne. Auszug aus dem Zodiakalkatalog

Nr.	Rektaszension (1950)	EB	Deklination (1950)	EB	Bemerkungen
	h m s	s	o ′ ″	″	
536	3 41 49.540	+0.110	+24 8 1.58	-4.26	*Celaeno*
537	3 41 54.063	+0.144	+23 57 27.90	-4.16	*Electra*
539	3 42 13.603	+0.171	+24 18 43.07	-4.20	*Taygeta*
541	3 42 50.749	+0.127	+24 12 46.74	-4.78	*Maia*
542	3 42 55.387	+0.100	+24 23 59.69	-4.91	*Asterope*
545	3 43 21.195	+0.145	+23 47 38.98	-4.34	*Merope*
552	3 44 30.427	+0.144	+23 57 7.52	-4.47	*Alcyone*
560	3 46 11.022	+0.111	+23 54 7.41	-4.71	*Atlas*
561	3 46 12.393	+0.114	+23 59 7.18	-5.53	*Pleione*

spanne, die einem Drittel eines Mondumlaufs entspricht, ist maximal eine Begegnung des Monds mit einem bestimmten Stern möglich. Der kleinste gegenseitige Abstand ist ungefähr dann erreicht, wenn die geozentrische Rektaszension des Mondes den gleichen Wert hat wie die Rektaszension des Sterns. Wann dies der Fall ist, läßt sich mit einer einfachen Iteration bestimmen. Stellt man dabei fest, daß die Deklinationsdifferenz ebenfalls nicht allzu groß ist, dann ist eine Sternbedeckung wenigstens für einen Teil der Erde möglich. Anschließend kann man die Bewegung des Mondschattens um den Zeitpunkt der Konjunktion herum im einzelnen untersuchen und so feststellen, ob es auch für den vorgegebenen Beobachtungsort zu einer Bedeckung kommt.

8.1 Scheinbare Sternkoordinaten

Die Koordinaten eines Sterns, für den man eine Bedeckung berechnen möchte, kann man in einer Reihe von Katalogen nachschlagen. Beispiele hierfür sind der SAO-Katalog des Smithonian Astrophysical Observatory oder der Zodiakalkatalog (Catalog of 3539 Zodiacal Stars for the Equinox 1950.0), der speziell für die Auswertung von Sternbedeckungen aufgestellt wurde. Ein kleiner Auszug des Zodiakalkatalogs mit den wichtigsten Daten verschiedener Plejadensterne ist in Tabelle 8.1 wiedergegeben. Neben der Rektaszension und Deklination für die Epoche 1950 ist auch die jeweilige Eigenbewegung der Sterne in hundert Jahren aufgeführt. Wie man sieht, führt die räumliche Bewegung der Sterne gegenüber dem Sonnensystem im Lauf der Zeit zu durchaus merklichen Änderungen ihrer Koordinaten. Es empfiehlt sich deshalb, die Positionen zunächst mit Hilfe der Angaben über die Eigenbewegung auf den ungefähren Zeitpunkt der Sternbedeckung umzurechnen.

Die Positionen in den genannten Katalogen können jedoch auch nach dieser Korrektur nicht unmittelbar für die Berechnung von Sternbedeckungen verwendet werden. Für den Vergleich mit der Mondbahn benötigt man die sogenannten *scheinbaren* Koordinaten (apparent places) des betrachteten Sterns. Diese beziehen sich auf die durch Präzession und Nutation bestimmte aktuelle Lage von Frühlingspunkt und Himmelsäquator, also auf das wahre Äquinoktium des Datums. Das Koordinatensystem ist dabei immer parallel zur momentanen Rotationsachse der Erde ausgerichtet. Demgegenüber beziehen sich die Positionen der verschiedenen Sternverzeichnisse auf ein Koordinatensystem, das in Richtung des mittleren Äquators und Frühlingspunktes einer festen Epoche ausgerichtet ist. In vielen Fällen wird noch das Jahr 1950 als Epoche und Äquinoktium verwendet, es gibt aber bereits einzelne Kataloge, denen das 1984 eingeführte Äquinoktium 2000 zugrunde liegt.

Die Präzession, die die mittlere langfristige Wanderung des Frühlingspunktes beschreibt, kann über die Gleichungen (2.10) und (2.11) berechnet werden. Mit Hilfe der Unterprogramme PMATEQU und PRECART lassen sich die Sternkoordinaten vom mittleren Äquinoktium der Katalogepoche ins mittlere Äquinoktium des jeweiligen Datums transformieren. Durch die wechselnden Anziehungskräfte von Sonne und Mond ist der Präzession der Erdachse eine zusätzliche periodische Schwankung — die Nutation — überlagert. Sie wird durch die beiden Winkel $\Delta\varepsilon$ und $\Delta\psi$ beschrieben, die maximal 9″ bzw. 17″ betragen (vgl. (5.16)). Um Werte dieser Größenordnung unterscheiden sich auch die mittleren Koordinaten des Sterns von seinen wahren Koordinaten. Zur gegenseitigen Umrechnung dient Gleichung (5.17). Die Routinen PMATEQU und NUTEQU lassen sich zu einem gemeinsamen Unterprogramm kombinieren. PN_MATRIX liefert eine Matrix, mit der die Sternkoordinaten vom mittleren Äquinoktium des Katalogs direkt ins wahre Äquinoktium des Datums übertragen werden können. Diese Matrix ist als Feld des Typs REAL33 definiert, der einmal zu Programmbeginn vereinbart werden muß:

```
TYPE REAL33 = ARRAY[1..3,1..3] OF REAL;

(*-------------------------------------------------------------------*)
(* PN_MATRIX: Matrix fuer Praezession+Nutation vom mittleren Aequinoktium TO *)
(*            ins wahre Aequinoktium T.                                *)
(*            ( TO,T in julian.Jahrh. seit J2000; T=(JD-2451545.0)/36525 )  *)
(*-------------------------------------------------------------------*)
PROCEDURE PN_MATRIX ( TO,T:REAL; VAR A: REAL33 );
  BEGIN
    PMATEQU(TO,T,A);                    (* Praezessionsmatrix TO->T     *)
    NUTEQU(T,A[1,1],A[2,1],A[3,1]);
    NUTEQU(T,A[1,2],A[2,2],A[3,2]);    (* Nutations-Transformation der *)
    NUTEQU(T,A[1,3],A[2,3],A[3,3]);    (* drei Spaltenvektoren von A    *)
  END;
(*-------------------------------------------------------------------*)
```

Die Anwendung entspricht im wesentlichen der von PMATEQU und soll an einem kurzen Beispiel erläutert werden:

```
VAR RA,DEC,R,X,Y,Z,TEQX,T: REAL;
    A                    : REAL33;
    ...
```

```
TEQX := -0.5;                    (* Katalogaequinoktium 1950             *)
READ (RA,DEC);                   (* Rektaszension und Deklination in Grad *)
READ (T);                        (* Datum in julian.Jahrhund. seit J2000 *)
PN_MATRIX ( TEQX, T, A );        (* Matrix berechnen                     *)

CART ( 1.0, DEC,RA, X,Y,Z );    (* kartesische Sternkoordinaten         *)
PRECART ( A , X,Y,Z );           (* multiplizieren mit Matrix            *)
POLAR( X,Y,Z, R,DEC,RA );        (* neue Polarkoordinaten RA und DEC     *)
WRITELN ( RA, DEC );
```

Eine weitere notwendige Korrektur der Sternkoordinaten betrifft die *Aberration*, die durch die endliche Lichtgeschwindigkeit verursacht wird. Ein Beobachter, der sich mit der Erde um die Sonne bewegt, sieht das Licht des Sterns aus einer etwas anderen Richtung einfallen als ein relativ zur Sonne ruhender Beobachter. Die beobachtete Sternposition läßt sich ausreichend genau bestimmen, indem man zum Vektor $e = (x, y, z)$ der rechtwinkeligen Sternkoordinaten das Verhältnis $v_\oplus/c$ von Erdgeschwindigkeit und Lichtgeschwindigkeit addiert. Aus den so korrigierten kartesischen Koordinaten folgen dann die Rektaszension und Deklination des Sterns unter Berücksichtigung der Aberration. Unter der vereinfachenden Annahme, daß die Erde sich auf einer Kreisbahn um die Sonne bewegt, erhält man die Geschwindigkeit der Erde (ausgedrückt in äquatorialen Koordinaten) über die Gleichungen

$$
\begin{aligned}
v_{\oplus x}/c &= -0.994 \cdot 10^{-4} \cdot \sin(L) \\
v_{\oplus y}/c &= +0.912 \cdot 10^{-4} \cdot \cos(L) \\
v_{\oplus z}/c &= +0.395 \cdot 10^{-4} \cdot \cos(L) \quad ,
\end{aligned}
\tag{8.1}
$$

in denen

$$
L = 2\pi \cdot (0.27908 + 100.00214T)
$$

die heliozentrische Länge der Erde (im Bogenmaß) bezeichnet. T gibt wie gewohnt die Anzahl julianischer Jahrhunderte seit der Epoche J2000 an.

```
(*----------------------------------------------------------------------*)
(* ABERRAT: Geschwindigkeitsvektor der Erde                             *)
(*          (aequatorial, in Einheiten der Lichtgeschwindigkeit)        *)
(*----------------------------------------------------------------------*)
PROCEDURE ABERRAT(T: REAL; VAR VX,VY,VZ: REAL);
  CONST P2=6.283185307;
  VAR L,CL: REAL;
  FUNCTION FRAC(X:REAL):REAL;
    BEGIN X:=X-TRUNC(X); IF (X<0) THEN X:=X+1; FRAC:=X  END;
  BEGIN
    L := P2*FRAC(0.27908+100.00214*T);  CL:=COS(L);
    VX := -0.994E-4*SIN(L); VY := +0.912E-4*CL; VZ := +0.395E-4*CL;
  END;
(*----------------------------------------------------------------------*)
```

Die vollständige Korrektur der aus einem Sternkatalog entnommenen Koordinaten unter Berücksichtigung der Präzession, der Nutation und der Aberration kann damit wie im folgenden Beispiel programmiert werden:

```
VAR RA,DEC,R, X,Y,Z, VX,VY,VZ, TEQX,T: REAL;
    A                         : REAL33;
...

TEQX := -0.5;                 (* Aequin. 1950 in jul. Jhdt. seit J2000 *)
READ (RA,DEC);                (* Rektaszension und Deklination aus Ka- *)
                             (* talog zum mittleren Aequinoktium 1950 *)
READ (T);                     (* Datum in julian.Jahrhund. seit J2000  *)
PN_MATRIX ( TEQX, T, A );     (* Matrix fuer Praez.+Nutation berechnen *)
ABERRAT ( T, VX,VY,VZ );      (* Geschwindigkeit der Erde              *)
CART ( 1.0, DEC,RA, X,Y,Z );  (* kartesische Sternkoordinaten          *)
PRECART ( A , X,Y,Z );        (* multiplizieren mit Praez.-Nut.-Matrix *)
X:=X+VX; Y:=Y+VY; Z:= Z+VZ;   (* Aberration                            *)
POLAR( X,Y,Z, R,DEC,RA );     (* scheinbare Koordinaten RA und DEC     *)
WRITELN ( RA, DEC );
```

8.2 Die geozentrische Konjunktion

Für die Vorhersage von Sternbedeckungen müssen aus einer großen Zahl eklip-
tiknaher Sterne diejenigen ausgewählt werden, die in einem vorgegebenen Zeitraum vom Mond bedeckt werden können. Zu diesem Zweck kann man zunächst
für jeden Stern den Zeitpunkt bestimmen, in dem seine Rektaszension α_* mit
der geozentrischen Rektaszension α_M des Mondes übereinstimmt. Ein Vergleich
der Deklinationen von Mond und Stern zum Zeitpunkt dieser Konjunktion läßt
dann erkennen, ob der Stern zumindest für einen Teil der Erde bedeckt wird.
Der Zeitpunkt der Konjunktion bildet darüber hinaus den Ausgangspunkt für
die genaue Berechnung möglicher Bedeckungen, die in den späteren Abschnitten
behandelt wird.

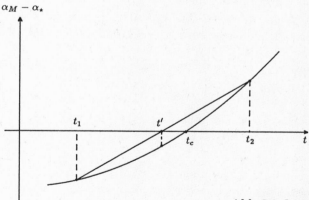

Abb. 8.1. Iteration der Konjunktionszeit

Zwischen zwei Zeitpunkten t_1 und t_2 variiert die Rektaszension des Mondes
zwischen $\alpha_M(t_1)$ und $\alpha_M(t_2)$. Liegt die Rektaszension α_* eines Sterns zwischen
diesen beiden Werten, dann kann man die Konjunktionszeit t_c durch eine li-
neare Interpolation bestimmen (Abb. 8.1). Da die Rektaszension des Mondes

sehr gleichmäßig anwächst, gilt in guter Näherung

$$t_c \approx t' = t_2 - (\alpha_M(t_2) - \alpha_\star) \cdot \frac{t_2 - t_1}{\alpha_M(t_2) - \alpha_M(t_1)} \quad .$$

Je nachdem, ob die Rektaszension des Mondes zur Zeit t' größer oder kleiner als die des Sterns ist, ersetzt man nun t_1 oder t_2 durch t'. Es gilt dann wieder

$$\alpha_M(t_1) \leq \alpha_\star \leq \alpha_M(t_2) \quad ,$$

so daß man die Konjunktionszeit auf die gleiche Weise weiter verbessern kann. Wegen der gleichförmigen Bewegung des Mondes führt dieses als *regula falsi* bezeichnete Verfahren schnell und sicher zum gewünschten Ergebnis.

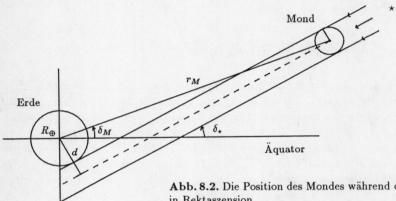

Abb. 8.2. Die Position des Mondes während der Konjunktion in Rektaszension

Ausgehend von den Mondkoordinaten zur Konjunktionszeit läßt sich nun die Möglichkeit einer Sternbedeckung überprüfen. Wie man aus Abb. 8.2 entnehmen kann, trifft der vom Mond erzeugte Schatten die Erde nur, wenn sich die Deklination des Mondes nicht allzu sehr von der des Sterns unterscheidet. Die Entfernung d der Schattenachse vom Erdmittelpunkt darf dabei nicht größer sein, als die Summe aus Mondradius R_M und Erdradius $R_\oplus$:

$$d < R_\oplus + R_M \approx 1.3 R_\oplus \quad .$$

Während der Konjunktion in Rektaszension muß dazu die Bedingung

$$d(t_c) = r_M \cdot |\sin(\delta_M - \delta_\star)| < R_\oplus + R_M \approx 1.3 R_\oplus$$

erfüllt sein. Aufgrund der Neigung der Mondbahn gegen den Himmelsäquator kann $d(t_c)$ allerdings um bis zu 0.2 Erdradien größer sein, als der kleinste erreichte Abstand des Mondschattens vom Erdmittelpunkt. Zur Auswahl möglicher Sternbedeckungen wird deshalb im folgenden die Unterscheidung

$$r_M \cdot |\sin(\delta_M - \delta_\star)| \left\{ \begin{matrix} < \\ > \end{matrix} \right\} 1.5 R_\oplus \Rightarrow \left\{ \begin{matrix} \text{Bedeckung möglich} \\ \text{keine Bedeckung möglich} \end{matrix} \right\} \quad (8.2)$$

verwendet.

Bei der Suche nach der Konjunktionszeit müssen ebenso wie im weiteren Verlauf der Rechnung eine ganze Reihe von Mondpositionen bestimmt werden. Es lohnt sich daher, auf die schon früher besprochene Entwicklung der Mondkoordinaten nach Tschebyscheff-Polynomen zurückzugreifen (vgl. Kap. 6). Diese erlaubt es, aus wenigen, exakt berechneten Positionen eine unkomplizierte Darstellung der Mondbahn durch ein Polynom zu gewinnen, das dann mit wenigen Operationen für beliebig viele Zeitpunkte ausgewertet werden kann.

Hierfür steht die Prozedur `T_FIT_MOON` zur Verfügung, die ihrerseits auf die Unterprogramme `MOON`, `MOONEQU` und `T_FIT_LBR` zurückgreift. Um damit arbeiten zu können, muß noch der Datentyp `TPOLYNOM`

```
CONST MAX_TP_DEG = 13;
TYPE TPOLYNOM = RECORD                    (*Tschebyscheff-Polynom *)
            M  : INTEGER;                 (* Grad             *)
            A,B: REAL;                     (* Intervall        *)
            C  : ARRAY [0..MAX_TP_DEG] OF REAL;  (* Koeffizienten *)
            END;
```

global vereinbart werden. Der maximale Grad der verwendeten Polynome ist dabei so gewählt, daß die Mondkoordinaten über einen Zeitraum von rund zehn Tagen ohne Genauigkeitsverlust dargestellt werden können. Mit den Programmzeilen

```
VAR TA,TB: REAL;
    RA_POLY,DE_POLY,
...
T_FIT_MOON (TA,TB,MAX_TP_DEG,RA_POLY,DE_POLY,R_POLY);
```

erhält man die Koeffizienten für die Approximation der äquatorialen Mondkoordinaten Rektaszension und Deklination sowie der geozentrischen Entfernung. Die entsprechenden Polynome lassen sich über das ebenfalls schon früher besprochene Unterprogramm `T_EVAL` für jeden beliebigen Zeitpunkt `T` auswerten, der innerhalb des Entwicklungsintervalls liegt.

```
RA  := T_EVAL ( RA_POLY, T );   (* Rektaszension in Grad   *)
                                (* -360 < =RA <= +360      *)
DEC := T_EVAL ( DE_POLY, T );   (* Deklination in Grad     *)
R   := T_EVAL ( R_POLY , T );   (* Entfernung in Erdradien *)
```

Die so bestimmten Koordinaten beziehen sich auf das wahre Äquinoktium des Datums, also auf die durch Präzession und Nutation bestimmte aktuelle Lage von Frühlingspunkt und Himmelsäquator.

Der erste Teil des Sternbedeckungsprogrammes kann damit formuliert werden. `CONJUNCT` prüft zuerst, ob die Rektaszension des Sterns überhaupt im Bereich der Rektaszensionswerte liegt, die der Mond zwischen zwei vorgegebenen Zeiten T_1 und T_2 durchläuft. Ist dies der Fall, dann wird der Zeitpunkt der Konjunktion gesucht und getestet, ob der Mondschatten auf die Erde trifft. Wenn alle Bedingungen erfüllt sind, wird die Konjunktionszeit an das aufrufende Programm zurückgegeben.

```
(*--------------------------------------------------------------------------*)
(*   CONJUNCT:                                                              *)
(*                                                                          *)
(*   prueft, ob und wann in einem Zeitintervall [TA,TB] eine Konjunktion von *)
(*   Mond und Stern stattfindet, bei der der Mondschatten die Erde trifft.  *)
(*                                                                          *)
(*   TA,TB:      Suchintervall                                             *)
(*   RAPOLY,DEPOLY,RPOLY: Tschebyscheff Polynome fuer die Mondkoordinaten   *)
(*   RA,DEC:     Rektaszension und Deklination des Sterns (0<=RA<=360)     *)
(*   CONJ:       TRUE/FALSE (Konjunktion findet statt / nicht statt)       *)
(*   T_CONJ:     Zeit der Konjunktion in Rektaszension (=0.0 fuer CONJ=FALSE) *)
(*                                                                          *)
(*   Alle Zeitpunkte zaehlen in julian. Jahrhunderten seit J2000.          *)
(*   Die T-Entwicklung fuer die RA des Mondes muss Werte -360<=RA<=+360 Grad *)
(*   liefern und weniger als einen Umlauf umfassen.                        *)
(*--------------------------------------------------------------------------*)


PROCEDURE CONJUNCT ( TA,TB: REAL; RAPOLY,DEPOLY,RPOLY: TPOLYNOM;
                     RA,DEC: REAL; VAR CONJ: BOOLEAN; VAR T_CONJ: REAL);

   CONST EPS=1E-3; (* Genauigkeit in Grad RA *)
   VAR   RA_A,RA_B                  : REAL;
         T1,T2,T_NEW,DRA1,DRA2,DRA_NEW: REAL;
         DE_CON, R_CON              : REAL;

   BEGIN

     T_CONJ:=0.0;   RA_A:=T_EVAL(RAPOLY,TA);   RA_B:=T_EVAL(RAPOLY,TB);

     (* teste ob RA_A <= RA <= RA_B *)
     CONJ := (RA_A<=RA) AND (RA<=RA_B);
     IF (NOT CONJ) THEN   (* nochmal mit (RA - 360 Grad) testen *)
       BEGIN RA:=RA-360.0; CONJ := ((RA_A<=RA) AND (RA<=RA_B)); END;

     IF CONJ THEN
       BEGIN
         (* bestimme Konjunktionszeit mittels 'regula falsi'  *)
         (* (T1 und T2 schliessen T_CONJ immer ein)           *)
         T1 := TA; DRA1 :=RA_A-RA;
         T2 := TB; DRA2 :=RA_B-RA;
         REPEAT
           T_NEW    := T2 - DRA2*(T2-T1)/(DRA2-DRA1);
           DRA_NEW := T_EVAL(RAPOLY,T_NEW) - RA;
           IF DRA_NEW>0 THEN  BEGIN T2:=T_NEW; DRA2:=DRA_NEW END
                        ELSE  BEGIN T1:=T_NEW; DRA1:=DRA_NEW END;
         UNTIL (ABS(DRA_NEW)<EPS);
         T_CONJ := T_NEW;
         (* teste ob Mondschatten die Erde trifft             *)
         DE_CON := T_EVAL(DEPOLY,T_CONJ);
         R_CON  := T_EVAL(RPOLY, T_CONJ);
         CONJ := ( ABS(SN(DE_CON-DE_STAR)*R_CON) < 1.5 );
       END;

   END;
(*--------------------------------------------------------------------------*)
```

8.3 Die Fundamentalebene

Im parallelen Licht des Sterns wirft der Mond einen Schatten, der sich als langer Zylinder vom Mond zur Erde erstreckt. Auf jeder Ebene, die senkrecht zur Schattenachse liegt, zeichnet sich der Schatten als ein Kreis ab, der den gleichen Durchmesser hat, wie der Mond selbst. Diejenige Ebene, die zusätzlich durch den Erdmittelpunkt geht, bezeichnet man als *Fundamentalebene*. In der Projektion auf die Fundamentalebene läßt sich der Eintritt des Beobachters in den Mondschatten besonders gut beschreiben.

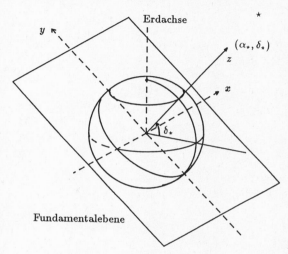

Abb. 8.3. Die Fundamentalebene

Legt man wie in Abb. 8.3 ein rechtwinkeliges Koordinatensystem so in den Erdmittelpunkt, daß die z-Achse in Richtung des Sterns mit den Koordinaten $(\alpha_\star, \delta_\star)$ weist und daß die x-Achse in der Äquatorebene der Erde liegt, dann spannen die x- und die y-Achse gerade die Fundamentalebene auf. Ein Punkt der Rektaszension α und Deklination δ in der Entfernung r von der Erde hat in diesem System die Koordinaten

$$\begin{pmatrix} x \\ y \\ z \end{pmatrix} = r \cdot \begin{pmatrix} - \cos \delta \sin(\alpha - \alpha_\star) \\ \sin \delta \cos \delta_\star - \cos \delta \sin \delta_\star \cos(\alpha - \alpha_\star) \\ \sin \delta \sin \delta_\star + \cos \delta \cos \delta_\star \cos(\alpha - \alpha_\star) \end{pmatrix} \quad . \qquad (8.3)$$

Setzt man für (α, δ, r) die Mondkoordinaten $(\alpha_M, \delta_M, r_M)$ ein, dann sind x_M und y_M die Koordinaten der Mondschattenmitte auf der Fundamentalebene.

Ganz entsprechend ergibt sich aus den äquatorialen Koordinaten des Beobachtungsortes der Punkt (x_B, y_B) der Fundamentalebene, auf den ein Lichtstrahl vom Stern den Beobachter projiziert. Die Deklination des Beobachtungsortes beschreibt dabei den Winkel zwischen dem geozentrischen Ortsvektor und der Ebene des Erd- und Himmelsäquators. Sie wird in diesem Zusammenhang auch als *geozentrische* Breite φ' bezeichnet, sollte aber nicht mit der *geographischen* Breite φ verwechselt werden. Diese weitaus häufiger verwendete Größe gibt den Winkel zwischen der Erdachse und dem lokalen Horizont an, ist also zum Beispiel ein Maß für die Höhe des Polarsterns über dem Horizont. Die Ursache für den Unterschied von φ und φ' liegt in der Abplattung der Erde (vgl. Abb. 7.5). Aufgrund ihrer täglichen Drehung hat die Erde nicht die Form einer Kugel, sondern die eines Rotationsellipsoids. Während der Erdradius am Äquator $r_\oplus = 6378.14$ km beträgt, ist die Entfernung der Pole vom Erdmittelpunkt rund 20 km kleiner. Das Verhältnis dieser Differenz zum Erdradius wird als Abplattung[1] $f \approx 1/298$ bezeichnet. Im allgemeinen ist die geozentrische Breite eines Ortes nicht direkt verfügbar und muß deshalb aus der geographischen Breite berechnet werden. Diese kann ihrerseits aus gängigen Kartenwerken und Verzeichnissen entnommen werden. Das Unterprogramm SITE ermittelt daraus über (7.8) die in (8.3) benötigten Größen $r \cos \varphi'$ und $r \sin \varphi'$.

```
(*------------------------------------------------------------------------*)
(* SITE:  berechnet geozentrische aus geographischen Beobachterkoordinaten *)
(*        RCPHI:  r * cos(phi') (geozentrisch; in Erdradien)              *)
(*        RSPHI:  r * sin(phi') (geozentrisch; in Erdradien)              *)
(*        PHI:    geographische Breite (in Grad)                          *)
(*------------------------------------------------------------------------*)
PROCEDURE SITE ( PHI: REAL; VAR RCPHI,RSPHI: REAL );
  CONST E2 = 0.006694;         (* e**2=f(2-f) mit Erdabplattung f=1/298.257 *)
  VAR   N,SNPHI: REAL;
  BEGIN
    SNPHI := SN(PHI);    N := 1.0/SQRT(1.0-E2*SNPHI*SNPHI);
    RCPHI := N*CS(PHI);  RSPHI := (1.0-E2)*N*SNPHI;
  END;
(*------------------------------------------------------------------------*)
```

Die Rektaszension des Beobachtungsortes ist identisch mit der Rektaszension der Sterne, die der Beobachter gerade im Meridian sieht, und damit gleich der lokalen Ortssternzeit. Diese kann mit Hilfe von (3.4) und (3.5) berechnet werden. An dieser Stelle ist es notwendig, noch einmal auf die verschiedenen astronomischen Zeitzählungen einzugehen. Bei der Berechnung der Mondpositionen wurde bisher stillschweigend davon ausgegangen, daß alle Zeiten in Form der *Ephemeridenzeit* ET (= dynamische Zeit TDB/TDT) gegeben sind. Dieses im physikalischen Sinne gleichförmige Zeitmaß wird überall dort verwendet, wo die Bahnen von Himmelskörpern berechnet werden. Hierauf ist letztlich ja auch der Name Ephemeridenzeit zurückzuführen. Demgegenüber erfordert die Berechnung der Sternzeit (mit dem Unterprogramm LMST aus Abschn. 3.3) die Kenntnis der *Weltzeit* UT, die (bis auf unterschiedliche Zeitzonen) im wesentlichen unserer gewohnten Uhrzeit entspricht. Der Unterschied von ET und UT liegt derzeit bei rund einer Minute und kann aus Tabelle 3.1 entnommen werden. Weiterhin ist in Abschn. 7.3 ein Unterprogramm ETMINUT angegeben, das für den Zeitraum zwischen 1900 und 1985 die gesuchten Werte aus einem Näherungspolynom berechnet. Für spätere Jahre sind aktuelle Angaben in verschiedenen astronomischen Jahrbüchern zu finden. Da sich die Differenz zwischen Welt- und Ephemeridenzeit nur langsam verändert, muß sie nur einmal zu Programmbeginn ermittelt werden.

---

[1] f bezeichnet traditionell sowohl die Abplattung als auch eine der beiden Fundamentalebenenkoordinaten. Eine Verwechslung sollte aber weitgehend ausgeschlossen sein.

8.4 Ein- und Austritt

Der Verlauf der Sternbedeckung hängt von den Differenzen

$$f = x_B - x_M$$
$$g = y_B - y_M$$

der Koordinaten von Mond und Beobachter in der Fundamentalebene ab. Ist der Abstand $\sqrt{f^2 + g^2}$ des Beobachters von der Mitte des Mondschattens kleiner als der Radius R_M des Mondes, dann wird der Stern für den ausgewählten Beobachtungsort vom Mond bedeckt. Die Ein- und Austrittszeit erhält man demnach aus der Bedingung

$$f(t)^2 + g(t)^2 = R_M^2 = k^2 \cdot R_\oplus^2 \quad . \tag{8.4}$$

Darin ist

$$k = R_M/R_\oplus = 0.2725$$

das Verhältnis zwischen Mondradius und Erdradius.

In seiner Bahn um die Erde legt der Mond eine Strecke von der Größe des Erddurchmessers in rund vier Stunden zurück. In dieser Zeit wandert auch der Mondschatten während einer Sternbedeckung über die Erde. Bei der Suche der Kontaktzeiten genügt es daher, etwa zweieinhalb Stunden vor dem Zeitpunkt der Konjunktion zu beginnen. Um nun die beiden Zeiten zu finden, die die Bedingung (8.4) erfüllen, werden in Abständen von 15^m die Werte

$$s(t) = f^2(t) + g^2(t) - k^2 R_\oplus^2$$

berechnet. s ist anfangs positiv, da sich der Beobachtungsort noch außerhalb des Mondschattens befindet. Wird s negativ, dann verschwindet der Stern für den Beobachter hinter dem Mondrand. Aus drei aufeinanderfolgenden Werten s_-, s_0 und s_+ kann man nun eine Parabel bestimmen, die den Verlauf von $s(t)$ über eine halbe Stunde hinweg in guter Näherung wiedergibt. Hat s in dieser Zeit eine oder zwei Nullstellen, dann lassen sich diese als Lösungen einer quadratischen Gleichung bestimmen. Ansonsten wählt man die nächsten drei s-Werte und verfährt mit diesen in entsprechender Weise. Dieses Vorgehen entspricht genau der Bestimmung der Auf- und Untergangszeiten in Kap. 3. Dort wurde auch bereits die Prozedur QUAD zur quadratischen Interpolation und Nullstellenbestimmung einer Funktion aus drei Punkten vorgestellt. Sie wird innerhalb des Unterprogramms SHADOW zur Bestimmung der Ein- und Austrittszeit verwendet. Der vollständige Text dieses Unterprogramms ist am Ende des Kapitels wiedergegeben.

Neben den Kontaktzeiten werden bei der Vorhersage von Sternbedeckungen einige weitere Größen angegeben, die für den Beobachter von besonderem Interesse sind: die Positionswinkel des Ein- und Austritts und die Stationskoeffizienten. Die Definition des Positionswinkels ist in Abb. 8.4 dargestellt. Man versteht darunter den Winkel zwischen der Nordrichtung und der Linie von der Mondmitte zum Ein- oder Austrittspunkt des Sterns am Mondrand. Positionswinkel werden entgegen dem Uhrzeigersinn von 0°–360° gemessen. Der Wert des Positionswinkels ϑ hängt nur von den Fundamentalebenenkoordinaten f und

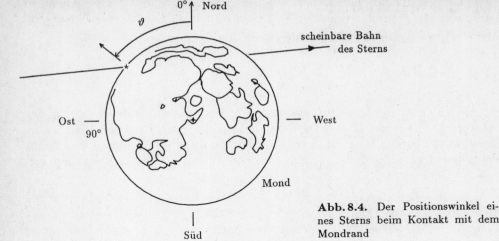

Abb. 8.4. Der Positionswinkel eines Sterns beim Kontakt mit dem Mondrand

g im Moment des Ein- oder Austritts ab und läßt sich daraus mit Hilfe des Zusammenhangs

$$\cos\vartheta = -g/\sqrt{f^2 + g^2} \tag{8.5}$$
$$\sin\vartheta = -f/\sqrt{f^2 + g^2} \ .$$

berechnen.

Die Stationskoeffizienten sind Größen, die die ungefähre Abhängigkeit der Kontaktzeiten vom Beobachtungsort beschreiben. Man verwendet sie vor allem dazu, Kontaktzeiten, die für einen bestimmten Ort vorhergesagt wurden, auf benachbarte Orte zu übertragen. Der Koeffizient a gibt an, wie sich die Kontaktzeit t mit der geographischen Länge λ verändert, b ist der entsprechende Wert für die geographische Breite φ:

$$a = \frac{dt}{d\lambda} \qquad b = \frac{dt}{d\varphi} \ .$$

Typische Werte der beiden Koeffizienten liegen bei etwa $1^{\mathrm{m}}/°$. Bei streifenden Sternbedeckungen, bei denen Ein- und Austritt dicht beieinander liegen, wachsen die Stationskoeffizienten jedoch deutlich an. Die Gleichungen zur Berechnung der Stationskoeffizienten enthalten im wesentlichen bereits bekannte Größen:

$$a = K \cdot [r\cos\varphi' \cdot (f\cos(\alpha_B - \alpha_\star) + g\sin\delta_\star \sin(\alpha_B - \alpha_\star))] \tag{8.6}$$
$$b = K \cdot [r\sin\varphi' \cdot (f\sin(\alpha_B - \alpha_\star) - g\cos\delta_\star \sin(\alpha_B - \alpha_\star)) - r\cos\varphi' \cdot g\cos\delta_\star]$$

mit

$$K = -\frac{1^{\mathrm{m}}047/°}{(f\dot{f} + g\dot{g})1^{\mathrm{h}}} \ .$$

Hierin sind $\dot{f}$ und $\dot{g}$ die zeitlichen Ableitungen von f und g, die sich der Einfachheit halber durch die folgenden Differenzenquotienten ausdrücken lassen:

$$\dot{f}(t) \approx \frac{f(t + 0.25^{\mathrm{h}}) - f(t)}{0.25^{\mathrm{h}}} \qquad \dot{g}(t) \approx \frac{g(t + 0.25^{\mathrm{h}}) - g(t)}{0.25^{\mathrm{h}}}$$

t ist die Zeit des Ein- beziehungsweise Austritts. Der Unterschied zwischen geographischer (φ) und geozentrischer Breite (φ') kann bei der Berechnung der Stationskoeffozienten vernachlässigt werden.

8.5 Das Programm OCCULT

Das Programm OCCULT berechnet Sternbedeckungen durch den Mond für einen gewünschten Suchzeitraum und einen vorzugebenden Ort. Berechnet werden der Zeitpunkt des Ein- und Austritts des Sterns am Mondrand, der zugehörige Positionswinkel, die Höhe des Mondes über dem Horizont zum Zeitpunkt des jeweiligen Kontakts und die Stationskoeffizienten, mit denen eine Umrechnung der Kontaktzeiten auf nahegelegene Orte möglich ist.

Die Koordinaten der Sterne, die auf Bedeckungen untersucht werden sollen, müssen in einer Datei mit dem Namen OCCINP(.DAT) bereitgestellt werden. Die erste Zeile dieser Datei enthält die Epoche und das Äquinoktium des zugrundeliegenden Katalogs (meist 1950.0 oder 2000.0). Diese Angaben dienen zur Berücksichtigung der Eigenbewegung und zur Umrechnung der Sternpositionen auf das aktuelle Äquinoktium. Anschließend sind für jeden Stern in einer gesonderten Zeile

- die Rektaszension (in $^{\mathrm{h\ m\ s}}$),
- die Eigenbewegung in Rektaszension in hundert Jahren (in ^{s}),
- die Deklination (in ° ' "),
- die Eigenbewegung in Deklination in hundert Jahren (in ") und
- der Name

anzugeben. Die Länge des Namens ist dabei auf maximal 17 Buchstaben beschränkt, kann aber durch Änderung der Konstanten NAME_LENGTH jederzeit erhöht werden. Das folgende Beispiel für den Aufbau der Sterndatei enthält die Daten verschiedener Plejadensterne aus dem Zodiakalkatalog (vgl. Tabelle 8.1).

```
1950.0  1950.0
3 41 49.540   0.110    24  8  1.58   -4.26   Celaeno
3 41 54.063   0.144    23 57 27.90   -4.16   Electra
3 42 13.603   0.171    24 18 43.07   -4.20   Taygeta
3 42 50.749   0.127    24 12 46.74   -4.78   Maia
3 42 55.387   0.100    24 23 59.69   -4.91   Asterope
3 43 21.195   0.145    23 47 38.98   -4.34   Merope
3 44 30.427   0.144    23 57  7.52   -4.47   Alcyone
3 46 11.022   0.111    23 54  7.41   -4.71   Atlas
3 46 12.393   0.114    23 59  7.18   -5.53   Pleione
```

Nach dem Start des Programms werden die geographischen Koordinaten des Beobachtungsortes und die Zeitpunkte abgefragt, zwischen denen nach Sternbedeckungen gesucht werden soll. Der gesamte Zeitraum wird in Abschnitten von zehn Tagen bearbeitet, für die die Mondkoordinaten zunächst durch Tschebyscheff-Polynome dargestellt werden. Für jeden Stern der Datei wird dann nach

Berechnung der scheinbaren Koordinaten (mit APPARENT) die Möglichkeit einer Bedeckung untersucht (Unterprogramm EXAMINE). Die bereits beschriebene Routine CONJUNCT bestimmt zunächst den Zeitpunkt der Konjunktion von Mond und Stern und prüft die Entfernung der Schattenachse vom Erdmittelpunkt. SHADOW ermittelt dann für den gegebenen Beobachtungsort die Ein- und Austrittszeit sowie die zugehörigen Positionswinkel und Stationskoeffizienten. Von den so bestimmten Sternbedeckungen werden allerdings nur solche ausgegeben, die mindestens 5° über dem Horizont und bei ausreichender Dunkelheit stattfinden. Hierzu wird in DARKNESS geprüft, ob die Sonne zur Mitte der Bedeckung wenigstens 6° unter dem Horizont steht (bürgerliche Dämmerung). Im Unterschied zu den gängigen Vorhersagen von Sternbedeckungen wird allerdings nicht untersucht, ob der Stern am beleuchteten oder unbeleuchteten Rand des Mondes ein- bzw. austritt. Zu erwähnen ist noch, daß die Ausgabe nicht notwendig in der chronologischen Reihenfolge der einzelnen Bedeckungen erfolgt, sondern von der Reihenfolge der Einträge in der Sterndatei abhängt.

```
(*------------------------------------------------------------------------*)
(*                            OCCULT                                     *)
(*                 Berechnung von Sternbedeckungen                       *)
(*                      Version 21.12.1988                               *)
(*------------------------------------------------------------------------*)
PROGRAM OCCULT(INPUT,OUTPUT,OCCINP);

   CONST MAX_TP_DEG = 13;              (* Entwicklungsgrad der T-Polynome *)
         TOVLAP     = 3.42E-6;         (*  3h in julian. Jahrhunderten   *)
         T_SEARCH   = 2.737850787E-4;  (* 10d in julian. Jahrhunderten   *)
         NAME_LENGTH = 17;             (* maximale Laenge der Sternnamen  *)

   TYPE  REAL33     = ARRAY[1..3,1..3] OF REAL;
         NAME_STRING = ARRAY[1..NAME_LENGTH] OF CHAR;
         TPOLYNOM = RECORD                      (* Tschebyscheff-Polynom *)
                    M  : INTEGER;               (* Grad              *)
                    A,B: REAL;                  (* Intervall         *)
                    C  : ARRAY [0..MAX_TP_DEG] OF REAL;  (* Koeffizienten *)
                    END;

   VAR   T_BEGIN,T_END,T1,T2,TM,T_EQX,T_EPOCH : REAL;
         ETDIFUT, RA_STAR,DE_STAR, VX,VY,VZ   : REAL;
         LAMBDA,PHI,RCPHI,RSPHI               : REAL;
         RAPOLY,DEPOLY,RPOLY                  : TPOLYNOM;
         PNMAT                                : REAL33;
         OCCINP                               : TEXT;
         NAME                                 : NAME_STRING;


(*------------------------------------------------------------------------*)
(* An dieser Stelle sind folgende Unterprogramme in der angegebenen       *)
(* Reihenfolge einzugeben:                                                *)
(*   SN, CS, ASN, ATN, ATN2, CART, POLAR, GGG, GMS, T_EVAL, T_FIT_LBR, QUAD *)
(*   ECLEQU, ABERRAT, SITE,  PMATEQU, PRECART, NUTEQU, PNMATRIX           *)
(*   MJD, CALDAT, LMST, ETMINUT                                           *)
(*   MOON, MOONEQU, T_FIT_MOON,  MINISUN                                  *)
(*   CONJUNCT                                                             *)
(*------------------------------------------------------------------------*)
```

```
(*--------------------------------------------------------------------*)
(* GET_INPUT: Eingabe des Suchintervalls und der Beobachterkoordinaten *)
(*--------------------------------------------------------------------*)
PROCEDURE GET_INPUT(VAR T_BEGIN,T_END,ETDIFUT,LAMBDA,PHI: REAL);
  VAR D,M,Y: INTEGER;
      T    : REAL;
      VALID: BOOLEAN;
  BEGIN
    WRITELN;
    WRITELN ('          OCCULT: Sternbedeckungen durch den Mond       ');
    WRITELN ('                     Version 21.12.88                    ');
    WRITELN ('          (c) 1988 Thomas Pfleger,Oliver Montenbruck     ');
    WRITELN;
    WRITE (' Startdatum fuer die Suche (TT MM JJJJ )   ... '); READLN(D,M,Y);
    T_BEGIN := (MJD(D,M,Y,0)-51544.5)/36525.0;
    WRITE (' Enddatum   fuer die Suche (TT MM JJJJ )   ... '); READLN(D,M,Y);
    T_END   := (MJD(D,M,Y,0)-51544.5)/36525.0;
    T := ( T_BEGIN + T_END ) / 2.0;
    ETMINUT ( T, ETDIFUT, VALID);
    IF (VALID)
      THEN WRITE(' Differenz ET-UT (Vorschlag:',
                  TRUNC(ETDIFUT+0.5):3,' sec)        ... ')
      ELSE WRITE(' Differenz ET-UT (sec)                 ... ');
    READLN(ETDIFUT);
    WRITE(' Stationskoordinaten: Laenge (westl.pos.) ... '); READLN(LAMBDA);
    WRITE('                      Breite             ... '); READLN(PHI);
  END;


(*--------------------------------------------------------------------*)
(* HEADER: Kopfzeilen ausgeben                                        *)
(*--------------------------------------------------------------------*)
PROCEDURE HEADER;
  BEGIN
    WRITELN;
    WRITELN (' Datum    Zeit(UT) E/A  Pos    h     a     b     Stern');
    WRITELN ('              h  m  s         o     o     m     m        ');
  END;


(*--------------------------------------------------------------------*)
(* GETSTAR: Einlesen der Sternkoordinaten aus der Datei OCCINP und    *)
(*          Beruecksichtigung der Eigenbewegung                       *)
(*--------------------------------------------------------------------*)
PROCEDURE GETSTAR ( T_EPOCH,T: REAL; VAR RA,DEC: REAL; VAR NAME: NAME_STRING);
  VAR G,M,I           : INTEGER;
      S, PM_RA, PM_DEC : REAL;
  BEGIN
    READ(OCCINP,G,M,S); GGG(G,M,S,RA);          (* Rektaszension zur Epoche *)
    READ(OCCINP,PM_RA );
    READ(OCCINP,G,M,S); GGG(G,M,S,DEC);         (* Deklination zur Epoche   *)
    READ(OCCINP,PM_DEC);
    RA  := RA  + (T-T_EPOCH)*PM_RA /3600.0;     (* Eigenbewegung Rektaszens.*)
    DEC := DEC + (T-T_EPOCH)*PM_DEC/3600.0;     (* Eigenbewegung Deklination*)
    FOR I:=1 TO NAME_LENGTH DO                  (* Sternname                *)
      IF (NOT EOLN(OCCINP) ) THEN READ(OCCINP,NAME[I]) ELSE NAME[I]:=' ';
```

```
    READLN(OCCINP);
    RA := 15.0 * RA;                       (* RA in Grad              *)
  END;


(*-----------------------------------------------------------------------*)
(* APPARENT: scheinbare Sternkoordinaten                                 *)
(*   PNMAT:    Matrix fuer Praezession und Nutation                      *)
(*   VX,VY,VZ: Geschwindigkeit der Erde (aequatorial, in Einheiten von c) *)
(*   RA,DEC:   Rektaszension und Deklination                             *)
(*-----------------------------------------------------------------------*)
PROCEDURE APPARENT ( PNMAT: REAL33; VX,VY,VZ: REAL; VAR RA,DEC: REAL );
  VAR X,Y,Z,R: REAL;
  BEGIN
    CART ( 1.0, DEC,RA, X,Y,Z ); (* kartesische Sternkoordinaten        *)
    PRECART ( PNMAT , X,Y,Z );    (* multiplizieren mit Praez.-Nut.-Matrix *)
    X:=X+VX; Y:=Y+VY; Z:= Z+VZ;  (* Aberration                          *)
    POLAR( X,Y,Z, R,DEC,RA );     (* neue Polarkoordinaten RA und DEC    *)
  END;




(*-----------------------------------------------------------------------*)
(*  SHADOW:                                                              *)
(*                                                                      *)
(*  bestimmt (ausgehend von der Konjunktionszeit) fuer einen bestimmten  *)
(*  Beobachtungsort die  Ein- und Austrittszeiten einer Sternbedeckung   *)
(*  sowie die Positionswinkel und Stationskoeffizienten.                 *)
(*                                                                      *)
(*  RAPOLY,DEPOLY,RPOLY  : T-Polynome der Mondkoordinaten                *)
(*  T_CONJ_ET            : Zeit der RA-Konjunktion; jul.Jahrh. ET seit J2000 *)
(*  ETDIFUT              : ET-UT in sec                                  *)
(*  LAMBDA,RCPHI,RSPHI   : geogr. Koordinaten des Beobachters            *)
(*  RA_STAR,DE_STAR      : Koordinaten des Sterns                        *)
(*  EVENT                : Bedeckung findet statt / nicht statt (TRUE/FALSE) *)
(*  MJD_UT_IN, MJD_UT_OUT: Kontaktzeit Ein-/Austritt (modif.julian.Datum UT) *)
(*  POS_IN, POS_OUT      : Positionswinkel                              *)
(*  H_IN, H_OUT          : Hoehe des Sterns ueber dem Horizont           *)
(*  A_IN, A_OUT          : Stationskoeffizient fuer geogr. Laenge        *)
(*  B_IN, B_OUT          : Stationskoeffizient fuer geogr. Breite        *)
(*-----------------------------------------------------------------------*)


PROCEDURE SHADOW

  ( RAPOLY, DEPOLY, RPOLY                                  : TPOLYNOM;
    T_CONJ_ET,ETDIFUT, LAMBDA,RCPHI,RSPHI,  RA_STAR,DE_STAR: REAL;
    VAR EVENT                                              : BOOLEAN;
    VAR MJD_UT_IN, MJD_UT_OUT                              : REAL;
    VAR POS_IN,POS_OUT, H_IN,H_OUT, A_IN,A_OUT, B_IN,B_OUT : REAL       );


  CONST DTAB    = 0.25;   (* Suchschrittweite in Stunden              *)
        RANGE   = 2.25;   (* Suchzeitraum = +/- (RANGE+DTAB) in Stunden *)
        K       = 0.2725;       (* Verhaeltnis Mondradius/Erdradius    *)
        CENT    = 876600.0;     (* Stunden pro julian. Jahrhundert     *)
        SID     = 1.0027379;    (* Verhaeltnis Sonnenzeit/Sternzeit    *)
```

```
VAR I, NZ, NFOUND                               : INTEGER;
    K_SQR, MJD_CONJ_UT, HOUR, F, G, THETA_CONJ, : REAL;
    CSDEST, SNDEST, S_MINUS, S_0, S_PLUS, XE, YE : REAL;
    Z, TIME                                     : ARRAY[1..2] OF REAL;


(* FG: Koordinaten f,g auf der Fundamentalebene *)
PROCEDURE FG ( HOUR: REAL; VAR F,G: REAL);
  VAR T,DEM,RM,RCDEM,RSDEM,DRAM,DRA: REAL;
  BEGIN
    T := T_CONJ_ET + HOUR/CENT;
    DEM   := T_EVAL(DEPOLY,T);   RM    := T_EVAL(RPOLY,T);
    RCDEM := RM * CS(DEM);        RSDEM := RM * SN(DEM);
    DRAM  := T_EVAL(RAPOLY,T) - RA_STAR;
    DRA   := 15.0 * ( THETA_CONJ + HOUR*SID ) - RA_STAR;
    F := +RCDEM*SN(DRAM) - RCPHI*SN(DRA) ;
    G := + RSDEM*CSDEST - RCDEM*SNDEST*CS(DRAM)
         - RSPHI*CSDEST + RCPHI*SNDEST*CS(DRA);
  END;


(* CONTACT: Positionswinkel, Horizonthoehe und Stationskoeffizienten *)
PROCEDURE CONTACT ( HOUR: REAL; VAR POS,H,A,B: REAL );
  VAR F,G,FF,GG,DF,DG,FAC,DRA,CDRA,SDRA: REAL;
  BEGIN
    FG ( HOUR, F, G );  FG ( HOUR+DTAB , FF, GG );
    DF := (FF-F)/DTAB;  DG := (GG-G)/DTAB;
    POS := ATN2(-F,-G);  IF POS<0.0 THEN POS:=POS+360.0;
    FAC := 1.047 / (F*DF+G*DG);
    DRA := 15.0 * ( THETA_CONJ + HOUR*SID ) - RA_STAR;
    CDRA := CS(DRA); SDRA := SN(DRA);
    A := -FAC * RCPHI * ( F*CDRA + G*SDRA*SNDEST );
    B := -FAC*( RSPHI * (F*SDRA-G*SNDEST*CDRA) - RCPHI*G*CSDEST );
    H :=  ASN ( RSPHI*SNDEST + RCPHI*CSDEST*CDRA );
  END;

BEGIN

  (* modifiziertes julianisches Datum und Sternzeit zur Konjunktion *)
  MJD_CONJ_UT  := T_CONJ_ET*36525.0 + 51544.5 - ETDIFUT/86400.0;
  THETA_CONJ   := LMST ( MJD_CONJ_UT, LAMBDA );

  (* Hilfsgroessen *)
  K_SQR := K*K;  CSDEST := CS(DE_STAR); SNDEST := SN(DE_STAR);

  (* suche Kontaktzeiten *)
  NFOUND := 0;  TIME[1]:=0.0; TIME[2]:=0.0;
  HOUR := -RANGE-2.0*DTAB;  FG(-RANGE-DTAB,F,G); S_PLUS := F*F+G*G-K_SQR;
  REPEAT
    HOUR := HOUR+2.0*DTAB;  S_MINUS := S_PLUS;
    FG (      HOUR ,F,G );   S_0     := F*F+G*G-K_SQR;
    FG ( HOUR+DTAB,F,G );    S_PLUS  := F*F+G*G-K_SQR;
    QUAD ( S_MINUS,S_0,S_PLUS, XE,YE, Z[1],Z[2],NZ );
    FOR I:=1 TO NZ DO  TIME[NFOUND+I] := HOUR+DTAB*Z[I];
    NFOUND := NFOUND + NZ;   EVENT := (NFOUND=2);
  UNTIL ( (EVENT) OR (HOUR>=RANGE) ) ;
```

```
      (* Umstaende der Bedeckung berechnen, falls eine stattfindet *)
      IF EVENT THEN
        BEGIN
          MJD_UT_IN  := MJD_CONJ_UT +  TIME[1] / 24.0;
          MJD_UT_OUT := MJD_CONJ_UT +  TIME[2] / 24.0;
          CONTACT ( TIME[1], POS_IN, H_IN, A_IN, B_IN  );
          CONTACT ( TIME[2], POS_OUT,H_OUT,A_OUT,B_OUT );
        END;

  END;



(*--------------------------------------------------------------------*)
(* DARKNESS: testet auf buergerliche Daemmerung                       *)
(*          MODJD:     modifiziertes julianisches Datum               *)
(*          LAMBDA:    geographische Laenge (>0 westl. von Greenwich)  *)
(*          CPHI,SPHI: sin und cos der geographischen Breite           *)
(*--------------------------------------------------------------------*)

FUNCTION DARKNESS ( MODJD, LAMBDA,CPHI,SPHI: REAL ): BOOLEAN;
  VAR T,RA,DEC,TAU,SIN_HSUN: REAL;
  BEGIN
    T := (MODJD-51544.5)/36525.0;
    MINI_SUN (T,RA,DEC);
    TAU := 15.0 * (LMST(MODJD,LAMBDA) - RA);
    SIN_HSUN  := SPHI*SN(DEC) + CPHI*CS(DEC)*CS(TAU);
    DARKNESS := ( SIN_HSUN < -0.10 );
  END;



(*--------------------------------------------------------------------*)
(*  EXAMINE:                                                          *)
(*  untersucht ob eine Bedeckung eines Sterns stattfindet, berechnet  *)
(*  gegebenenfalls die Daten und gibt sie aus.                        *)
(*                                                                    *)
(*  T1,T2               : Suchintervall in julian. Jahrhunderten seit J2000 *)
(*  RAPOLY,DEPOLY,RPOLY : T-Polynome der Mondkoordinaten              *)
(*  ETDIFUT             : ET-UT in sec                                *)
(*  LAMBDA,RCPHI,RSPHI  : geogr. Koordinaten des Beobachters          *)
(*  RA_STAR,DE_STAR     : Koordinaten des Sterns                      *)
(*  NAME                : Sternname                                   *)
(*--------------------------------------------------------------------*)

PROCEDURE EXAMINE ( T1,T2: REAL; RAPOLY,DEPOLY,RPOLY: TPOLYNOM;
                    ETDIFUT,LAMBDA,RCPHI,RSPHI,RA_STAR,DE_STAR: REAL;
                    NAME: NAME_STRING);

  CONST H_MIN=5.0;  (* minimale Hoehe ueber dem Horizont (in Grad) *)

  VAR DAY,MONTH,YEAR,H,M,I                        : INTEGER;
      S,HOUR, T_CONJ_ET, MJD_UT_IN, MJD_UT_OUT    : REAL;
      POS_IN,POS_OUT, H_IN,H_OUT, A_IN,A_OUT, B_IN,B_OUT : REAL;
      CONJ, TAKES_PLACE                           : BOOLEAN;
```

```
BEGIN

   (* teste auf Konjunktion in RA und bestimme Konj.zeit *)

   CONJUNCT ( T1,T2, RAPOLY,DEPOLY,RPOLY,
              RA_STAR,DE_STAR, CONJ, T_CONJ_ET );

   IF CONJ THEN

     BEGIN

        (* teste auf Sternbedeckung fuer den jeweiligen Beobachtungsort *)
        (* und berechne gegebenenfalls Kontaktzeiten, Horizonthoehen    *)
        (* und Stationskoeffizienten                                    *)

        SHADOW ( RAPOLY,DEPOLY,RPOLY, T_CONJ_ET, ETDIFUT,
                 LAMBDA,RCPHI,RSPHI, RA_STAR, DE_STAR, TAKES_PLACE,
                 MJD_UT_IN, MJD_UT_OUT, POS_IN,POS_OUT,
                 H_IN,H_OUT, A_IN,A_OUT, B_IN,B_OUT );

        (* Ausgabe der Sternbedeckung, wenn sie ueber dem Horizont *)
        (* und bei Dunkelheit stattfindet                          *)

        IF TAKES_PLACE THEN
        IF ( (H_IN>H_MIN) OR (H_OUT>H_MIN) ) THEN
        IF DARKNESS ( (MJD_UT_IN+MJD_UT_OUT)/2.0, LAMBDA,RCPHI,RSPHI )  THEN
          BEGIN

             (* Eintritt *)
             CALDAT ( MJD_UT_IN, DAY,MONTH,YEAR,HOUR );  GMS (HOUR,H,M,S);
             WRITE   ( DAY:4,'.', MONTH:2, '. ', H:3, M:3,
                       TRUNC(S+0.5):3, ' E ', TRUNC(POS_IN+0.5):5,
                       TRUNC(H_IN+0.5):6, A_IN:8:1, B_IN:6:1,' ':3   );
             FOR I:=1 TO NAME_LENGTH DO WRITE(NAME[I]); WRITELN;

             (* Austritt *)
             CALDAT ( MJD_UT_OUT, DAY,MONTH,YEAR,HOUR );  GMS (HOUR,H,M,S);
             WRITELN ( DAY:4,'.', MONTH:2, '. ', H:3, M:3,
                       TRUNC(S+0.5):3, ' A ', TRUNC(POS_OUT+0.5):5,
                       TRUNC(H_OUT+0.5):6, A_OUT:8:1, B_OUT:6:1         );
          END;

     END;

  END;

(*------------------------------------------------------------------------*)

BEGIN (* Hauptprogramm *)

  (* Suchintervall und geographische Beobachterkoordinaten einlesen *)
  GET_INPUT ( T_BEGIN,T_END, ETDIFUT, LAMBDA,PHI );

  (* geozentrische Beobachterkoordinaten berechnen          *)
  SITE ( PHI, RCPHI,RSPHI );
```

```
     (* Intervallweise Bedeckungen suchen                           *)

     T2 := T_BEGIN;

   REPEAT

     T1:=T2;   T2:=T1+T_SEARCH;

     (* Mondkoordinaten nach Tschebyscheff-Polynomen entwickeln     *)
     T_FIT_MOON ( T1-TOVLAP,T2+TOVLAP,MAX_TP_DEG,RAPOLY,DEPOLY,RPOLY );

     (* Kopfzeilen ausgeben                                         *)
     HEADER;

     (* Sterndatei oeffnen, Epoche und Aequinoktium einlesen        *)
     RESET ( OCCINP );                              (* Standard Pascal *)
     (* ASSIGN (OCCINP,'OCCINP.DAT'); RESET(OCCINP); *)  (* TURBO Pascal    *)
     (* RESET ( OCCINP,'OCCINP.DAT'); *)                 (* ST Pascal plus *)

     READLN ( OCCINP, T_EPOCH, T_EQX );
     T_EQX   := ( T_EQX  -2000.0 ) / 100.0;
     T_EPOCH := ( T_EPOCH-2000.0 ) / 100.0;

     (* Transformationsmatrix berechnen fuer Uebergang vom mittleren *)
     (* Aequinoktium der Sterndatei zum wahren Aequinoktium des      *)
     (* Datums der Suchintervall-Mitte;                              *)
     TM := (T1+T2)/2.0;
     PN_MATRIX ( T_EQX, TM, PNMAT );

     (* heliozentrische Geschwindigkeit der Erde fuer Aberration    *)
     ABERRAT ( TM, VX,VY,VZ );

     (* Sternliste abarbeiten und auf Bedeckung untersuchen         *)
     WHILE NOT EOF(OCCINP) DO
       BEGIN
         (* neue Sternkoordinaten einlesen *)
         GETSTAR ( T_EPOCH, TM, RA_STAR,DE_STAR,NAME );
         (* scheinbare Koordinaten berechnen *)
         APPARENT ( PNMAT, VX,VY,VZ, RA_STAR,DE_STAR );
         (* moegliche Bedeckung untersuchen *)
         EXAMINE ( T1,T2, RAPOLY,DEPOLY,RPOLY,
                   ETDIFUT, LAMBDA,RCPHI,RSPHI, RA_STAR,DE_STAR,NAME );
       END;
     WRITELN;

   UNTIL (T2 >= T_END);

END.

(*-------------------------------------------------------------------------*)
```

Wir wollen nun als Beispiel zwei Plejadenbedeckungen, die 1989 stattfinden, mit OCCULT berechnen. Als Suchzeitraum wählen wir die Zeit vom 15. September bis zum 15. November. Die Vorhersage soll für München gelten, das auf 11°6 östlicher Länge und 48°1 nördlicher Breite liegt. Da sich die Differenz zwischen Ephemeridenzeit und Weltzeit für zukünftige Zeitpunkte nicht angeben läßt, sind wir auf eine Schätzung für diesen Wert angewiesen und wählen hier 56 Sekunden. Einen eigenen Vorschlag für den Wert ΔT=ET-UT kann OCCULT dem Benutzer nur für Bedeckungen in den Jahren 1900 bis 1985 machen.

Der gewünschte Zeitraum wird in Blöcken von zehn Tagen untersucht, für die jeweils alle gefundenen Bedeckungen ausgegeben werden. Im folgenden Protokoll ist die Ausgabe der Titelzeilen unterdrückt, soweit in einem solchen Intervall keine Bedeckungen der Plejaden stattfindet. Die Benutzereingaben sind durch kursive Schrift gekennzeichnet.

```
       OCCULT: Sternbedeckungen durch den Mond
                   Version 21.12.88
          (c) 1988 Thomas Pfleger,Oliver Montenbruck

Startdatum fuer die Suche (TT MM JJJJ )   ... 15 09 1989
Enddatum   fuer die Suche (TT MM JJJJ )   ... 15 11 1989
Differenz ET-UT (sec)                     ... 56.00
Stationskoordinaten: Laenge (westl.pos.) ... -11.60
                     Breite               ... 48.10


Datum     Zeit(UT) E/A   Pos      h      a      b    Stern
          h  m  s          o      o      m      m
19. 9.   21 49 45   E     96     25    -0.3    1.3   Celaeno
19. 9.   22 41  3   A    222     34    -0.0    2.1
19. 9.   22  1 60   E     67     27    -0.1    1.7   Taygeta
19. 9.   23  0 40   A    251     37    -0.5    1.7
19. 9.   22 15 35   E     98     30    -0.5    1.3   Maia
19. 9.   23  7 34   A    220     38    -0.1    2.3
19. 9.   22 21  1   E     62     31    -0.1    1.8   Asterope
19. 9.   23 20 38   A    256     41    -0.6    1.6


... ...


Datum     Zeit(UT) E/A   Pos      h      a      b    Stern
          h  m  s          o      o      m      m
13.11.   18  3 47   E     36     24     0.3    2.0   Celaeno
13.11.   18 48 58   A    285     31    -0.7    1.1
13.11.   17 54 51   E     73     22     0.0    1.5   Electra
13.11.   18 49 35   A    248     31    -0.2    1.7
13.11.   18 27 22   E     37     28     0.2    2.1   Maia
13.11.   19 14 37   A    284     35    -0.8    1.1
13.11.   18 43 45   E    153     30    -5.0   -4.8   Merope
13.11.   18 50 46   A    168     31     4.2    7.7
13.11.   19  0  9   E    122     33    -1.1    0.6   Alcyone
13.11.   19 36  7   A    198     39     0.4    2.9
```

9. Bahnbestimmmung

Die klassische Aufgabe der Bahnbestimmung besteht darin, aus möglichst wenigen beobachteten Positionen eines Planeten, Kometen oder Asteroiden dessen Bahnelemente zu ermitteln. Es handelt sich also um die Umkehrung der Ephemeridenrechnung, bei der die Positionen aus bekannten Bahnelementen berechnet werden. Jede einzelne von der Erde aus gemachte Beobachtung liefert zu einem bestimmten Zeitpunkt zwei sphärische Koordinaten. Diese können sich wahlweise auf den Himmelsäquator (Rektaszension und Deklination) oder die Ekliptik (Länge und Breite) beziehen. Die Entfernung läßt sich dagegen nicht messen und kann deshalb bei der Bahnbestimmung nicht als bekannt vorausgesetzt werden. Um sechs Bahnelemente festlegen zu können, müssen mindestens ebensoviele unabhängige Beobachtungsgrößen und damit drei Beobachtungen zur Verfügung stehen.

Die hier vorgestellte Bahnbestimmungsmethode von Bucerius geht im wesentlichen auf Gauß zurück, wurde allerdings in einigen Punkten erheblich vereinfacht. Sie unterliegt dadurch in ihrer Anwendung einigen Einschränkungen, ist dafür aber leichter zu verstehen und zu handhaben.

9.1 Die Festlegung der Bahn durch zwei Ortsvektoren

Die Bahnelemente werden meist deshalb zur Festlegung einer Planeten- oder Kometenbahn verwendet, weil sie eine besonders anschauliche Interpretation der einzelnen Größen erlauben. Für die Bahnbestimmung erweist sich allerdings eine andere Beschreibung als günstiger. Die Bahn ist nämlich ebenso eindeutig definiert, wenn man den Ort und die Geschwindigkeit des Himmelskörpers zu einem Zeitpunkt kennt oder wahlweise zwei Bahnpunkte und die Zeiten, zu denen sie passiert werden. Während die erste Darstellung in der Laplaceschen Bahnbestimmung verwendet wird, bedient sich die Gaußsche Methode der Beschreibung durch zwei Ortsvektoren. Die Aufgabe dieses Abschnitts wird deshalb darin bestehen, die Elemente einer Bahn zu berechnen, die durch zwei gegebene Orte r_a und r_b sowie die zugehörigen Zeiten t_a und t_b festgelegt ist. Damit reduziert sich das Problem der Bahnbestimmung später darauf, zwei heliozentrische Orte aus den drei beobachteten geozentrischen Richtungen zu ermitteln.

Als Zwischenschritt wird zunächst die Berechnung des *Sektor-zu-Dreieck-Verhältnisses* behandelt, die den schwierigsten Teil der Bahnelementeberechnung darstellt. Daneben spielt diese Größe auch für den weiteren Gang der Bahnbestimmung eine zentrale Rolle, die allerdings erst in den folgenden Abschnitten deutlich wird.

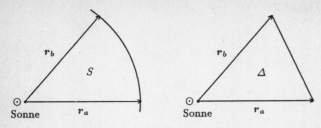

Abb. 9.1. Sektor- und Dreiecksfläche

9.1.1 Das Sektor-zu-Dreieck-Verhältnis

Die Fläche Δ des von den Vektoren r_a und r_b aufgespannten Dreiecks (Abb. 9.1) hängt von den Seitenlängen r_a und r_b sowie dem Zwischenwinkel $\nu_b - \nu_a$ ab, der im folgenden immer kleiner als 180° sein soll:

$$\Delta = \frac{1}{2} r_a r_b \cdot \sin(\nu_b - \nu_a) \quad . \tag{9.1}$$

ν_a und ν_b bezeichnen dabei die Werte der wahren Anomalie in den Randpunkten der Bahn.

Die Sektorfläche S, die von r_a, r_b und dem dazwischenliegenden Bahnbogen begrenzt wird, ist aufgrund des zweiten Keplerschen Gesetzes (Flächensatz) proportional zur Differenz der beiden Zeiten t_a und t_b:

$$S = \frac{1}{2} \sqrt{GM_\odot} \cdot \sqrt{a(1 - e^2)} \cdot (t_b - t_a) \quad . \tag{9.2}$$

Hierin bezeichnen a und e die Halbachse und die Exzentrizität der Bahn, die die vorgegebenen Punkte verbindet (vgl. Kap. 4). Führt man noch den Bahnparameter $p = a(1 - e^2)$ ein, dann ergibt sich für das Verhältnis η der beiden Flächen der Ausdruck

$$\eta = \frac{S}{\Delta} = \frac{\sqrt{p} \cdot \tau}{r_a r_b \cdot \sin(\nu_b - \nu_a)} \quad , \tag{9.3}$$

in dem zur Abkürzung für die Zwischenzeit die Größe

$$\tau = \sqrt{GM_\odot} \cdot (t_b - t_a) \tag{9.4}$$

definiert wurde. Wie man sieht, enthält die Formel für η noch den Bahnparameter p, der bisher nicht durch die Vektoren r_a und r_b ausgedrückt wurde. Versucht man, den Bahnparameter mit Hilfe der bekannten Formeln für das Zweikörperproblem zu eliminieren, dann zeigt sich allerdings, daß es nicht mehr möglich ist, η durch einen geschlossenen Ausdruck darzustellen. Man findet stattdessen die transzendente Gleichung[1]

$$\eta = 1 + \frac{m}{\eta^2} \cdot W\left(\frac{m}{\eta^2} - l\right) \quad , \tag{9.5}$$

---

[1] Auf eine Herleitung dieser Gleichung, die sich über mehrere Seiten erstreckt, wurde hier verzichtet. Der Leser sei dazu auf die im Anhang angeführte Literatur verwiesen.

mit den (positiven) Hilfsgrößen

$$m = \frac{\tau^2}{\sqrt{2(r_a r_b + \boldsymbol{r}_a \cdot \boldsymbol{r}_b)}^3} \tag{9.6}$$

$$l = \frac{r_a + r_b}{2\sqrt{2(r_a r_b + \boldsymbol{r}_a \cdot \boldsymbol{r}_b)}} - \frac{1}{2} \quad,$$

aus der η iterativ bestimmt werden muß. Die Funktion W ist dabei abschnittsweise wie folgt definiert:

$$W(w) = \begin{cases} \dfrac{2g - \sin(2g)}{\sin^3(g)} \,, & g = 2\arcsin\sqrt{w} & 0 < w < 1 \\[2mm] \dfrac{4}{3} + \dfrac{4\cdot6}{3\cdot5}w + \dfrac{4\cdot6\cdot8}{3\cdot5\cdot7}w^2 + \ldots & & w \approx 0 \\[2mm] \dfrac{\sinh(2g) - 2g}{\sinh^3(g)} \,, & g = 2\operatorname{arsinh}\sqrt{-w} & w < 0 \end{cases} \tag{9.7}$$

Zur iterativen Berechnung von η eignet sich das Sekantenverfahren. Schreibt man

$$f(x) = 1 - x + \frac{m}{x^2} \cdot W\left(\frac{m}{x^2} - l\right) \quad,$$

dann ist der gesuchte Wert von η gerade die Nullstelle der Funktion f. Ausgehend von zwei Näherungswerten η_{i-1} und η_i erhält man über

$$\eta_{i+1} = \eta_i - f(\eta_i) \cdot \frac{f(\eta_i) - f(\eta_{i-1})}{\eta_i - \eta_{i-1}}$$

einen verbesserten Wert η_{i+1}. Anschaulich gesprochen wird dabei die Nullstelle der Sekante bestimmt, die durch die Punkte $(\eta_{i-1}, f(\eta_{i-1}))$ und $(\eta_i, f(\eta_i))$ des Graphen von f verläuft. Führt man diesen Schritt mehrmals hintereinander durch, dann liefert die Iteration rasch den gesuchten Wert für das Sektor- zu Dreiecksverhältnis. Geeignete Startwerte

$$\eta_1 = \eta_{\text{Hansen}} + 0.1 \quad \text{und} \quad \eta_2 = \eta_{\text{Hansen}}$$

ergeben sich aus der sogenannten Hansenschen Näherung

$$\eta_{\text{Hansen}} = \frac{12}{22} + \frac{10}{22}\sqrt{1 + \frac{44}{9}\frac{m}{l + 5/6}} \quad. \tag{9.8}$$

Zur Programmierung der obigen Gleichungen werden zunächst die Datentypen

```
TYPE INDEX = (X,Y,Z);
     VECTOR = ARRAY[INDEX] OF REAL;
```

und die Funktionen

```
(*----------------------------------------------------------------------*)
(* DOT: Skalarprodukt zweier Vektoren                                   *)
(*----------------------------------------------------------------------*)
FUNCTION DOT(A,B:VECTOR):REAL;
  BEGIN
    DOT := A[X]*B[X]+A[Y]*B[Y]+A[Z]*B[Z];
  END;
(*----------------------------------------------------------------------*)
(* NORM: Betrag eines Vektors                                           *)
(*----------------------------------------------------------------------*)
FUNCTION NORM(A:VECTOR):REAL;
  BEGIN
    NORM := SQRT(DOT(A,A));
  END;
(*----------------------------------------------------------------------*)
```

definiert. Damit ergibt sich das folgende Unterprogramm zur Berechnung des
Sektor-zu-Dreieck-Verhältnisses.

```
(*----------------------------------------------------------------------*)
(* FIND_ETA: Bestimmung des Sektor-zu-Dreieck-Verhaeltnisses           *)
(*           aus zwei Orten und der Zwischenzeit                        *)
(*----------------------------------------------------------------------*)
FUNCTION FIND_ETA ( RA,RB: VECTOR; TAU: REAL ): REAL;

  CONST DELTA = 1.0E-9;  MAXIT = 30;

  VAR   KAPPA,M,L,SA,SB,ETA_MIN,ETA1,ETA2,F1,F2,D_ETA: REAL;
        I: INTEGER;

  (* F(eta) = 1 - eta + (m/eta**2)*W(m/eta**2-1) *)
  FUNCTION F ( ETA,M,L: REAL ): REAL;
    CONST EPS =1.0E-10;
    VAR W,WW,A,S,N,G,E: REAL;
    BEGIN
      W := M/(ETA*ETA)-L;
      IF (ABS(W)<0.1)
        THEN (* Reihenentwicklung *)
          BEGIN
            A:=4.0/3.0; WW:=A; N:=0.0;
            REPEAT
              N:=N+1; A:=A*W*(N+2.0)/(N+1.5); WW:=WW+A;
            UNTIL ABS(A)<EPS;
          END
        ELSE
          IF (W>0)
            THEN (* W=(2g-sin2g)/(sin(g)**3), g=2*arcsin(sqrt(w)) *)
              BEGIN
                G := 2.0*ARCTAN(SQRT(W/(1.0-W)));  S := SIN(G);
                WW := (2.0*G-SIN(2.0*G))/(S*S*S);
              END
            ELSE (* W=(sinh2g-2g)/(sinh(g)**3), g=2*arsinh(sqrt(-w)) *)
              BEGIN
                G := 2.0*LN(SQRT(-W)+SQRT(1.0-W));
                E := EXP(G); S:=0.5*(E-1.0/E); E:=E*E;
```

```
            WW := (0.5*(E-1.0/E)-2.0*G)/(S*S*S);
        END;
    F := 1.0-ETA+(W+L)*WW;
  END; (* FIND_ETA.F *)


BEGIN

  SA := NORM(RA);  SB := NORM(RB);  KAPPA := SQRT(2.0*(SA*SB+DOT(RA,RB)));
  M := TAU*TAU / (KAPPA*KAPPA*KAPPA);   L := (SA+SB)/(2.0*KAPPA) - 0.5;
  ETA_MIN := SQRT(M/(L+1.0));

  (* Startwert: Hansensche Naeherung *)
  ETA2 := ( 12.0 + 10.0*SQRT(1.0+(44.0/9.0)*M/(L+5.0/6.0)) ) / 22.0;
  ETA1 := ETA2 + 0.1;  F1 := F(ETA1,M,L);   F2 := F(ETA2,M,L);  I := 0;

  (* Sekantenverfahren *)
  WHILE ( (ABS(F2-F1)>DELTA) AND (I<MAXIT) ) DO
    BEGIN
      D_ETA:=-F2*(ETA2-ETA1)/(F2-F1);  ETA1:=ETA2; F1:=F2;
      WHILE (ETA2+D_ETA<=ETA_MIN) DO D_ETA:=0.5*D_ETA;
      ETA2:=ETA2+D_ETA;  F2:=F(ETA2,M,L);
    END;
  IF (I=MAXIT) THEN  WRITELN(' Konvergenzprobleme in FIND_ETA');
  FIND_ETA := ETA2;


END;
(*--------------------------------------------------------------------------*)
```

Da die Sprache PASCAL keine Hyperbelfunktionen kennt, wurden diese mit Hilfe der Exponential- und Logarithmusfunktionen ersetzt:

$$\sinh x = \frac{1}{2}(\exp x - 1/\exp x)$$

$$\sinh(2x) = \frac{1}{2}((\exp x)^2 - 1/(\exp x)^2)$$

$$\operatorname{arsinh} x = \ln(x + \sqrt{1 + x^2}) \quad .$$

In gleicher Weise läßt sich auch

$$\arcsin(x) = \arctan \frac{x}{\sqrt{1 - x^2}}$$

behandeln.

9.1.2 Die Bahnelemente

Die Bahn eines Himmelskörpers, die durch die Punkte r_a und r_b verläuft, bleibt ständig auf die Ebene beschränkt, die durch diese beiden Punkte und die Sonne festgelegt wird. Um die Neigung i dieser Ebene gegen die Ekliptik sowie die Knotenlänge Ω zu bestimmen, konstruiert man zunächst die Einheitsvektoren e_a und e_0, die zusammen die Bahnebene aufspannen:

$$e_a = \frac{r_a}{|r_a|} \tag{9.9}$$

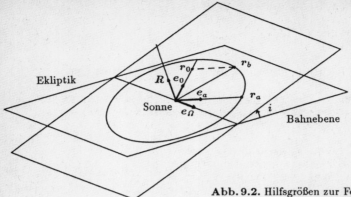

Abb. 9.2. Hilfsgrößen zur Festlegung der Bahnebene

$$e_0 = \frac{r_0}{|r_0|} \quad \text{mit} \quad r_0 = r_b - (r_b \cdot e_a)e_a \quad . \tag{9.10}$$

Die Bedeutung dieser Vektoren ist aus Abb. 9.2 ersichtlich. Während e_a in Richtung von r_a weist, zeigen r_0 und e_0 in die dazu senkrechte Richtung. Bildet man nun das Kreuzprodukt von e_a und e_0, so erhält man als Resultat den Gaußschen Vektor R, der auf der Bahnebene senkrecht steht und ebenfalls auf die Länge Eins normiert ist ($|R| = 1$):

$$R = e_a \times e_0 \quad , \quad \begin{pmatrix} R_x \\ R_y \\ R_z \end{pmatrix} = \begin{pmatrix} y_a z_0 - z_a y_0 \\ z_a x_0 - x_a z_0 \\ x_a y_0 - y_a x_0 \end{pmatrix} \quad . \tag{9.11}$$

R zeigt in Richtung der ekliptikalen Länge $l = \Omega - 90°$ und der Breite $b = 90° - i$ und kann deshalb auch durch die Lageelemente Ω und i ausgedrückt werden:

$$R = \begin{pmatrix} R_x \\ R_y \\ R_z \end{pmatrix} = \begin{pmatrix} + \cos(90° - i)\cos(\Omega - 90°) \\ + \cos(90° - i)\sin(\Omega - 90°) \\ + \sin(90° - i) \end{pmatrix} = \begin{pmatrix} + \sin i \sin \Omega \\ - \sin i \cos \Omega \\ + \cos i \end{pmatrix} \quad . \tag{9.12}$$

Auf diese Weise erhält man drei Gleichungen, die sich in eindeutiger Weise nach der Knotenlänge und der Bahnneigung auflösen lassen:

$$\Omega = 90° + \arctan(R_y/R_x) = \arctan(-R_x/R_y) \tag{9.13}$$

$$i = 90° - \arcsin(R_z) \quad . \tag{9.14}$$

Beide Winkel beziehen sich auf das gleiche Äquinoktium wie die Vektoren r_a und r_b. Aus der Lage der Knotenlinie läßt sich nun das Argument der Breite u_a berechnen, das den Winkel zwischen dem Ortsvektor r_a und der Richtung zum aufsteigenden Knoten der Bahn angibt. Für diesen Winkel gilt

$$\cos u_a = e_a \cdot e_\Omega = x_a \cdot \cos \Omega + y_a \cdot \sin \Omega$$

$$\cos(u_a + 90°) = e_0 \cdot e_\Omega = x_0 \cdot \cos \Omega + y_0 \cdot \sin \Omega \quad ,$$

wobei

$$e_\Omega = \begin{pmatrix} \cos \Omega \\ \sin \Omega \\ 0 \end{pmatrix}$$

den Einheitsvektor in Richtung der Knotenlinie darstellt. Damit ist

$$
\begin{aligned}
u_a &= \arctan\left(\frac{-x_0 \cdot \cos \Omega - y_0 \cdot \sin \Omega}{+x_a \cdot \cos \Omega + y_a \cdot \sin \Omega}\right) \\
&= \arctan\left(\frac{+x_0 \cdot R_y - y_0 \cdot R_x}{-x_a \cdot R_y + y_a \cdot R_x}\right) \quad .
\end{aligned}
\tag{9.15}
$$

Für die Bestimmung der weiteren Bahnelemente benötigt man das Sektor- zu Dreiecksverhältnis, dessen Berechnung bereits im letzten Abschnitt vorgestellt wurde. Mit seiner Hilfe läßt sich zunächst der Bahnparameter

$$p = \left(\frac{2 \cdot \Delta \cdot \eta}{\tau}\right)^2$$

über die von r_a und r_b aufgespannte Dreiecksfläche

$$\Delta = \frac{1}{2} r_a r_b \cdot \sin(\nu_b - \nu_a) = \frac{1}{2} r_a r_0$$

und die Zwischenzeit τ darstellen.

Die Form der Bahn wird durch die Exzentrizität e beschrieben, die sich über die Kegelschnittsgleichung

$$r = \frac{p}{1 + e \cdot \cos \nu}$$

bestimmen läßt. Aufgelöst nach $e \cos \nu$ gilt für die gegebenen Bahnpunkte der Zusammenhang

$$
\begin{aligned}
e \cdot \cos \nu_a &= p/r_a - 1 \\
e \cdot \cos \nu_b &= p/r_b - 1 \quad .
\end{aligned}
$$

Berücksichtigt man noch die Identität

$$
\begin{aligned}
\cos \nu_b &= \cos \nu_a \cos(\nu_b - \nu_a) - \sin \nu_a \sin(\nu_b - \nu_a) \\
&= \cos \nu_a \cdot \left(\frac{r_b \cdot e_a}{r_b}\right) - \sin \nu_a \cdot \left(\frac{r_0}{r_b}\right) \quad ,
\end{aligned}
$$

dann erhält man zusammengefaßt die zwei Gleichungen

$$
\begin{aligned}
e \cdot \cos \nu_a &= p/r_a - 1 \\
e \cdot \sin \nu_a &= \left\{ (p/r_a - 1)\left(\frac{r_b \cdot e_a}{r_b}\right) - (p/r_b - 1)\right\} / \left(\frac{r_0}{r_b}\right) \quad ,
\end{aligned}
$$

die ihrerseits nach der Exzentrizität und der wahren Anomalie zur Zeit t_a aufgelöst werden können:

$$
\begin{aligned}
e &= \sqrt{(e \cdot \cos(\nu_a))^2 + (e \cdot \sin(\nu_a))^2} \\
\nu_a &= \arctan\left(\frac{e \cdot \sin(\nu_a)}{e \cdot \cos(\nu_a)}\right) \quad .
\end{aligned}
$$

Aus der Differenz des Arguments der Breite und der wahren Anomalie ergeben sich das Argument und die Länge des Perihels zu

$$\omega \;=\; u_a - \nu_a \tag{9.16}$$

$$\varpi \;=\; u_a - \nu_a + \Omega \;\;. \tag{9.17}$$

Anhand der Exzentrizität läßt sich feststellen, ob es sich bei der Bahn, die r_a und r_b verbindet, um eine Ellipse ($e < 1$) oder Hyperbel ($e > 1$) handelt. Parabelbahnen werden hier nicht weiter berücksichtigt, weil es in der Praxis so gut wie ausgeschlossen ist, daß e bei einer Bahnbestimmung exakt gleich Eins wird. Aus dem Bahnparameter und der Exzentrizität erhält man nun auch die große Halbachse der Bahn und die Periheldistanz:

$$a \;=\; \frac{p}{1 - e^2} \tag{9.18}$$

$$q \;=\; \frac{p}{1 + e} \;\;. \tag{9.19}$$

Zu beachten ist dabei, daß die große Halbachse einer Hyperbelbahn definitionsgemäß eine negative Größe ist.

Damit sind nun alle Bahnelemente bekannt, die die Form (e), die Größe (a) und die räumliche Lage (i, Ω, ω) der Bahn festlegen. Als sechstes und letztes Element bleibt somit die Perihelzeit zu ermitteln, die angibt, wann der sonnennächste Bahnpunkt passiert wird oder wurde. Dazu wird für Ellipsenbahnen zunächst die exzentrische Anomalie E_a aus den Gleichungen

$$\cos E_a \;=\; \frac{\cos \nu_a + e}{1 + e \cdot \cos \nu_a}$$

$$\sin E_a \;=\; \frac{\sqrt{1 - e^2} \sin \nu_a}{1 + e \cdot \cos \nu_a}$$

bestimmt. Man erhält diese Gleichungen, wenn man in (4.5) den Radius mit Hilfe der Kegelschnittgleichung eliminiert und anschließend nach der exzentrischen Anomalie auflöst. Der zu E gehörige Wert der mittleren Anomalie M folgt dann aus der Keplergleichung

$$M_a \;=\; E_a - e \cdot \sin E_a \qquad \text{(Bogenmaß)} \;\;.$$

Bei einer Umlaufzeit von

$$T \;=\; 2\pi \cdot \sqrt{\frac{a^3}{GM_\odot}} \;\;,$$

wie sie sich aus dem dritten Keplerschen Gesetz ergibt, ändert sich die mittlere Anomalie täglich um

$$n \;=\; 2\pi \cdot \frac{1^{\mathrm{d}}}{T} \;=\; \sqrt{\frac{GM_\odot}{a^3}} \cdot 1^{\mathrm{d}} \;\;,$$

so daß der Zeitpunkt des Periheldurchgangs durch

$$t_0 = t_a - M_a/\sqrt{GM_\odot/a^3} \qquad (9.20)$$

gegeben ist. Für Hyperbelbahnen lauten die entsprechenden Beziehungen

$$\sin H_a = \frac{\sqrt{e^2 - 1}\sin\nu_a}{1 + e \cdot \cos\nu_a} \qquad (9.21)$$

$$M_a = e \cdot \sin H_a - H_a \qquad (9.22)$$

$$t_0 = t_a - M_a/\sqrt{GM_\odot/|a|^3} \quad . \qquad (9.23)$$

Die vollständige Bestimmung der Bahnelemente aus zwei vorgegebenen Bahn-punkten ist in dem Unterprogramm ELEMENT zusammengefaßt. Zur einfacheren Eingabe sind r_a und r_b wieder als Felder vom Typ VECTOR vereinbart, der weiter oben definiert wurde.

```
(*-----------------------------------------------------------------------*)
(* CROSS: Kreuzprodukt zweier Vektoren                                   *)
(*-----------------------------------------------------------------------*)
PROCEDURE CROSS(A,B:VECTOR;VAR C:VECTOR);
  BEGIN
    C[X] := A[Y]*B[Z]-A[Z]*B[Y];
    C[Y] := A[Z]*B[X]-A[X]*B[Z];
    C[Z] := A[X]*B[Y]-A[Y]*B[X];
  END;
(*-----------------------------------------------------------------------*)
(* ELEMENT: Berechnung der Bahnelemente aus zwei Bahnpunkten             *)
(*                                                                       *)
(*    JDA,JDB: Zeitpunkte der Passagen von A und B (julianisches Datum)  *)
(*    RA, RB : Ortsvektoren der Bahnpunkte A und B                       *)
(*    TP     : Perihelzeit ( in julian.Jahrhunderten seit J2000)         *)
(*    Q      : Periheldistanz                                            *)
(*    ECC    : Exzentrizitaet                                            *)
(*    INC    : Bahnneigung (in Grad)                                     *)
(*    LAN    : Laenge des aufsteigenden Knotens (in Grad)                *)
(*    AOP    : Argument des Perihels (in Grad)                           *)
(*-----------------------------------------------------------------------*)
PROCEDURE ELEMENT ( JDA,JDB: REAL; RA,RB: VECTOR;
                    VAR TP,Q,ECC,INC,LAN,AOP: REAL);

  CONST KGAUSS = 0.01720209895;
        RAD    = 0.01745329252; (* 180/pi *)

  VAR   TAU,ETA,P,AX,N,NY,E,M,U          : REAL;
        SA,SB,SO,FAC,DUMMY,SHH           : REAL;
        COS_DNY,SIN_DNY,ECOS_NY,ESIN_NY  : REAL;
        EA,RO,EO,R                       : VECTOR;
        I                                : INDEX;

  BEGIN

    (* berechne den Vektor RO (Anteil von RB, der senkrecht auf  *)
    (* RA steht) und die Betraege von RA, RB und RO              *)
```

```
SA := NORM(RA);      FOR I:=X TO Z DO  EA[I]:=RA[I]/SA;
SB := NORM(RB);
FAC := DOT(RB,EA);   FOR I:=X TO Z DO  RO[I]:=RB[I]-FAC*EA[I];
SO := NORM(RO);      FOR I:=X TO Z DO  EO[I]:=RO[I]/SO;

(* Bahnneigung und aufsteigender Knoten *)
CROSS (EA,EO,R);
POLAR ( -R[Y],R[X],R[Z], DUMMY,INC,LAN );  INC := 90.0-INC;
U   := ATN2 ( (+EO[X]*R[Y]-EO[Y]*R[X]) , (-EA[X]*R[Y]+EA[Y]*R[X]) );
IF INC=0.0 THEN U:=ATN2(RA[Y],RA[X]);

(* Bahnparameter p *)
TAU := KGAUSS * ABS(JDB-JDA);    ETA := FIND_ETA(RA,RB,TAU);
P := SA*SO*ETA / TAU;   P := P*P;

(* Exzentrizitaet, wahre Anomalie und Perihellaenge *)
COS_DNY := FAC/SB;    SIN_DNY := SO/SB;
ECOS_NY := P/SA-1.0;  ESIN_NY := (ECOS_NY*COS_DNY-(P/SB-1.0)) / SIN_DNY;
POLAR ( ECOS_NY,ESIN_NY,0.0, ECC,DUMMY,NY );
AOP := U-NY;   WHILE (AOP<0.0) DO AOP:=AOP+360.0;

(* Periheldistanz, grosse Halbachse und taegliche Bewegung *)
Q   := P/(1.0+ECC);     AX := Q/(1.0-ECC);
N   := KGAUSS / SQRT(ABS(AX*AX*AX));

(* mittlere Anomalie und Perihelzeit *)
IF (ECC<1.0)
  THEN
    BEGIN
      E := ATN2 ( SQRT((1.0-ECC)*(1.0+ECC))*ESIN_NY, ECOS_NY+ECC*ECC );
      E := RAD*E;  M := E-ECC*SIN(E); ;
    END
  ELSE
    BEGIN
      SHH := SQRT((ECC-1.0)*(ECC+1.0))*ESIN_NY / (ECC+ECC*ECOS_NY) ;
      M   := ECC*SHH - LN(SHH+SQRT(1.0+SHH*SHH))
    END;
  TP := ( (JDA-M/N) - 2451545.0 ) / 36525.0;

END;
```

(*---*)

9.2 Geometrie der geozentrischen Beobachtungen

Ist r der heliozentrische (auf die Sonne bezogene) Ort eines Planeten und R der geozentrische (auf die Erde bezogene) Ort der Sonne, dann ist der geozentrische Planetenort durch

$$\rho e = R + r \tag{9.24}$$

gegeben. Darin ist ρ die Entfernung des Planeten von der Erde und e ein Vektor der Länge Eins, der von der Erde zum Planeten zeigt. In ekliptikalen oder äquatorialen Koordinaten hat e die Komponenten

$$\begin{pmatrix} \cos\lambda\cos\beta \\ \sin\lambda\cos\beta \\ \sin\beta \end{pmatrix} \quad \text{bzw.} \quad \begin{pmatrix} \cos\alpha\cos\delta \\ \sin\alpha\cos\delta \\ \sin\delta \end{pmatrix} \quad,$$

wenn λ und β die ekliptikale Länge und Breite und α und δ die Rektaszension und Deklination des Planeten vom Standpunkt der Erde aus bezeichnen.

Mißt man die Koordinaten des Planeten an der scheinbaren Himmelskugel (etwa α und δ), dann ist dadurch nur die Beobachtungsrichtung — also e — festgelegt. Die Entfernung ρ ist unbekannt und muß im Rahmen der Bahnbestimmung berechnet werden. Für die eindeutige Bestimmung einer Planetenbahn müssen deshalb mindestens drei Beobachtungen e_1, e_2, e_3 vorliegen. Die Koordinaten R_1, R_2, R_3 der Sonne zu den Beobachtungszeitpunkten können zusätzlich als bekannt vorausgesetzt werden. Ausgehend von diesen Daten muß man versuchen, die Entfernungen ρ_1, ρ_2 und ρ_3 zu berechnen. Erst wenn diese bekannt sind, lassen sich auch die heliozentrischen Orte bestimmen, die die Bahn festlegen und eine Ableitung der Bahnelemente erlauben. Die geometrischen Beziehungen, die sich für einen Satz von drei Planetenpositionen ergeben, sollen nun in einer für die Zwecke der Bahnbestimmung geeigneten Form abgeleitet werden.

Zu den Zeiten $t_1 < t_2 < t_3$ befinde sich der Planet an den Orten r_1, r_2, r_3 relativ zur Sonne. Da im Rahmen einer ungestörten Keplerbewegung alle Orte in einer Ebene mit der Sonne liegen, ist es immer möglich, einen Ortsvektor durch eine geeignete Kombination der beiden anderen auszudrücken. Man wählt dazu r_2 und kann dann schreiben

$$r_2 = n_1 r_1 + n_3 r_3 \quad \text{(Ebenengleichung)} \quad . \tag{9.25}$$

Die Faktoren n_1 und n_3 hängen von der relativen Lage von r_1, r_2 und r_3 ab. Setzt man im folgenden voraus, daß der gesamte Bahnbogen kleiner als $180°$ ist, dann sind beide Faktoren positiv. Kombiniert man nun die (9.24) und (9.25), dann erhält man

$$(\rho_2 e_2 - R_2) = n_1 \cdot (\rho_1 e_1 - R_1) + n_3 \cdot (\rho_3 e_3 - R_3)$$

oder umgestellt

$$n_1 \rho_1 e_1 - \rho_2 e_2 + n_3 \rho_3 e_3 = n_1 R_1 - R_2 + n_3 R_3 \quad . \tag{9.26}$$

Definiert man nun die Vektoren

$$d_1 = e_2 \times e_3 \quad d_2 = e_3 \times e_1 \quad d_3 = e_1 \times e_2 \quad ,$$

dann steht aufgrund der Eigenschaften des Kreuzproduktes d_1 senkrecht auf e_2 und e_3, d_2 senkrecht auf e_3 und e_1 und d_3 senkrecht auf e_1 und e_2. Folglich ist das Skalarprodukt $e_i \cdot d_j$ nur für $i = j$ von Null verschieden. Multipliziert man (9.26) jeweils mit d_1, d_2 und d_3, dann erhält man nacheinander die Gleichungen

$$n_1 \rho_1 \cdot (e_1 \cdot d_1) = (n_1 R_1 - R_2 + n_3 R_3) \cdot d_1$$

$$-\rho_2 \cdot (e_2 \cdot d_2) = (n_1 R_1 - R_2 + n_3 R_3) \cdot d_2$$

$$n_3 \rho_3 \cdot (e_3 \cdot d_3) = (n_1 R_1 - R_2 + n_3 R_3) \cdot d_3 \quad .$$

Führt man noch die Abkürzungen

$$D = e_1 \cdot (e_2 \times e_3) = e_2 \cdot (e_3 \times e_1) = e_3 \cdot (e_1 \times e_2)$$
$$ = e_1 \cdot d_1 = e_2 \cdot d_2 = e_3 \cdot d_3$$

und

$$D_{ij} = d_i \cdot R_j$$

ein, dann ergeben sich damit die drei Gleichungen

$$\rho_1 = \frac{1}{n_1 D}(n_1 D_{11} - D_{12} + n_3 D_{13})$$

$$\rho_2 = \frac{1}{-D}(n_1 D_{21} - D_{22} + n_3 D_{23}) \qquad (9.27)$$

$$\rho_3 = \frac{1}{n_3 D}(n_1 D_{31} - D_{32} + n_3 D_{33}) \quad .$$

Die Entfernungen ρ_1, ρ_2 und ρ_3 können also durch n_1 und n_3 sowie die Vektoren $e_{1...3}$ und $R_{1...3}$ ausgedrückt werden. Damit scheint zunächst nur wenig gewonnen, da n_1 und n_3 ja nicht bekannt sind. Immerhin hat sich die Zahl der Unbekannten durch Ausnutzung der Ebenengleichung von drei ($\rho_{1...3}$) auf zwei ($n_{1,3}$) verringert. Wirklich bedeutsam werden die neu eingeführten Koeffizienten jedoch dadurch, daß sie sich — wie nun gezeigt wird — in guter Näherung durch Verhältnisse der bekannten Zwischenzeiten darstellen lassen.

Dazu wird noch einmal die Ebenengleichung (9.25) betrachtet. Bildet man auf beiden Seiten das Kreuzprodukt mit r_3 oder r_1 und beachtet, daß das Kreuzprodukt eines Vektors mit sich selbst verschwindet, dann folgen daraus die Beziehungen

$$(r_2 \times r_3) = n_1 \cdot (r_1 \times r_3) \qquad (r_1 \times r_2) = n_3 \cdot (r_1 \times r_3)$$

und

$$n_1 = \frac{|r_2 \times r_3|}{|r_1 \times r_3|} \qquad n_3 = \frac{|r_1 \times r_2|}{|r_1 \times r_3|} \quad .$$

Da allgemein die Dreiecksfläche Δ, die von zwei Vektoren r_a und r_b aufgespannt wird, gleich

$$\Delta = \frac{1}{2}|r_a \times r_b|$$

ist, lassen sich n_1 und n_3 als Verhältnisse der Dreiecksflächen interpretieren, die von r_1, r_2 und r_3 aufgespannt werden (vgl. Abb. 9.3):

$$n_1 = \frac{\Delta_1}{\Delta_2} \qquad n_3 = \frac{\Delta_3}{\Delta_2} \quad .$$

Besonders für kleine Bahnbögen unterscheiden sich die Dreiecksflächen nur wenig von den entsprechenden Sektorflächen $S_i = \eta_i \Delta_i$, die ihrerseits proportional zu den Zwischenzeiten τ_i sind:

$$n_1 = \frac{\eta_2}{\eta_1} \cdot \frac{\tau_1}{\tau_2} \approx \frac{\tau_1}{\tau_2} \qquad n_3 = \frac{\eta_2}{\eta_3} \cdot \frac{\tau_3}{\tau_2} \approx \frac{\tau_3}{\tau_2} \quad .$$

Somit sind zumindest ungefähre Werte für die n_1 und n_3 bekannt, die über (9.27) eine erste nährungsweise Bestimmung der geozentrischen Entfernungen (ρ_1, ρ_2, ρ_3) erlauben.

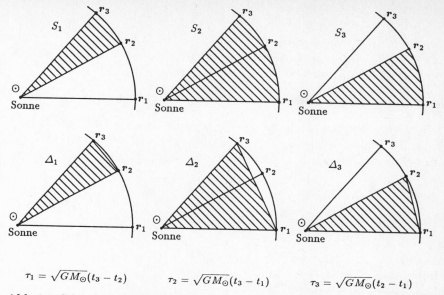

$$\tau_1 = \sqrt{GM_\odot}(t_3 - t_2) \qquad \tau_2 = \sqrt{GM_\odot}(t_3 - t_1) \qquad \tau_3 = \sqrt{GM_\odot}(t_2 - t_1)$$

Abb. 9.3. Sektorflächen, Dreiecksflächen und Zwischenzeiten für drei heliozentrische Orte

9.3 Das Verbesserungsverfahren

Die bisherigen Überlegungen lassen sich im wesentlichen zu zwei Aussagen zusammenfassen. Kennt man den heliozentrischen Ort eines Himmelskörpers an zwei vorgegebenen Zeitpunkten, dann ist der gesamte Bahnverlauf dadurch eindeutig festgelegt. Gleiches gilt für die Bahnelemente und das Sektor- zu Dreiecksverhältnis. Kennt man andererseits die Werte der Sektor- zu Dreiecksverhältnisse zu einem Satz von drei beobachteten Positionen, dann lassen sich daraus die geozentrischen und heliozentrischen Ortsvektoren berechnen. Hierauf baut die nun beschriebene verkürzte Gaußsche Bahnbestimmungsmethode auf.

Gegeben seien dazu drei geozentrische Beobachtungsrichtungen (e_1, e_2, e_3), die zugehörigen geozentrischen Koordinaten der Sonne (R_1, R_2, R_3) und die Zwischenzeiten (τ_1, τ_2, τ_3). Mit diesen Ausgangsdaten werden die folgenden Rechenschritte durchgeführt.

1. Setze $n_1 = \tau_1/\tau_2$ und $n_3 = \tau_3/\tau_2$ als Ausgangsnäherung für die Dreiecksflächenverhältnisse.

2. Wiederhole die Schritte (a)...(d), bis sich n_1, n_3 und die übrigen Größen nicht mehr wesentlich verändern.

   (a) Berechne die geozentrischen Entfernungen (ρ_1, ρ_2, ρ_3) nach (9.27).

   (b) Berechne hiermit die heliozentrischen Ortsvektoren (r_1, r_2, r_3) aus (9.24).

(c) Berechne die Sektor- zu Dreiecksverhältnisse (η_1, η_2, η_3) aus je zwei heliozentrischen Ortsvektoren und der zugehörigen Zwischenzeit nach (9.5).

(d) Berechne verbesserte Werte $n_1 = (\eta_2/\eta_1) \cdot (\tau_1/\tau_2)$ und $n_3 = (\eta_2/\eta_3) \cdot (\tau_3/\tau_2)$ für die Dreiecksflächenverhältnisse.

3. Berechne die Bahnelemente aus den letzten Werten von r_1, r_3 und τ_2.

Die auf diese Weise bestimmte Bahn hat die gesuchte Eigenschaft, daß der auf ihr umlaufende Himmelskörper sich zu den Zeiten t_1, t_2 und t_3 an den Orten r_1, r_2 und r_3 befindet, die relativ zur Erde in den Richtungen e_1, e_2 und e_3 liegen.

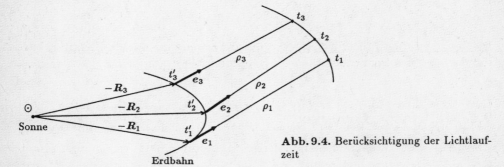

Abb. 9.4. Berücksichtigung der Lichtlaufzeit

Damit ist die Aufgabe der Bahnbestimmung im Prinzip gelöst. Für die praktische Anwendung der Methode ist lediglich noch eine kleine Änderung des Rechenschemas erforderlich. Bisher wurde das Bahnbestimmungsproblem so behandelt, als sei die beobachtete Position eines Planeten oder Kometen jederzeit mit der momentanen, geometrischen Position identisch. In Wirklichkeit vergeht aber zwischen der Aussendung des Lichts und der Beobachtung eine gewisse Zeitspanne, die durch die endliche Lichtgeschwindigkeit

$$c \;=\; 173.1 \text{AE/d}$$
$$1/c \;=\; 0\overset{d}{.}05776 / \text{AE}$$

bestimmt ist. Die Vektoren e_i, die die Beobachtungsrichtungen angeben, weisen deshalb von den heliozentrischen Orten $-R_i$, an denen sich die Erde zu den Beobachtungszeiten t_i' befindet, zu den drei Orten $r_i = \rho_i e_i + R_i$, an denen der Planet zu etwas früheren Zeitpunkten $t_i < t_i'$ steht (vgl. Abb. 9.4). Die Zeit $t_i' - t_i$, die zwischen der Lichtaussendung und der Beobachtung vergeht, ist dabei gleich der Zeit, die das Licht zum Durchlaufen der Strecke ρ_i benötigt:

$$\rho_i = c \cdot (t_i' - t_i) \quad .$$

Damit entsteht zunächst das Problem, daß die bei der Berechnung der Zwischenzeiten τ_i benötigten Zeitpunkte der Lichtaussendung t_i nicht bekannt sind. Im Verlauf der Bahnbestimmung erhält man aber zunehmend genauere Werte für die geozentrischen Entfernungen (ρ_1, ρ_2, ρ_3), so daß der Einfluß der Lichtlaufzeit problemlos berücksichtigt werden kann. Man verwendet die Beobachtungszeitpunkte lediglich bei der Bestimmung der Ausgangsnäherung

$$n_1 = \frac{\tau_1}{\tau_2} \approx \frac{t_3' - t_2'}{t_3' - t_1'} \qquad n_3 = \frac{\tau_3}{\tau_2} \approx \frac{t_2' - t_1'}{t_3' - t_1'}$$

für die Dreiecksflächenverhältnisse. Anschließend werden in jedem Iterationsschritt die Zwischenzeiten neu berechnet, sobald die aktuellen Werte der geozentrischen Entfernungen bekannt sind:

$$\tau_1 = \sqrt{GM_\odot}(t_3 - t_2) \quad \tau_2 = \sqrt{GM_\odot}(t_3 - t_1) \quad \tau_3 = \sqrt{GM_\odot}(t_2 - t_1)$$

mit

$$t_i = t_i' - \rho_i \cdot 0\overset{d}{.}05776/\text{AE} \quad (i = 1 \ldots 3) \quad .$$

Die geometrischen Hilfsgrößen d_i, D_{ij} und D hängen nur von den Richtungsvektoren e_i und den Sonnenkoordinaten R_i ab und müssen deshalb nicht korrigiert werden.

9.4 Mehrfache Lösungen

Abgesehen von Ausnahmefällen, in denen die Iteration nicht konvergiert, erhält man mit der vereinfachten Gaußschen Bahnbestimmung immer ein Resultat, das sämtliche Gleichungen des Bahnbestimmungsproblems korrekt erfüllt. Im Zweifelsfall läßt sich dies immer durch entsprechendes Nachrechnen der drei Beobachtungen mit den ermittelten Bahnelementen bestätigen. Dabei ist aber nicht auszuschließen, daß man zum Teil Lösungen erhält, die auf den ersten Blick falsch oder unsinnig erscheinen. Besonders offensichtlich ist dies bei Hyperbelbahnen hoher Exzentrizität, die jeder Erfahrung widersprechen[2]. Die Ursache hierfür liegt darin, daß die Bahnbestimmung aus drei Beobachtungen nicht immer eindeutig ist. Dies ist besonders bei der *Erdbahnlösung* leicht einzusehen. Der Beobachter bewegt sich ja selbst auf einer nahezu ungestörten Keplerbahn um die Sonne und liegt gleichzeitig immer in der vorgegebenen Beobachtungsrichtung. Man erkennt die Erdbahnlösung am schnellsten anhand der Halbachse ($a \approx 1$), der Exzentrizität ($e \approx 0$) und der Neigung gegenüber der Ekliptik ($i \approx 0°$).

Eine allgemeine Diskussion möglicher Mehrdeutigkeiten bei der Bahnbestimmung ist normalerweise auf kleine Bahnbögen beschränkt. Betrachtet man unter dieser Voraussetzung die gegenseitige Lage von Sonne, Erde und beobachtetem Himmelskörper, dann lassen sich insgesamt vier verschiedene Gebiete abgrenzen, die durch die Erdbahn und die sogenannte *Charliersche Grenzlinie* (Abb. 9.5) voneinander getrennt sind. Für einen Planetoiden, der um den Zeitpunkt der Opposition herum beobachtet wird, ist das Ergebnis beispielsweise eindeutig, wenn man einmal von der erwähnten Erdbahnlösung absieht. Befindet sich dagegen ein Komet zur Zeit der Beobachtung innerhalb der tropfenförmigen Zone, die die

---

[2]Alle bekannten Kometen haben durchweg kleinere Exzentrizitäten als $e = 1.1$.

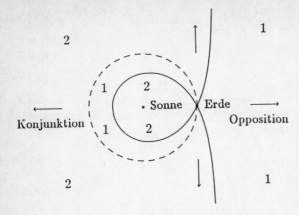

Abb. 9.5.   Die Charliersche Grenzlinie (—) trennt die Gebiete, in denen die Bahnbestimmung eindeutig ist (1), von Gebieten der Doppeldeutigkeit (2)

Sonne unmittelbar umgibt, oder im Konjunktionsraum außerhalb der Erdbahn, dann sind prinzipiell zwei Lösungen des Bahnbestimmungsproblems möglich.

Die hier vorgestellte vereinfachte Variante der Bahnbestimmung erlaubt es allerdings nicht, alle diese Lösungen zu berechnen und zu unterscheiden. Hierfür muß auf die ungekürzte Methode der Gaußschen Bahnbestimmung verwiesen werden, die in der Literatur beschrieben ist.

9.5 Das Programm ORBDET

Mit dem nun vorgestellten Programm ORBDET lassen sich die Bahnelemente einer Kometen- oder Asteroidenbahn aus drei bekannten Beobachtungen bestimmen. Aus den gegebenen Werten der Rektaszension und Deklination werden zunächst die Einheitsvektoren der Beobachtungsrichtungen und die Koordinaten der Sonne ermittelt (START). Da sich die gesuchten Bahnelemente wie gewohnt auf die Ekliptik beziehen sollen, werden alle Größen in einem ekliptikalen Koordinatensystem berechnet, dessen Äquinoktium frei gewählt werden kann. Die eigentliche Bahnbestimmung nach der verkürzten Gauß-Methode erfolgt innerhalb der Prozedur GAUSS. Zwei Unterprogramme (DUMPELEM, SAVEELEM) dienen zur Ausgabe der Bahnelemente auf den Bildschirm und in eine Datei mit dem voreingestellten Namen ORBOUT(.DAT). Das Format dieser Ausgabedatei entspricht dem Eingabeformat des Programms COMET aus Kap. 4, so daß eine anschließende Ephemeridenrechnung problemlos möglich ist.

Wegen der Länge der erforderlichen Eingaben werden diese in einer Datei mit Namen ORBINP(.DAT) zusammengefaßt. Die Datei beginnt mit einer einzelnen Kommentarzeile, die eine leichtere Identifizierung der Daten ermöglichen soll. Die drei folgenden Zeilen enthalten jeweils das Datum in der Form „Tag, Monat, Jahr und Stunde mit Dezimalanteil", die beobachteten äquatorialen Koordinaten (die Rektaszension in der Form „Stunden, Minuten und Sekunden mit Dezimalanteil" und die Deklination in der Form „Grad, Minuten und Sekunden mit Dezimalanteil") sowie einen optionalen Kommentar. Die nächsten beiden Zeilen enthalten das Äquinoktium, auf das sich beobachteten Positionen beziehen, sowie

das gewünschte Äquinoktium der zu berechnenden Bahnelemente. Die folgende
Datei enthält als Beispiel einige Beobachtungen des Kleinplaneten Ceres, die
Gauß zur Illustration seiner Bahnbestimmungsmethode verwendet hat:

```
Ceres (Beispiel von Gauss)
  05 09 1805 24.165   6 23 57.54  22 21 27.08  ! drei Beobachtungen
  17 01 1806 22.095   6 45 14.69  30 21 24.20  ! Format: Datum (dmyh),
  23 05 1806 20.399   8 07 44.60  28 02 47.04  !         RA (hms), Dec (gms)
  1806.0                                        ! Aequinoktium
  1806.0                                        ! gewuenschtes Aequinoktium
```

Bei der Bahnbestimmung wird erwartet, daß alle Beobachtungen in Form von
astrometrischen Koordinaten vorliegen, also vom Einfluß der stellaren Aberration befreit sind. Dies ist unter anderem immer dann der Fall, wenn die Koordinaten durch Vergleich mit Umgebungssternen aus einem Sternkatalog gewonnen wurden. Ein Beispiel hierfür ist die Vermessung einer Sternfeldaufnahme,
die wohl am häufigsten verwendet wird, um die Bewegung eines Kometen oder
Asteroiden zu verfolgen.

```
(*-----------------------------------------------------------------------*)
(*                              ORBDET                                    *)
(*              Bahnbestimmung aus drei Beobachtungen                     *)
(*           nach der gekuerzten Gauss-Methode von Bucerius               *)
(*                         Version 12.02.89                               *)
(*-----------------------------------------------------------------------*)

PROGRAM ORBDET(INPUT,OUTPUT,ORBINP,ORBOUT);

  TYPE INDEX  = (X,Y,Z);
       VECTOR = ARRAY[INDEX] OF REAL;
       REAL3  = ARRAY[1.. 3] OF REAL;
       REAL33 = ARRAY[1.. 3] OF REAL3;
       MAT3X  = ARRAY[1.. 3] OF VECTOR;
       CHAR80 = ARRAY[1..80] OF CHAR;

  VAR  TEQX                 : REAL;
       TP,Q,ECC,INC,LAN,AOP : REAL;
       JDO                  : REAL3;
       RSUN,E               : MAT3X;
       HEADER               : CHAR80;
       ORBINP,ORBOUT        : TEXT;

(*-----------------------------------------------------------------------*)
(* An dieser Stelle sind folgende Unterprogramme in der angegebenen       *)
(* Reihenfolge einzugeben:                                                *)
(*   SN, CS, TN, ATN, ATN2, CART, POLAR, GGG, GMS, DOT, NORM, CROSS        *)
(*   MJD, CALDAT                                                           *)
(*   EQUECL,  PMATECL, PRECART                                             *)
(*   SUN200                                                                *)
(*   FIND_ETA, ELEMENT                                                     *)
(*-----------------------------------------------------------------------*)
```

```
(*-----------------------------------------------------------------------*)
(* START: Eingabedatei lesen und Beobachtungsdaten vorverarbeiten        *)
(*                                                                       *)
(* Ausgabe:                                                              *)
(*   RSUN: Matrix der drei Sonnenvektoren in ekliptikalen Koordinaten    *)
(*   E:    Matrix der drei Einheitsvektoren in Beobachtungsrichtung      *)
(*   JD:   julianisches Datum der drei Beobachtungszeiten                *)
(*   TEQX: Aequinoktium der Vektoren in RSUN und E (in jul.Jahrh. ab J2000) *)
(*-----------------------------------------------------------------------*)

PROCEDURE START (VAR HEADER: CHAR80;
                 VAR RSUN,E: MAT3X; VAR JDO: REAL3; VAR TEQX: REAL);

  VAR DAY,MONTH,YEAR,G,M,I     : INTEGER;
      UT,S,DUMMY              : REAL;
      EQXO,EQX,TEQXO          : REAL;
      LS,BS,RS,LP,BP,RA,DEC,T : REAL3;
      A,AS                    : REAL33;

  BEGIN

    (* Eingabe-Datei oeffnen                                           *)

    RESET(ORBINP);                                   (* Standard Pascal *)
    (* ASSIGN(ORBINP,'ORBINP.DAT'); RESET(ORBINP) *)   (* Turbo Pascal   *)
    (* RESET(ORBINP,'ORBINP.DAT');              *)   (* ST Pascal plus  *)

    (* Eingabe Daten aus Datei ORBINP lesen                            *)

    FOR I:=1 TO 80 DO                                 (* Kopfzeile      *)
      IF NOT(EOLN(ORBINP)) THEN READ(ORBINP,HEADER[I]) ELSE HEADER[I]:=' ';
    READLN(ORBINP);
    FOR I := 1 TO 3 DO                                (* 3 Beobachtungen *)
      BEGIN
        READ  (ORBINP,DAY,MONTH,YEAR,UT);                       (* Datum *)
        READ  (ORBINP,G,M,S); GGG(G,M,S,RA[I]);                 (* RA    *)
        READLN(ORBINP,G,M,S); GGG(G,M,S,DEC[I]);               (* Dec   *)
        RA[I]:=RA[I]*15.0;
        JDO[I] := 2400000.5+MJD(DAY,MONTH,YEAR,UT);
        T[I]   := (JDO[I]-2451545.0)/36525.0;
      END;
    WRITELN;
    READLN(ORBINP,EQXO); TEQXO:=(EQXO-2000.0)/100.0;   (* Aequinoktium   *)

    (* gewuenschtes Aequinoktium der Bahnelemente                      *)

    READ(ORBINP,EQX ); TEQX :=(EQX -2000.0)/100.0;

    (* Ausgangsdaten der Bahnbestimmung berechnen                      *)

    PMATECL(TEQXO,TEQX,A);
    FOR I := 1 TO 3 DO
      BEGIN
        CART  (1.0,DEC[I],RA[I],E[I,X],E[I,Y],E[I,Z]);
```

```
      EQUECL (      TEQXO      ,E[I,X],E[I,Y],E[I,Z]);
      PRECART(      A          ,E[I,X],E[I,Y],E[I,Z]);
      POLAR  (E[I,X],E[I,Y],E[I,Z],DUMMY,BP[I],LP[I]);
      PMATECL( T[I],TEQX,AS);
      SUN200 (T[I],LS[I],BS[I],RS[I]);
      CART   (RS[I],BS[I],LS[I],RSUN[I,X],RSUN[I,Y],RSUN[I,Z]);
      PRECART(      AS         ,RSUN[I,X],RSUN[I,Y],RSUN[I,Z]);
    END;


  WRITELN('       ORBDET: Bahnbestimmung aus drei Beobachtungen   ');
  WRITELN('                 Version 12.02.89                      ');
  WRITELN('        (c) 1989 Thomas Pfleger, Oliver Montenbruck    ');
  WRITELN; WRITELN;
  WRITELN(' Protokoll Bahnbestimmung ');
  WRITELN;
  WRITE  ('  '); FOR I:=1 TO 78 DO WRITE(HEADER[I]); WRITELN;
  WRITELN;
  WRITELN(' Ausgangsdaten ',
          ' (ekliptikale geozentrische Koordinaten in Grad)');
  WRITELN;
  WRITELN('  Julian. Datum      ',JD0[1]:12:2,JD0[2]:12:2,JD0[3]:12:2);
  WRITELN('  Laenge Sonne        ', LS[1]:12:2, LS[2]:12:2, LS[3]:12:2);
  WRITELN('  Laenge Planet/Komet', LP[1]:12:2, LP[2]:12:2, LP[3]:12:2);
  WRITELN('  Breite Planet/Komet', BP[1]:12:2, BP[2]:12:2, BP[3]:12:2);
  WRITELN; WRITELN;

  END;


(*------------------------------------------------------------------------*)
(* DUMPELEM: Ausgabe der Bahnelemente                                     *)
(*------------------------------------------------------------------------*)

PROCEDURE DUMPELEM(TP,Q,ECC,INC,LAN,AOP,TEQX:REAL);

  VAR DAY,MONTH,YEAR: INTEGER;
      MODJD,UT      : REAL;

  BEGIN
    MODJD := TP*36525.0 + 51544.5;
    CALDAT( MODJD, DAY,MONTH,YEAR,UT);
    WRITELN(' Bahnelemente ',
            ' (Aequinoktium ','J',100.0*TEQX+2000.0:8:2,')');
    WRITELN;
    WRITELN('  Perihelzeit     tp    ',
            DAY:2,'.',MONTH:2,'.',YEAR:4,UT:8:4,'h',
            ' (JD',MODJD+2400000.5:11:2,')');
    WRITELN('  Periheldistanz  q[AE] ', Q:12:6);
    WRITELN('  gr. Halbachse   a[AE] ', Q/(1-ECC):12:6);
    WRITELN('  Exzentrizitaet  e     ', ECC:12:6);
    WRITELN('  Bahnneigung     i     ', INC:10:4,' Grad');
    WRITELN('  aufst. Knoten   Omega ', LAN:10:4,' Grad');
    WRITELN('  Perihellaenge   pi    ', AOP+LAN:10:4,' Grad');
    WRITELN('  Argum.d.Perihel omega ', AOP:10:4,' Grad');
    WRITELN;
  END;
```

```
(*---------------------------------------------------------------------*)
(* SAVEELEM: Ausgabe der Bahnelemente in eine Datei                    *)
(*---------------------------------------------------------------------*)
PROCEDURE SAVEELEM(TP,Q,ECC,INC,LAN,AOP,TEQX:REAL;HEADER: CHAR80);
  VAR I,DAY,MONTH,YEAR: INTEGER;
      MODJD,UT      : REAL;
  BEGIN
    REWRITE(ORBOUT);                                   (* Standard Pascal *)
    (* ASSIGN(ORBOUT,'ORBOUT.DAT'); REWRITE(ORBOUT) *) (* Turbo Pascal    *)
    (* REWRITE(ORBOUT,'ORBOUT.DAT');                 *) (* ST Pascal plus  *)
    MODJD := TP*36525.0 + 51544.5;
    CALDAT( MODJD, DAY,MONTH,YEAR,UT);
    WRITE  (ORBOUT,YEAR:5,MONTH:3,(DAY+UT/24.0):7:3,'!':6);
    WRITELN(ORBOUT,' Perihelzeit T0 (y m d.d)  =  JD ',
                    (MODJD+2400000.5):12:3);
    WRITELN(ORBOUT, Q :12:6,'!': 9,' q  ( a =',Q/(1-ECC):10:6,' )');
    WRITELN(ORBOUT,ECC:12:6,'!': 9,' e ');
    WRITELN(ORBOUT,INC:10:4,'!':11,' i ');
    WRITELN(ORBOUT,LAN:10:4,'!':11,' long.asc.node ');
    WRITELN(ORBOUT,AOP:10:4,'!':11,
                    ' arg.perih. ( long.per. = ',AOP+LAN:9:4,' )');
    WRITELN(ORBOUT,TEQX*100.0+2000.0:8:2,'!':13,' equinox (J)');
    WRITE  (ORBOUT,'! ');
    FOR I:=1 TO 78 DO WRITE(ORBOUT,HEADER[I]);
    RESET(ORBOUT); (* Datei schliessen *)
  END;
(*---------------------------------------------------------------------*)
(* RETARD: Retardierung der Beobachtungszeit                           *)
(*   JD0: Beobachtungszeitpunkte (t1',t2',t3') (julianisches Datum)     *)
(*   RHO: drei geozentrische Entfernungen (in AE)                      *)
(*   JD:  Zeitpunkte der Lichtaussendung (t1,t2,t3) (julianisches Datum)*)
(*   TAU: drei Zwischenzeiten                                           *)
(*---------------------------------------------------------------------*)
PROCEDURE RETARD ( JD0,RHO: REAL3; VAR JD,TAU: REAL3);
  CONST KGAUSS = 0.01720209895;  A = 0.00578;
  VAR   I: INTEGER;
  BEGIN
    FOR I:=1 TO 3 DO  JD[I]:=JD0[I]-A*RHO[I];
    TAU[1] := KGAUSS*(JD[3]-JD[2]);  TAU[2] := KGAUSS*(JD[3]-JD[1]);
    TAU[3] := KGAUSS*(JD[2]-JD[1]);
  END;
(*---------------------------------------------------------------------*)
(* GAUSS: Iteration der vereinfachten Gaussmethode                     *)
(*                                                                     *)
(*   RSUN: drei Vektoren mit den geozentrischen Sonnenkoordinaten       *)
(*   E   : drei Vektoren der geozentrischen Beobachtungsrichtungen      *)
(*   JD0 : drei Beobachtungszeitpunkte (julianisches Datum)            *)
(*   TP  : Perihelzeit (in julianischen Jahrhunderten seit J2000)      *)
(*   Q   : Perihaldistanz                                              *)
(*   ECC : Exzentrizitaet                                              *)
(*   INC : Bahnneigung                                                 *)
(*   LAN : Laenge des aufsteigenden Knotens                            *)
(*   AOP : Argument des Perihels                                       *)
(*---------------------------------------------------------------------*)
```

```
PROCEDURE GAUSS ( RSUN,E: MAT3X; JDO:REAL3;
                  VAR TP,Q,ECC,INC,LAN,AOP: REAL );

  CONST EPS_RHO =1.0E-8;

  VAR I,J             : INTEGER;
      S               : INDEX;
      RHOOLD,DET      : REAL;
      JD,RHO,N,TAU,ETA : REAL3;
      DI              : VECTOR;
      RPL             : MAT3X;
      DD              : REAL33;

  BEGIN

    (* berechne die Ausgangsnaeherung fuer n1 und n3 *)

    N[1] := (JD[3]-JD[2]) / (JD[3]-JD[1]);    N[2] := -1.0;
    N[3] := (JD[2]-JD[1]) / (JD[3]-JD[1]);

    (* berechne die Matrix D und ihre Determinante (det(D) = e3.d3)    *)

    CROSS(E[2],E[3],DI);  FOR J:=1 TO 3 DO DD[1,J]:=DOT(DI,RSUN[J]);
    CROSS(E[3],E[1],DI);  FOR J:=1 TO 3 DO DD[2,J]:=DOT(DI,RSUN[J]);
    CROSS(E[1],E[2],DI);  FOR J:=1 TO 3 DO DD[3,J]:=DOT(DI,RSUN[J]);
    DET := DOT(E[3],DI);

    WRITELN; WRITELN(' Iteration der geozentrischen Entfernung rho [AE] ');
    WRITELN;

    RHO[2] := 0;

    (* Iteration, bis sich die Entfernung rho[2] nicht mehr veraendert *)

    RHO[2] := 0;

    REPEAT

      RHOOLD := RHO[2];

      (* geozentrische Entfernung rho aus n1 und n3 *)
      FOR I := 1 TO 3 DO
        RHO[I]:=( N[1]*DD[I,1] - DD[I,2] + N[3]*DD[I,3] ) / (N[I]*DET);

      (* Beobachtungszeit retardieren und Zwischenzeiten berechnen *)
      RETARD (JDO,RHO,JD,TAU);

      (* heliozentrische Vektoren *)
      FOR I := 1 TO 3 DO
        FOR S := X TO Z DO
          RPL[I,S] := RHO[I]*E[I,S]-RSUN[I,S];

      (* Sektor-zu-Dreiecksverhaeltnisse eta[i] *)
      ETA[1] := FIND_ETA( RPL[2], RPL[3], TAU[3] );
```

```
     ETA[2] := FIND_ETA( RPL[1], RPL[3], TAU[2] );
     ETA[3] := FIND_ETA( RPL[1], RPL[2], TAU[1] );

     (* Verbesserung der Dreiecksflaechenverhaeltnisse *)
     N[1] := ( TAU[1]/ETA[1] ) / (TAU[2]/ETA[2]);
     N[3] := ( TAU[3]/ETA[3] ) / (TAU[2]/ETA[2]);
     WRITELN(' rho',' ':16,RHO[1]:12:8,RHO[2]:12:8,RHO[3]:12:8);

   UNTIL ( ABS(RHO[2]-RHOOLD) < EPS_RHO );

   WRITELN; WRITELN(' heliozentrische Entfernungen [AE]:'); WRITELN;
   WRITELN(' r  ',' ':16,
           NORM(RPL[1]):12:8,NORM(RPL[2]):12:8,NORM(RPL[3]):12:8);
   WRITELN; WRITELN;

   (* Bahnelemente aus der ersten und dritten Beobachtung bestimmen *)

   ELEMENT ( JD[1],JD[3],RPL[1],RPL[3], TP,Q,ECC,INC,LAN,AOP );


  END;

(*-----------------------------------------------------------------------*)

BEGIN

  START(HEADER,RSUN,E,JDO,TEQX);

  GAUSS(RSUN,E,JDO,TP,Q,ECC,INC,LAN,AOP);

  DUMPELEM(TP,Q,ECC,INC,LAN,AOP,TEQX);
  SAVEELEM(TP,Q,ECC,INC,LAN,AOP,TEQX,HEADER);

  (* Loesung ueberpruefen *)

  WRITELN;
  IF (DOT(E[2],RSUN[2])>0) THEN
    WRITELN (' Warnung: Beobachtung im Konjunktionsraum;',
             ' Doppelloesung moeglich');
  IF (ECC>1.1) THEN
    WRITELN (' Warnung: vermutlich unphysikalische Loesung (e>1.1) ');
  IF ( (ABS(Q-0.985)<0.1) AND (ABS(ECC-0.015)<0.05) ) THEN
    WRITELN (' Warnung: vermutlich Erdbahnloesung');

END.

(*-----------------------------------------------------------------------*)
```

Nach dem Aufruf von ORBDET werden vom Benutzer keine Eingaben erwartet,
da alle notwendigen Informationen bereits in der Datei ORBDET(.DAT) enthalten sind. Für die oben angegebenen Zahlenwerte erhält man zum Beispiel das
folgende Protokoll:

ORBDET: Bahnbestimmung aus drei Beobachtungen
Version 12.02.89
(c) 1989 Thomas Pfleger, Oliver Montenbruck

Protokoll Bahnbestimmumg

Ceres (Beispiel von Gauss)

Ausgangsdaten (ekliptikale geozentrische Koordinaten in Grad)

Julian. Datum	2380570.51	2380704.42	2380830.35
Laenge Sonne	162.91	297.21	61.95
Laenge Planet/Komet	95.54	99.82	118.10
Breite Planet/Komet	-0.99	7.28	7.65

Iteration der geozentrischen Entfernung rho [AE]

rho	3.17388654	1.55960584	3.26891774
rho	2.97212839	1.61606981	3.04726038
rho	2.92283402	1.63070368	2.98636286
rho	2.90839087	1.63497331	2.96755085
rho	2.90390666	1.63628877	2.96157698
rho	2.90248578	1.63670369	2.95966629
rho	2.90203220	1.63683587	2.95905411
rho	2.90188709	1.63687808	2.95885777
rho	2.90184056	1.63689162	2.95879486
rho	2.90182566	1.63689595	2.95877468
rho	2.90182089	1.63689734	2.95876820
rho	2.90181936	1.63689778	2.95876612
rho	2.90181886	1.63689792	2.95876545
rho	2.90181871	1.63689797	2.95876524
rho	2.90181866	1.63689798	2.95876517
rho	2.90181864	1.63689799	2.95876515

heliozentrische Entfernungen [AE]:

r	2.68083158	2.58787040	2.54398482

Bahnelemente (Aequinoktium J 1806.00)

Perihelzeit	tp	28. 6.1806 0.9118h (JD 2380865.54)	
Periheldistanz	q[AE]	2.541677	
gr. Halbachse	a[AE]	2.767167	
Exzentrizitaet	e	0.081488	
Bahnneigung	i	10.6178 Grad	
aufst. Knoten	Omega	80.9788 Grad	
Perihellaenge	pi	147.0171 Grad	
Argum.d.Perihels	omega	66.0383 Grad	

Zusätzlich werden die Bahnelemente in der Datei ORBOUT.DAT gespeichert:

```
1806  6 28.038      ! Perihelzeit T0 (y m d.d)  =  JD  2380865.538
   2.541677         ! q  ( a =  2.767167 )
   0.081488         ! e
  10.6178           ! i
  80.9788           ! long.asc.node
  66.0383           ! arg.perih. ( long.per. =  147.0171 )
1806.00             ! equinox (J)
! Ceres (Beispiel von Gauss)
```

Man kann sie als Eingabe zum Programm COMET (vgl. Kap. 4) verwenden, um sich davon zu überzeugen, daß die beobachteten Positionen korrekt wiedergegeben werden:

Datum		h	L	l	b	r	Ra			Dec			Entfernung
							h	m	s	o	'	"	(AE)
6	9 1805	0.2	162.9	75.2	-1.1	2.681	6	23	57.5	22	21	27	2.901867
17	1 1806	22.1	297.2	106.4	4.6	2.588	6	45	14.7	30	21	24	1.636882
23	5 1806	20.4	61.9	137.7	8.9	2.544	8	7	44.6	28	2	47	2.958699

Wie man an den ekliptikalen Koordinaten der Sonne und der Ceres erkennen kann, befand sich der Kleinplanet zur Zeit der Beobachtung in der Nähe der Opposition. Die Gefahr einer doppelten Lösung der Bahnbestimmung besteht bei dem hier gewählten Beispiel deshalb nicht.

10. Astrometrie

Die Fotografie bietet eine verhältnismäßig einfache Möglichkeit, die Koordinaten eines Kometen oder Planeten durch den Vergleich mit bekannten Sternpositionen zu bestimmen. Neben der Aufnahme selbst benötigt man dazu lediglich einen Sternkatalog und eventuell einen Atlas zur leichteren Identifizierung der Umgebungssterne.

Zum besseren Verständnis der folgenden Überlegungen ist in Abb. 10.1 eine Aufnahme des Kometen Bradfield von 1982 skizziert. Der Vergleich mit einem Sternatlas zeigt, daß das Bild ein Gebiet von $\pm 4^m$ Rektaszension und $\pm 1°$ Deklination erfaßt und um den Punkt ($\alpha_{1950} = 12^h 26^m 15^s$, $\delta_{1950} = 44°25$) zentriert ist. Neben dem Kometen lassen sich eine Reihe von Sternen identifizieren, deren Koordinaten dem SAO-Katalog des *Smithsonian Astrophysical Observatory* entnommen werden können. Dieser überdeckt den gesamten Nord- und Südhimmel und enthält die Positionen von rund 250 000 Sternen. Die mittlere Entfernung zweier benachbarter Katalogsterne beträgt dabei etwa ein halbes Grad. Mindestens drei Vergleichssterne mit bekannten Koordinaten werden benötigt, um den Ort eines Himmelskörpers aus einer Fotografie bestimmen zu können. Um möglichst genaue Resultate zu erzielen, wird man allerdings versuchen, die gesuchten Koordinaten mit Hilfe möglichst vieler Umgebungssterne zu ermitteln. Hierzu soll zunächst erläutert werden, wie ein Ausschnitt des Himmels mit Sternen verschiedener Rektaszension und Deklination auf einer Aufnahme wiedergegeben wird.

10.1 Die fotografische Abbildung

Ein ideales Kamera- oder Fernrohrobjektiv vereinigt die von einem Stern ausgehenden Lichtstrahlen in einem Punkt der Filmebene. Diese liegt in einer Entfernung F hinter dem Objektiv, die als Brennweite bezeichnet wird. Der Punkt P, auf den der Stern abgebildet wird, läßt sich konstruieren, indem man den Lichtstrahl durch die Objektivmitte O mit der Filmebene schneidet (Abb. 10.2).

In dem von $\boldsymbol{u}$, $\boldsymbol{v}$ und $\boldsymbol{w}$ aufgespannten Koordinatensystem gibt

$$e = \begin{pmatrix} \cos(\delta)\cos(\alpha - \alpha_0) \\ \cos(\delta)\sin(\alpha - \alpha_0) \\ \sin(\delta) \end{pmatrix}$$

die Richtung zu einem Stern der Rektaszension α und der Deklination δ an.

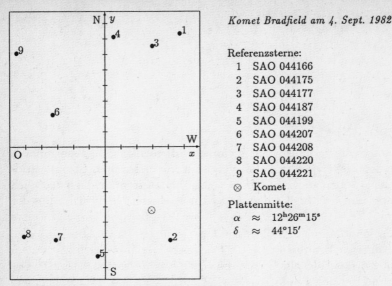

Abb. 10.1. Beispiel einer Sternfeldaufnahme

Komet Bradfield am 4. Sept. 1982

Referenzsterne:
1 SAO 044166
2 SAO 044175
3 SAO 044177
4 SAO 044187
5 SAO 044199
6 SAO 044207
7 SAO 044208
8 SAO 044220
9 SAO 044221
⊗ Komet

Plattenmitte:
$\alpha \approx 12^{\text{h}}26^{\text{m}}15^{\text{s}}$
$\delta \approx 44°15'$

Entsprechend definiert

$$e_0 = \begin{pmatrix} \cos(\delta_0) \\ 0 \\ \sin(\delta_0) \end{pmatrix}$$

den Ort (α_0, δ_0) am Himmel, auf den die optische Achse der Kamera ausgerichtet ist. Die Vektoren $F = -F \cdot e_0$ und $p = -p \cdot e$ beschreiben den Lichtweg vom Objektiv zur Plattenmitte und zum Bildpunkt P des Sterns. Sie schließen miteinander den Winkel φ ein mit

$$\begin{aligned} \cos(\varphi) &= e_0 \cdot e \\ &= \cos(\delta_0)\cos(\delta)\cos(\alpha - \alpha_0) + \sin(\delta_0)\sin(\delta) \quad . \end{aligned}$$

Innerhalb der Filmebene wird durch die Vektoren

$$e_X = \begin{pmatrix} 0 \\ 1 \\ 0 \end{pmatrix} \quad \text{und} \quad e_Y = \begin{pmatrix} +\sin(\delta_0) \\ 0 \\ -\cos(\delta_0) \end{pmatrix}$$

ein Koordinatensystem zur Vermessung der Aufnahme definiert, das in Nord-Süd und Ost-West-Richtung orientiert ist. Mit den Koordinaten X und Y des Bildpunktes P, die in Einheiten der Brennweite F gemessen werden, läßt sich p in der folgenden Form darstellen:

$$p = F + (F \cdot X) \cdot e_X + (F \cdot Y) \cdot e_Y \quad .$$

Schreibt man diese Gleichung komponentenweise an, dann erhält man für den

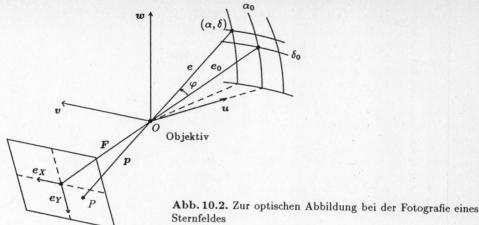

Abb. 10.2. Zur optischen Abbildung bei der Fotografie eines Sternfeldes

Zusammenhang von (α, δ) einerseits und (X, Y) andererseits die drei Beziehungen

$$
\begin{aligned}
p\cos(\delta)\cos(\alpha - \alpha_0) &= F\cos(\delta_0) &&- FY\sin(\delta_0) \\
p\cos(\delta)\sin(\alpha - \alpha_0) &= &&- FX \\
p\sin(\delta) &= F\sin(\delta_0) &&+ FY\cos(\delta_0)
\end{aligned}
\tag{10.1}
$$

mit

$$
p = |\boldsymbol{p}| = F\sqrt{1 + X^2 + Y^2}
$$

oder

$$
\begin{aligned}
p &= F/\cos(\varphi) \\
&= F/(\cos(\delta_0)\cos(\delta)\cos(\alpha - \alpha_0) + \sin(\delta_0)\sin(\delta)) \quad.
\end{aligned}
$$

Aufgelöst nach den sphärischen Koordinaten führt dies auf die Gleichungen

$$
\begin{aligned}
\alpha &= \alpha_0 + \arctan\left\{\frac{-X}{\cos(\delta_0) - Y\sin(\delta_0)}\right\} \\
\delta &= \arcsin\left\{\frac{\sin(\delta_0) + Y\cos(\delta_0)}{\sqrt{1 + X^2 + Y^2}}\right\} \quad.
\end{aligned}
\tag{10.2}
$$

Die Umkehrung von (10.2) ergibt sich ebenfalls aus (10.1) zu

$$
\begin{aligned}
X &= -\frac{\cos(\delta)\sin(\alpha - \alpha_0)}{\cos(\delta_0)\cos(\delta)\cos(\alpha - \alpha_0) + \sin(\delta_0)\sin(\delta)} \\
Y &= -\frac{\sin(\delta_0)\cos(\delta)\cos(\alpha - \alpha_0) - \cos(\delta_0)\sin(\delta)}{\cos(\delta_0)\cos(\delta)\cos(\alpha - \alpha_0) + \sin(\delta_0)\sin(\delta)} \quad.
\end{aligned}
\tag{10.3}
$$

Diese beiden Transformationen lassen sich in einfacher Weise als Unterprogramme formulieren:

```
(*------------------------------------------------------------------*)
(* STDEQU: Transformation von Standardkoordinaten in aequatoriale Koordinaten*)
(*   RAO,DECO: Rektaszension und Deklination der optischen Achse (in Grad)  *)
(*   XX,YY:     Standardkoordinaten                                         *)
(*   RA,DEC:    Rektaszension und Deklination (in Grad)                     *)
(*------------------------------------------------------------------*)
PROCEDURE STDEQU ( RAO,DECO,XX,YY: REAL; VAR RA,DEC: REAL);
  BEGIN
    RA  := RAO + ATN ( -XX / (CS(DECO)-YY*SN(DECO)) );
    DEC := ASN ( (SN(DECO)+YY*CS(DECO))/SQRT(1.0+XX*XX+YY*YY) );
  END;
(*------------------------------------------------------------------*)
(* EQUSTD: Transformation aequatorialer Koordinaten in Standardkoordinaten  *)
(*   RAO,DECO: Rektaszension und Deklination der optischen Achse (in Grad)  *)
(*   RA,DEC:    Rektaszension und Deklination (in Grad)                     *)
(*   XX,YY:     Standardkoordinaten                                         *)
(*------------------------------------------------------------------*)
PROCEDURE EQUSTD ( RAO,DECO,RA,DEC: REAL; VAR XX,YY: REAL);
  VAR C: REAL;
  BEGIN
    C  := CS(DECO)*CS(DEC)*CS(RA-RAO)+SN(DECO)*SN(DEC);
    XX := - ( CS(DEC)*SN(RA-RAO) ) / C;
    YY := - ( SN(DECO)*CS(DEC)*CS(RA-RAO)-CS(DECO)*SN(DEC) ) / C;
  END;
(*------------------------------------------------------------------*)
```

10.2 Die Plattenkonstanten

Die dimensionslosen Koordinaten X und Y werden als Standardkoordinaten bezeichnet, weil sie definitionsgemäß nicht von der Brennweite der verwendeten Optik abhängen und sich auf ein Koordinatensystem beziehen, das streng parallel zum Meridian durch den Mittelpunkt (α_0, δ_0) der Aufnahme ausgerichtet ist. Legt man dieses Koordinatensystem auch der Auswertung der Fotografie zugrunde, dann muß man die gemessenen Koordinaten x und y lediglich durch die Brennweite dividieren, um die Standardkoordinaten zu erhalten:

$$X = x/F \qquad Y = y/F \quad .$$

Im allgemeinen wird der Ursprung des verwendeten Koordinatensystems allerdings nicht genau mit dem Schnittpunkt der optischen Achse und der Filmebene zusammenfallen. Eine solche Verschiebung um die Strecke $(\Delta x, \Delta y)$ kann jedoch durch eine kleine Modifikation der obigen Gleichung berücksichtigt werden:

$$X = x/F - (\Delta x)/F \qquad Y = y/F - (\Delta y)/F \quad .$$

Sind darüber hinaus die Koordinatenachsen um einen Winkel γ gegen die Nord-Süd-Richtung verdreht, dann können die Umrechnungsformeln wie folgt erweitert werden:

$$X = (x \cdot \cos(\gamma) - y \cdot \sin(\gamma))/F - (\Delta x)/F$$
$$Y = (x \cdot \sin(\gamma) + y \cdot \cos(\gamma))/F - (\Delta y)/F \quad .$$

Die Verschiebung und Verdrehung des Koordinatensystems ist jedoch nicht der einzige Faktor, der den Zusammenhang zwischen den gemessenen Koordinaten und den Standardkoordinaten bestimmt. Fehler der Optik sowie eine mögliche Verkippung oder Verformung des Films machen im allgemeinen weitere Korrekturen erforderlich. Man verwendet deshalb einen allgemeinen Ansatz der Form

$$X = a \cdot x + b \cdot y + c$$
$$Y = d \cdot x + e \cdot y + f \qquad (10.4)$$

mit sechs sogenannten *Plattenkonstanten* a, b, c, d, e und f zur gegenseitigen Umrechnung der Koordinatenpaare (x, y) und (X, Y). Die Plattenkonstanten werden dabei nicht von vornherein als bekannt angenommen, sondern mit Hilfe der Referenzsterne bestimmt. Kennt man nämlich die äquatorialen Koordinaten $(\alpha_i, \delta_i)_{i=1,2,3}$ dreier Vergleichssterne, dann folgen daraus mit Hilfe von (10.3) die zugehörigen Standardkoordinaten $(X_i, Y_i)_{i=1,2,3}$. Zusammen mit den gemessenen Koordinaten $(x_i, y_i)_{i=1,2,3}$ ergibt dies die drei Gleichungen

$$X_1 = x_1 \cdot a + y_1 \cdot b + c$$
$$X_2 = x_2 \cdot a + y_2 \cdot b + c \qquad (10.5)$$
$$X_3 = x_3 \cdot a + y_3 \cdot b + c \quad,$$

die sich durch verschiedene Umformungen nach a, b und c auflösen lassen. Aus den Gleichungen für Y_i erhält man ganz entsprechend die übrigen Plattenkonstanten d, e und f. Die Brennweite der Aufnahmeoptik, wird dabei nicht mehr benötigt. Dies ist besonders dann von Vorteil, wenn man eine Vergrößerung der Originalaufnahme bearbeitet, deren Maßstab nicht bekannt ist.

10.3 Ausgleichsrechnung

Wie man sieht, können die Plattenkonstanten durch Lösung zweier Gleichungssysteme mit je drei Unbekannten bestimmt werden, wenn mindestens drei Referenzsterne bekannter Rektaszension und Deklination zur Verfügung stehen. Da die Messung der Sternkoordinaten auf der Aufnahme aber nie völlig fehlerfrei sein kann, ist es wünschenswert, möglichst viele bekannte Sterne in die Ermittlung der Plattenkonstanten einzubeziehen. Allerdings ist ein Gleichungssystem der Form

$$X_1 = x_1 \cdot a + y_1 \cdot b + c$$
$$\dots \qquad (10.6)$$
$$X_n = x_n \cdot a + y_n \cdot b + c \quad,$$

mit $n > 3$ Gleichungen für die drei gesuchten Plattenkonstanten normalerweise überbestimmt und damit nicht mehr lösbar. Um dieses Problem zu umgehen, bedient man sich der im folgenden beschriebenen Ausgleichsrechnung nach der *Methode der kleinsten Quadrate*.

Will man allgemein m Unbekannte $s_1, \ldots, s_m$ aus n Gleichungen

$$t_i = A_{i1} \cdot s_1 + \ldots + A_{im} \cdot s_m \quad (i = 1, \ldots, n) \tag{10.7}$$

mit gegebenen Koeffizienten t_i und A_{ij} bestimmen, dann kann man für $n >$ m nicht erwarten, daß alle Gleichungen gemeinsam erfüllbar sind. Man führt deshalb zunächst als *Residuen* r_i die Größen

$$r_i = A_{i1} \cdot s_1 + \ldots + A_{im} \cdot s_m - t_i \quad (i = 1, \ldots, n) \tag{10.8}$$

ein. Anstatt nun die Werte $s_1, \ldots, s_m$ zu suchen, für die sämtliche r_i zu Null werden (dann wären alle Gleichungen erfüllt), begnügt man sich damit, die Summe

$$S = \sum_{i=1}^{n} r_i^2$$

der Residuenquadrate zu minimieren.

Zur Lösung dieser Aufgabe werden die Gleichungen (10.8) zunächst durch eine Reihe von Umformungen in ein äquivalentes System der Form

$$
\begin{aligned}
r_1' &= A_{11}' \cdot s_1 + A_{12}' \cdot s_2 + \ldots + A_{1m}' \cdot s_m - t_1' \\
r_2' &= A_{22}' \cdot s_2 + \ldots + A_{2m}' \cdot s_m - t_2' \\
\vdots &= \quad \ddots \quad \vdots \quad \vdots \\
r_m' &= A_{mm}' \cdot s_m - t_m' \\
r_{m+1}' &= - t_{m+1}' \\
\vdots &= \\
r_n' &= - t_n'
\end{aligned}
\tag{10.9}
$$

übergeführt, in dem alle A_{ij}' mit $(i > j)$ gleich Null sind und das demzufolge wesentlich leichter zu behandeln ist.

Sind p und q zwei reelle Zahlen mit $p^2 + q^2 = 1$, dann ändert sich die Summe der Residuenquadrate beispielsweise nicht, wenn man r_1 durch $r_1' = p \cdot r_1 - q \cdot r_2$ und r_2 durch $r_2' = q \cdot r_1 + p \cdot r_2$ ersetzt, da unter der genannten Voraussetzung

$$
\begin{aligned}
r_1'^2 + r_2'^2 &= p^2 r_1^2 - 2pq r_1 r_2 + q^2 r_2^2 + q^2 r_1^2 + 2pq r_1 r_2 + p^2 r_2^2 \\
&= (p^2 + q^2) \cdot (r_1^2 + r_2^2)
\end{aligned}
$$

gleich $r_1^2 + r_2^2$ ist. Wählt man speziell

$$
\begin{aligned}
p &= +A_{11}/h \quad \text{und} \\
q &= -A_{21}/h \quad \text{mit} \quad h = \pm\sqrt{A_{11}^2 + A_{21}^2} \ ,
\end{aligned}
$$

dann wird A_{21} wie gewünscht durch

$$A_{21}' = q A_{11} + p A_{21} = (-A_{21} A_{11} + A_{11} A_{21})/h = 0$$

ersetzt. Durch weitere derartige Umformungen, die auch als Givens-Rotationen bezeichnet werden, lassen sich nacheinander auch $A_{31} \ldots A_{n1}$, $A_{32} \ldots A_{n2}$, $\ldots$,

$A_{m+1,m} \ldots A_{nm}$ eliminieren, bis man schließlich ein Gleichungssystem der Form (10.9) erhält. Die Summe der Residuenquadrate läßt sich nun in zwei Anteile

$$S = \sum_{i=1}^{m} r_i'^2 + \sum_{i=m+1}^{n} t_i'^2$$

zerlegen, von denen nur mehr der erste von den Unbekannten s_k abhängt. Die kleinste Summe wird offensichtlich dann erreicht, wenn alle r_i für $i = 1 \ldots m$ verschwinden. Die zugehörigen s_k erhält man durch die folgende Rechenvorschrift:

$$s_m = t_m'/A_{mm}' \qquad\qquad\qquad\qquad (10.10)$$
$$s_k = (t_k' - \sum_{l=k+1}^{m} A_{kl}' s_l)/A_{kk}' \quad (k = m-1, \ldots, 1) \quad .$$

Die Umformung des Gleichungssytems auf Dreiecksgestalt und die anschließende Auflösung sind in dem Unterprogramm LSQFIT zusammengefaßt, mit dem sich jedes lineare Ausgleichsproblem bequem lösen läßt.

```
(*---------------------------------------------------------------------*)
(* LSQFIT: Loesung des Gleichungssystems                               *)
(*         A[i,1]*s[1]+...A[i,m]*s[m] - A[i,m+1] = 0   (i=1,..,n)       *)
(*         nach der Methode der kleinsten Quadrate mit Givens-Rotationen *)
(*     A: Koeffizientenmatrix                                           *)
(*     N: Zahl der Gleichungen  (Zeilen von A)                         *)
(*     M: Zahl der Unbekannten  (Spalten von A, Laenge von S)          *)
(*     S: Loesungsvektor                                               *)
(*---------------------------------------------------------------------*)
PROCEDURE LSQFIT ( A: LSQMAT; N, M: INTEGER; VAR S: LSQVEC );

  CONST EPS = 1.0E-10;  (* Rechnergenauigkeit *)

  VAR I,J,K: INTEGER;
      P,Q,H: REAL;

  BEGIN

    FOR J:=1 TO M DO  (* Schleife ueber die Spalten 1...M von A *)

      (* eliminiere Elemente A[i,j] mit i>j aus Spalte j *)

      FOR I:=J+1 TO N DO
        IF A[I,J]<>0.0 THEN
          BEGIN
            (* p, q und neues A[j,j] berechnen; A[i,j]=0 setzen *)
            IF ( ABS(A[J,J])<EPS*ABS(A[I,J]) )
              THEN
                BEGIN
                  P:=0.0; Q:=1.0; A[J,J]:=-A[I,J]; A[I,J]:=0.0;
                END
              ELSE
                BEGIN
                  H:=SQRT(A[J,J]*A[J,J]+A[I,J]*A[I,J]);
                  IF A[J,J]<0.0 THEN H:=-H;
```

```
            P:=A[J,J]/H; Q:=-A[I,J]/H; A[J,J]:=H; A[I,J]:=0.0;
          END;
      (*  Rest der Zeile bearbeiten *)
      FOR K:=J+1 TO M+1 DO
        BEGIN
          H        := P*A[J,K] - Q*A[I,K];
          A[I,K] := Q*A[J,K] + P*A[I,K];
          A[J,K] := H;
        END;
    END;


  (* Ruecksubstitution *)

  FOR I:=M DOWNTO 1 DO
    BEGIN
      H:=A[I,M+1];
      FOR K:=I+1 TO M DO H:=H+A[I,K]*S[K];
      S[I] := -H/A[I,I];
    END;


END; (* LSQFIT *)
(*-------------------------------------------------------------------------*)
```

Das Feld A speichert dabei in den ersten m Spalten die Koeffizienten A_{ij} ($i = 1 \ldots n, j = 1 \ldots m$) und in einer weiteren Spalte die Größen t_i ($i = 1 \ldots n$). S enthält nach dem Aufruf die gesuchten Werte für die Unbekannten $s_{1 \ldots m}$. Für die Arbeit mit dem Unterprogramm LSQFIT müssen die beiden Typen

```
TYPE LSQVEC =  ARRAY[1..MDIM] OF REAL;
     LSQMAT =  ARRAY[1..NDIM,1..M1DIM] OF REAL;
```

vereinbart werden. Die Dimensionen MDIM und NDIM sind dabei mindestens so groß zu wählen wie die Zahl der Unbekannten (m) beziehungsweise die Zahl der Gleichungen (n). M1DIM gibt die Anzahl der Spalten von A an und darf deshalb nicht kleiner als $m + 1$ sein.

Anzumerken ist noch, daß eine Speicherung der Matrix A bei dem beschriebenen Verfahren zur Lösung des Ausgleichsproblems nicht unbedingt erforderlich ist. Dazu müssen die einzelnen Koeffizienten A_{ij} nicht spalten-, sondern zeilenweise eliminiert werden. Bei einer entsprechenden Programmierung lassen sich dann auch große Probleme mit vielen Gleichungen effizient behandeln. Die vorliegende Version von LSQFIT ist allerdings etwas einfacher zu bedienen und für die gestellte Aufgabe völlig ausreichend.

10.4 Das Programm FOTO

Das Programm FOTO ermöglicht eine genaue Positionsbestimmung von Sternen, Kometen oder Kleinplaneten auf Himmelsaufnahmen. Der Anwender wird dabei von der umfangreichen Rechenarbeit entlastet, die die Bestimmung der Standardkoordinaten und die Lösung des Ausgleichsproblems mit sich bringt.

Vor dem Einsatz von FOTO sind jedoch eine Reihe von Vorbereitungen notwendig, um die verschiedenen Eingabedaten zu erhalten. Mit Hilfe einer Sternkarte identifiziert man zunächst einige hellere Sterne und legt so die ungefähren Koordinaten des Aufnahmegebiets fest. Anschließend wählt man verschiedene Referenzsterne aus, deren äquatoriale Koordinaten in einem Sternkatalog wie dem SAO-Katalog nachgeschlagen werden können. Gegebenenfalls ist dabei die Eigenbewegung der Sterne in der Zeit zwischen der Katalogepoche und dem Aufnahmedatum zu berücksichtigen. Die Vergleichssterne sollten gleichmäßig auf dem Foto verteilt sein und möglichst punktförmig erscheinen, um eine genaue Vermessung zu erlauben. Auf einer Vergrößerung lassen sich die Positionen der Referenzsterne und des untersuchten Objekts problemlos mit transparentem Millimeterpapier bestimmen, das über die Aufnahme gelegt und ungefähr in Nord-Süd-Richtung orientiert wird. Schießlich bestimmt man noch die Rektaszension und die Deklination des Aufnahmezentrums, die zur Berechnung der Standardkoordinaten benötigt werden. Da Fehler in den Koordinaten der Plattenmitte die Ergebnisse der Positionsbestimmung nur geringfügig beeinflußen, genügt es, diese Werte dem Atlas zu entnehmen.

Sämtliche Daten werden in eine Datei FOTINP(.DAT) eingegeben. Sie enthält in der ersten Zeile die Rektaszension (in $^h, ^m, ^s$) und die Deklination (in $°, ', ''$) des Aufnahmezentrums. Anschließend folgen Angaben zu den einzelnen Objekten der Aufnahme. Referenzsterne, die zur Bestimmung der Plattenkonstanten verwendet werden sollen, sind dabei durch einen Stern (*) in der ersten Spalte gekennzeichnet. Nach dem Namen, der bis zu 11 Buchstaben lang sein darf, sind die gemessenen Koordinaten (x, y in mm) und für Referenzsterne zusätzlich die äquatorialen Koordinaten (α in $^h, ^m, ^s$, δ in $°, ', ''$) anzugeben. Die Daten des folgenden Beispiels beziehen sich auf die in Abb. 10.1 skizzierte Aufnahme.

```
ZENTRUM                      12 26 15.0    44 15 00.0
*SAO 044166   +47.5  +73.3   12 22 40.293  45 04 33.40
*SAO 044175   +41.2  -62.1   12 23 32.960  43 23 42.59
*SAO 044177   +29.9  +65.2   12 23 56.037  44 59 16.14
*SAO 044187    +5.5  +71.1   12 25 39.308  45 04 14.33
*SAO 044199    -4.8  -72.7   12 26 43.594  43 17 28.86
*SAO 044207   -33.0  +21.0   12 28 27.655  44 27 53.23
*SAO 044208   -31.2  -62.0   12 28 27.755  43 26 04.19
*SAO 044220   -51.2  -59.7   12 29 52.083  43 28 33.76
*SAO 044221   -55.7  +60.6   12 29 56.524  44 57 27.65
BRADFIELD     +29.2  -42.1
```

Die Prozedur GETINP liest und speichert diese Werte. Anschließend werden die Standardkoordinaten der Referenzsterne bestimmt, die man zur Ausgleichung der Plattenkonstanten benötigt. Mit den Plattenkonstanten lassen sich dann umgekehrt aus den gemessenen Koordinaten die Standardkoordinaten und die äquatorialen Koordinaten aller Objekte berechnen. Für die Referenzsterne erhält man so eine gute Abschätzung des Fehlers, mit dem man bei der Auswertung der Aufnahme rechnen muß. Ferner läßt sich an auffällig großen Fehlern erkennen, ob möglicherweise einzelne Referenzsterne falsch identifiziert oder gemessen wurden.

```
(*----------------------------------------------------------------------*)
(*                              FOTO                                    *)
(*            astrometrische Auswertung von Fotoplatten                 *)
(*                        Version 11.01.89                              *)
(*----------------------------------------------------------------------*)
PROGRAM FOTO (INPUT,OUTPUT,FOTINP);

  CONST MAXDIM      = 30;        (* maximale Zahl von Objekten auf dem Foto *)
        NAME_LENGTH = 12;
        ARC         = 206264.8; (* Bogensekunden pro radian *)


  TYPE  NAME_TYPE  =  ARRAY[1..NAME_LENGTH] OF CHAR;
        LSQVEC     =  ARRAY[1..3] OF REAL;
        LSQMAT     =  ARRAY[1..MAXDIM,1..5] OF REAL;
        REAL_ARRAY =  ARRAY[1..MAXDIM] OF REAL;
        NAME_ARRAY =  ARRAY[1..MAXDIM] OF NAME_TYPE;

  VAR I,J,K, NREF,NOBJ, GRAD,MIN : INTEGER;
      RAO,DECO, A,B,C,D,E,F, SEC : REAL;
      RA_OBS,DEC_OBS,D_RA,D_DEC  : REAL;
      DET, FOC_LEN, SCALE        : REAL;
      RA,DEC, X,Y, XX,YY, DELTA  : REAL_ARRAY;
      S                          : LSQVEC;
      AA                         : LSQMAT;
      NAME                       : NAME_ARRAY;
      FOTINP                     : TEXT;



(*----------------------------------------------------------------------*)
(*  An dieser Stelle sind folgende Unterprogramme in der angegebenen    *)
(*  Reihenfolge einzugeben:                                             *)
(*     SN, CS, ATN, ASN, GGG, GMS, LSQFIT                               *)
(*     ECLSTD, STDEQU                                                   *)
(*----------------------------------------------------------------------*)


(*----------------------------------------------------------------------*)
(* GETINP: Eingaben aus Datei lesen                                     *)
(*----------------------------------------------------------------------*)
PROCEDURE GETINP ( VAR RAO,DECO: REAL;  VAR NOBJ: INTEGER;
                   VAR NAME: NAME_ARRAY;  VAR RA,DEC,X,Y: REAL_ARRAY );

  VAR I,K,H,M: INTEGER;
      S     : REAL;
      C     : CHAR;

  BEGIN

    WRITELN;
    WRITELN ('     FOTO: astrometrische Auswertung von Photoplatten  ');
    WRITELN ('                    Version 15.01.89                   ');
    WRITELN ('         (c) 1988 Thomas Pfleger,Oliver Montenbruck    ');
    WRITELN;

    (* Datei zum Lesen oeffnen *)
    RESET(FOTINP);                                 (* Standard Pascal *)
```

```
      (* ASSIGN(FOTINP,'FOTINP.DAT'); RESET(FOTINP); *)   (* TURBO Pascal    *)
      (* RESET(FOTINP,'FOTINP.DAT'); *)                    (* ST Pascal plus  *)


      WRITELN (' Eingabedatei: FOTINP'); WRITELN;


      (* Koordinaten der Plattenmitte lesen *)
      FOR K:=1 TO NAME_LENGTH DO READ(FOTINP,C);
      READ  (FOTINP,H,M,S); GGG(H,M,S,RAO); RAO:=15.0*RAO;
      READLN(FOTINP,H,M,S); GGG(H,M,S,DECO);


      (* Namen, Plattenkoordinaten und evtl. aequatoriale Koordinaten lesen *)
      I := 0;
      REPEAT
        I := I+1;
        FOR K:=1 TO NAME_LENGTH DO READ(FOTINP,NAME[I][K]);   (* Name  *)
        IF NAME[I][1]='*'
          THEN (* Referenzstern *)
            BEGIN
              READ  (FOTINP,X[I],Y[I]);
              READ  (FOTINP,H,M,S); GGG(H,M,S,RA[I]); RA[I]:=15.0*RA[I];
              READLN(FOTINP,H,M,S); GGG(H,M,S,DEC[I]);
            END
          ELSE (* Messpunkt *)
            BEGIN
              READLN (FOTINP,X[I],Y[I]);  RA[I]:=0.0; DEC[I]:=0.0;
            END;
      UNTIL EOF(FOTINP);


      NOBJ := I;

  END;


(*------------------------------------------------------------------------------*)


BEGIN  (* FOTO *)

  (* Eingaben aus Datei lesen *)

  GETINP ( RAO,DECO, NOBJ, NAME, RA,DEC,X,Y );

  (* Standardkoordinaten der Referenzsterne berechnen *)
  (* Elemente der Ausgleichsmatrix AA besetzen        *)
  (* (Spalte AA[*,5] dient als Zwischenspeicher)      *)

  J:=0;
  FOR I:=1 TO NOBJ DO
    IF NAME[I][1]='*' THEN
      BEGIN
        J := J+1;
        EQUSTD ( RAO,DECO, RA[I],DEC[I], XX[I],YY[I] );
        AA[J,1]:=  X[I]; AA[J,2]:= Y[I]; AA[J,3]:=1.0;
        AA[J,4]:=-XX[I]; AA[J,5]:=-YY[I];
      END;
  NREF := J;    (* Zahl der Referenzsterne *)
```

```
(* Plattenkonstanten a,b,c berechnen *)

LSQFIT ( AA, NREF, 3, S );   A:=S[1]; B:=S[2]; C:=S[3];

(* Plattenkonstanten d,e,f berechnen *)

FOR I:=1 TO NREF DO  AA[I,4]:=AA[I,5]; (* Spalte A[*,5]->A[*,4] kopieren *)
LSQFIT ( AA, NREF, 3, S );   D:=S[1]; E:=S[2]; F:=S[3];

(* aequatoriale Koordinaten der Messpunkte und Fehler berechnen *)

FOR I:=1 TO NOBJ DO
  BEGIN
    XX[I]  := A*X[I]+B*Y[I]+C;
    YY[I]  := D*X[I]+E*Y[I]+F;
    STDEQU ( RAO,DECO, XX[I],YY[I], RA_OBS,DEC_OBS );
    IF NAME[I][1]='*' THEN (* berechne Fehler in Bogensekunden *)
      BEGIN
        D_RA   := (RA_OBS-RA[I])*CS(DEC[I]);
        D_DEC := (DEC_OBS-DEC[I]);
        DELTA[I] := 3600.0 * SQRT ( D_RA*D_RA + D_DEC*D_DEC );
      END;
    RA[I] := RA_OBS;  DEC[I] := DEC_OBS;
  END;

(* Brennweite *)

DET := A*E-D*B;
FOC_LEN := 1.0/SQRT(ABS(DET));
SCALE := ARC / FOC_LEN;

(* Ausgabe *)

WRITELN (' Plattenkonstanten:' );
WRITELN;
WRITELN ('   a =',a:12:8,'  b =',b:12:8,'  c =',c:12:8);
WRITELN ('   d =',d:12:8,'  e =',e:12:8,'  f =',f:12:8);
WRITELN;
WRITELN (' effektive Brennweite und Abbildungsmassstab:');
WRITELN;
WRITELN ('  F =',FOC_LEN:9:2,' mm');
WRITELN ('  m =',  SCALE:7:2,' "/mm');
WRITELN;
WRITELN (' Koordinaten:');
WRITELN;
WRITELN (' Name':11, 'x':9,'y':7,'X':8,'Y':8,
         'RA':12, 'DEC':13, 'Fehler':11 );
WRITELN ('mm':20, 'mm':7, ' ':23,
         'h  m  s ', 'o '' " ':12, ' " ':7 );

FOR I:=1 TO NOBJ DO
  BEGIN
    WRITE('  '); FOR K:=1 TO NAME_LENGTH DO WRITE(NAME[I][K]);
    WRITE(X[I]:7:1,Y[I]:7:1,XX[I]:9:4,YY[I]:8:4);
    GMS(RA[I]/15.0,GRAD,MIN,SEC); WRITE(GRAD:5,MIN:3,SEC:6:2);
```

```
        GMS(DEC[I],GRAD,MIN,SEC); WRITE(GRAD:4,MIN:3,SEC:5:1);
        IF NAME[I][1]='*' THEN WRITE(DELTA[I]:7:1);
        WRITELN;
      END;
    WRITELN;

END. (* FOTO *)

(*-----------------------------------------------------------------------*)
```

Mit den Daten des obigen Beispiels liefert FOTO die folgende Ausgabe:

```
    FOTO: astrometrische Auswertung von Photoplatten
                    Version 15.01.89
        (c) 1988 Thomas Pfleger,Oliver Montenbruck


Eingabedatei: FOTINP


Plattenkonstanten:


  a =  0.00021648  b =  0.00000791  c =  0.00013818
  d = -0.00000789  e =  0.00021643  f = -0.00103320


effektive Brennweite und Abbildungsmassstab:


  F =  4616.85 mm
  m =    44.68 "/mm


Koordinaten:
```

Name	x mm	y mm	X	Y	RA h m s	DEC o ' "	Fehler "
*SAO 044166	47.5	73.3	0.0110	0.0145	12 22 40.82	45 4 29.1	7.0
*SAO 044175	41.2	-62.1	0.0086	-0.0148	12 23 32.90	43 24 0.7	18.1
*SAO 044177	29.9	65.2	0.0071	0.0128	12 23 56.46	44 59 3.5	13.4
*SAO 044187	5.5	71.1	0.0019	0.0143	12 25 38.18	45 4 11.4	12.3
*SAO 044199	-4.8	-72.7	-0.0015	-0.0167	12 26 42.88	43 17 29.4	7.8
*SAO 044207	-33.0	21.0	-0.0068	0.0038	12 28 26.78	44 27 53.3	9.4
*SAO 044208	-31.2	-62.0	-0.0071	-0.0142	12 28 29.56	43 26 5.1	19.7
*SAO 044220	-51.2	-59.7	-0.0114	-0.0136	12 29 51.32	43 28 12.5	22.8
*SAO 044221	-55.7	60.6	-0.0114	0.0125	12 29 57.32	44 57 49.1	23.1
BRADFIELD	29.2	-42.1	0.0061	-0.0104	12 24 18.57	43 39 16.4	

Nach den Plattenkonstanten sind zunächst die effektive Brennweite (=Kamera-
brennweite×Vergößerung) und der Abbildungsmaßstab der Aufnahme angegeben. Anschließend folgen für jedes einzelne Objekt die gemessenen rechtwinkeligen Koordinaten (x,y) sowie die daraus berechneten Standardkoordinaten (X,Y)
und die äquatorialen Koordinaten Rektaszension und Deklination. Für die Referenzsterne ergeben sich hier typische Abweichungen zu den Katalogörtern von
$10''$ bis $20''$. Dies entspricht Meßfehlern von rund 1/4–1/2 mm, wie sie bei der
Positionsbestimmung mit Millimeterpapier zu erwarten sind. Etwas genauere
Ergebnisse lassen sich im allgemeinen mit einem speziellen Meßtisch erreichen.

Die Eigenbewegung im Zeitraum zwischen der Epoche des SAO-Katalogs (1950.0) und dem Aufnahmezeitpunkt (1982.8) wurde in diesem Beispiel nicht berücksichtigt. Sie beträgt für die ausgewählten Referenzsterne maximal 7″ und ist damit kleiner als die beobachtete Streuung der Positionsbestimmung.

Anhang

A.1 Hinweise zur Rechneranpassung

Obwohl Programme, die in der Sprache PASCAL geschrieben sind, im allgemeinen gut zwischen verschiedenen Rechnern ausgetauscht werden können, gibt es doch einige kleinere Unterschiede zwischen den verschiedenen Implementierungen der Sprache. Schuld daran ist zum Teil das Bedürfnis, die Compiler an die Maschinen- und Betriebssystemarchitektur anzupassen, um so die Gegebenheiten des Prozessors optimal nutzen zu können. Im folgenden sind deshalb einige der wichtigsten Probleme angesprochen, die bei der Übertragung der Programme auftreten können. Weitere Hinweise findet man üblicherweise in den Handbüchern des verwendeten Compilers.

Ganzzahlarithmetik

Besonders augenfällig sind die von Rechner zu Rechner unterschiedlichen Wertebereiche der REAL- und INTEGER-Zahlen und die relative Genauigkeit der REAL-Arithmetik. Beide hängen wesentlich von der Anzahl der Bytes[1] ab, die zur Speicherung einer Zahl verwendet werden. Verbreitet sind vor allem 2-Byte- und 4-Byte-INTEGER-Zahlen mit Wertebereichen von $-32\,767\ldots+32\,767$ und $-2\,147\,483\,647\ldots+2\,147\,483\,647$. Verschiedene Compiler bieten beide Darstellungen nebeneinander an, weil 2-Byte-Zahlen meist wesentlich schneller verarbeitet werden können. Zur Unterscheidung wird dann beispielsweise zusätzlich zu INTEGER die Typbezeichnung LONG_INTEGER verwendet.

Für die hier vorgestellten Programme ist es im allgemeinen unerheblich, welche Darstellung der ganzen Zahlen unter dem Typnamen INTEGER zur Verfügung steht. Die einzige Ausnahme bildet die Abtrennung des ganzzahligen Anteils einer Gleitkommazahl, für die normalerweise die Standardfunktion

```
FUNCTION TRUNC ( X: REAL): INTEGER;
```

zur Verfügung steht. Überschreitet das Argument hier den Wertebereich des Typs INTEGER, dann führt dies zu einem Laufzeitfehler bei der Programmausführung. Aus diesem Grunde ist es bei den beiden Routinen

CALDAT und LMST

---

[1] 1 Byte = 8 Bit. Ein Bit ist die kleinste Speichereinheit des Rechners. Sie speichert eine Binärziffer mit dem Wert 0 oder 1

unbedingt notwendig, anstelle von TRUNC die Funktion

FUNCTION LONG_TRUNC (X: REAL): LONG_INTEGER;

zu verwenden, wenn der verwendete Compiler standardmäßig 2-Byte-INTEGER-Zahlen unterstützt.

Die weitverbreitete Sprache TURBO PASCAL bietet zwar keine 4-Byte-Ganzzahlarithmetik, sie stellt jedoch eine Funktion

FUNCTION INT (X: REAL): REAL;

zur Verfügung, die in den genannten Unterprogrammen anstelle von TRUNC verwendet werden kann.

Eine Überschreitung des INTEGER-Zahlenbereichs bei der Verwendung der Funktion TRUNC ist im Prinzip auch in den Unterprogrammen

SUN200, MINI_MOON, NUTEQU und MOON

sowie innerhalb von IMPROVE im Programm NEWMOON möglich, allerdings nur bei Rechnungen für den Zeitraum vor dem Jahr −400. Bei Problemen kann auch hier wieder TRUNC durch LONG_TRUNC oder INT ersetzt werden.

Gleitkommaarithmetik

Für die Genauigkeit der Programme, die im Rahmen dieses Buches behandelt wurden, ist die Rechengenauigkeit der Fließkommaarithmetik im allgemeinen von untergeordneter Bedeutung. Dies soll hier noch einmal kurz erläutert werden. Bei der Berechnung der Mond- oder Planetenkoordinaten erlauben die zugrundeliegenden Modelle und Zahlenkonstanten zum Beispiel eine Genauigkeit von rund 1″. Dies entspricht 5-6 gültigen Dezimalen, wobei zusätzlich ein Verlust von 2-3 Stellen zu berücksichtigen ist, der durch Rundungsfehler bei der Auswertung der Formeln entstehen kann. Arbeitet man mit einer mindestens 10-11-stelligen Arithmetik, wie sie heute bei allen gängigen Compilern für Personal Computer, Workstations und Großrechner verfügbar ist, so hat man deshalb keine erkennbaren Rechenfehler zu befürchten. Abgeraten wird allerdings davon, mit weniger als 8-stelliger Genauigkeit zu arbeiten, weil in diesem Fall Probleme in den Routinen zur Kalenderrechnung auftreten können.

In einigen Unterprogrammen werden Konstanten verwendet, die an einer relativen Maschinengenauigkeit von $\varepsilon \approx 10^{-11}$ orientiert sind.

Routine	Konstante		Wert
ASN	EPS	=1.0E−7	$0.1\sqrt{\varepsilon}$
ACS	EPS	=1.0E−7	$0.1\sqrt{\varepsilon}$
ECCANOM	EPS	=1.0E−11	ε
HYPANOM	EPS	=1.0E−10	10ε
STUMPFF	EPS	=1.0E−12	0.1ε
PARAB	EPS	=1.0E−9	$10^2\varepsilon$
FIND_ETA	DELTA	=1.0E−9	$10^2\varepsilon$
GAUSS	EPS_RHO	=1.0E−8	$10^3\varepsilon$
LSQFIT	EPS	=1.0E−10	10ε

Auf Wunsch können diese Werte an die jeweils zur Verfügung stehende Genauigkeit angepaßt werden. Eine Modifikation ist jedoch nur dann wirklich nötig, wenn (bei niedriger Rechengenauigkeit) Iterationen in den Routinen ECCANOM, HYPANOM, PARAB, FIND_ETA oder GAUSS nicht konvergieren.

Bei Compilern, die einfach- und doppelt-genaue Rechnung unterstützen, genügt die einfache Genauigkeit (ca. 7 Stellen) im allgemeinen nicht. Um die höhere Genauigkeit zu verwenden, sind jedoch üblicherweise andere Typvereinbarungen (z.B. DOUBLE oder LONG_FLOAT anstelle von REAL) für die Gleitkommazahlen notwendig. Ein umständliches Umschreiben der Programme kann man sich dabei zum Teil durch die globale Definition

$$\text{TYPE REAL = DOUBLE;}$$

zu Beginn des Programms ersparen. Zu beachten ist weiterhin, daß eine Reihe von Literalkonstanten als doppelt genaue Zahlen kenntlich gemacht werden müssen. Dies erfordert meist die Schreibweise im Exponentialformat, wobei der Buchstabe E durch D zu ersetzen ist, also etwa

$$\text{PI = 3.141592654D0} \quad \text{statt} \quad \text{PI = 3.141592654} \quad .$$

Dateien

Die Behandlung externer Dateien hat in nahezu allen PASCAL-Implementierungen zu Erweiterungen des Sprachstandards geführt, der nur mangelhaft auf die Dateiverwaltung der gängigen Betriebssysteme eingeht. In erster Linie betrifft dies die Zuordnung zwischen dem Namen der Filevariablen innerhalb eines Programms und dem externen Namen, unter dem eine Datei vom Betriebssystem abgelegt wird. Ein Programm, das zwei Zahlen aus einer Datei liest und anschließend ausgibt, würde in Standard-PASCAL folgendermaßen aussehen:

```
PROPGRAMM LESEN ( INPUT, OUTPUT, F );
   VAR X,Y: REAL;
       F  : TEXT;
   BEGIN
     RESET ( F );
     READ  ( F, X,Y);
     WRITE ( X,Y );
   END;
```

Die Filevariable F ist dabei im Programmkopf aufgeführt, weil die zugehörige Datei permanent vorhanden ist und nicht nur während des Programmlaufs existiert. Um die gewünschten Daten nun beipielsweise aus einer Datei mit Namen DATEN.DAT zu lesen, gibt es verschiedene Varianten des RESET-Befehls, von denen die gebräuchlichsten in der folgenden Tabelle aufgeführt sind.

Compiler	Befehle zum Öffnen der Datei vor dem Lesen
TURBO PASCAL	ASSIGN(F,'DATEN.DAT'); RESET(F);
ST PASCAL PLUS	RESET(F,'DATEN.DAT');
DEC VAX	OPEN(F,'DATEN.DAT'); RESET(F);

Ganz entsprechend können Dateien durch Modifikation des REWRITE-Befehls vor einem Schreibzugriff eröffnet werden.

Prozeduren als Parameter

PASCAL erlaubt es, Prozeduren und Funktionen als Parameter an ein Unterprogramm zu übergeben. Hiervon wird in der Routine T_FIT_LBR zur Entwicklung
von Koordinaten nach Tschebyscheff-Polynomen Gebrauch gemacht. Da einzelne
Compiler (insbesondere TURBO PASCAL) diese Möglichkeit nicht bieten, müssen
die Routinen

`T_FIT_MOON`   und   `T_FIT_SUN`

unter Umständen neu programmiert werden. Dies ist jedoch ohne größere Schwierigkeiten möglich. Man ersetzt hierzu lediglich den Anweisungsteil der genannten
Prozeduren durch den Vereinbarungsteil und den Anweisungsteil von T_FIT_LBR
und ändert anschließend die Variablennamen L_POLY und B_POLY in RA_POLY
und DE_POLY sowie L und B in RA und DE. Entsprechende modifizierte Versionen
von T_FIT_MOON und T_FIT_SUN sind auf der Programmdiskette zu diesem Buch
vorhanden.

Variablennamen

In den Programmen diese Buches werden vielfach Variablen- und Prozedurnamen
verwendet, die einen Unterstrich (_) enthalten. Dies entspricht *nicht* dem ANSI
oder ISO Standard. Angesichts der besseren Klarheit und Lesbarkeit, die sich
mit Hilfe des _ bei der Namensgebung erreichen läßt, wollten wir jedoch nicht
darauf verzichten.

Da heute fast alle Compiler diese Erweiterung der zulässigen Buchstaben-
menge kennen und erlauben, sollten sich daraus für die wenigsten Anwender Probleme ergeben. Im Zweifelsfall kann man den Unterstrich generell durch einen
anderen Buchstaben (etwa X) ersetzen.

A.2 Verzeichnis der Unterprogramme

Die folgende Aufstellung gibt eine Übersicht über diejenigen Funktionen und Unterprogramme, die nicht an ein spezielles Hauptprogramm gebunden sind und sich somit besonders gut für neue Programmentwicklungen verwenden lassen. Sie enthält neben einer kurzen Beschreibung die Nummer des Kapitels, in dem der Quelltext abgedruckt ist, und eine Liste der aufgerufenen Unterprogramme.

ABERRAT	8.1	stellare Aberration
ACS	2.1	arccos (in Grad)
APPARENT	8.5	Scheinbare Koordinaten (CART, POLAR, PRECART)
ASN	2.1	arcsin (in Grad)
ATN	2.1	arctan (in Grad)
ATN2	2.1	arctan (in Grad, quadrantenrichtig)
CALDAT	2.2	Kalenderdatum
CART	2.1	kartesische Koordinaten aus Polarkoordinaten (CS, SN)
CROSS	9.1	Kreuzprodukt zweier Vektoren
CS	2.1	cos (in Grad)
CUBR	2.1	Kubikwurzel
DOT	9.1	Skalarprodukt zweier Vektoren
ECCANOM	4.3	exzentrische Anomalie (Ellipse)
ECLEQU	2.3	Transformation ekliptikal → äquatorial (CS, SN)
ELEMENT	9.1	Bahnelemente aus zwei Ortsvektoren (ATN2, CROSS, DOT, NORM, POLAR)
ELLIP	4.3	Ort und Geschwindigkeit in einer Ellipsenbahn (ECCANOM)
EQUECL	2.3	Transformation äquatorial → ekliptikal (CS, SN)
EQUSTD	10.1	Standardkoordinaten aus äquatorialen Koordinaten (CS, SN)
ETMINUT	7.3	Approximation der Differenz ET-UT
FIND_ETA	9.1	Sektor-zu-Dreieck-Verhältnis
GAUSVEC	4.5	Gaußsche Vektoren (CS, SN)
GEOCEN	5.5	Geozentrische Koordinaten (CS, SN)
GGG	2.1	Grad-Bruchteile aus Minuten und Sekunden
GMS	2.1	Minuten und Sekunden aus Grad-Bruchteilen
HYPANOM	4.3	exzentrische Anomalie (Hyperbel)
HYPERB	4.3	Ort und Geschwindigkeit in einer Hyperbelbahn (HYPANOM)
JUP200	5.3	heliozentrische Jupiterkoordinaten
KEPLER	4.5	Ort und Geschwindigkeit eines Kometen (Zweikörperproblem für allgemeine Bahnform) (ELLIP, HYPERB, PARAB, ORBECL)
LMST	3.3	mittlere Ortssternzeit
LSQFIT	10.3	Ausgleichsrechnung (Methode der kleinsten Quadrate)
MAR200	A.3	heliozentrische Marskoordinaten
MER200	A.3	heliozentrische Merkurkoordinaten
MINI_MOON	3.2	Mondkoordinaten geringer Genauigkeit

A.3 Unterprogramme zur Berechnung heliozentrischer Planetenpositionen

Merkur

```
(*---------------------------------------------------------------------*)
(* MER200: Merkur; ekliptikale Koordinaten L,B,R (in Grad und AE)      *)
(*         Aequinoktium des Datums                                     *)
(*         (T: Zeit in julianischen Jahrhunderten seit J2000)          *)
(*         (   = (JED-2451545.0)/36525                      )          *)
(*---------------------------------------------------------------------*)

PROCEDURE MER200(T:REAL;VAR L,B,R:REAL);

  CONST P2=6.283185307;

  VAR C1,S1:           ARRAY [-1..9] OF REAL;
      C,S:             ARRAY [-5..0] OF REAL;
      M1,M2,M3,M5,M6:  REAL;
      U,V, DL,DR,DB:   REAL;
      I:               INTEGER;

  FUNCTION FRAC(X:REAL):REAL;
    BEGIN  X:=X-TRUNC(X); IF (X<0) THEN X:=X+1.0; FRAC:=X  END;

  PROCEDURE ADDTHE(C1,S1,C2,S2:REAL; VAR C,S:REAL);
    BEGIN  C:=C1*C2-S1*S2; S:=S1*C2+C1*S2;
    END;

  PROCEDURE TERM(I1,I,IT:INTEGER;DLC,DLS,DRC,DRS,DBC,DBS:REAL);
    BEGIN
      IF IT=0 THEN ADDTHE(C1[I1],S1[I1],C[I],S[I],U,V)
              ELSE BEGIN U:=U*T; V:=V*T END;
      DL:=DL+DLC*U+DLS*V; DR:=DR+DRC*U+DRS*V; DB:=DB+DBC*U+DBS*V;
    END;

  PROCEDURE PERTVEN;   (* Keplerterme und Stoerungen durch Venus *)
    VAR I: INTEGER;
    BEGIN
      C[0]:=1.0; S[0]:=0.0;  C[-1]:=COS(M2); S[-1]:=-SIN(M2);
      FOR I:=-1 DOWNTO -4 DO ADDTHE(C[I],S[I],C[-1],S[-1],C[I-1],S[I-1]);
      TERM( 1, 0,0, 259.74,84547.39,-78342.34, 0.01,11683.22,21203.79);
      TERM( 1, 0,1,   2.30,    5.04,    -7.52, 0.02,  138.55,  -71.01);
      TERM( 1, 0,2,   0.01,   -0.01,     0.01, 0.01,   -0.19,   -0.54);
      TERM( 2, 0,0,-549.71,10394.44, -7955.45, 0.00, 2390.29, 4306.79);
      TERM( 2, 0,1,  -4.77,    8.97,    -1.53, 0.00,   28.49,  -14.18);
      TERM( 2, 0,2,   0.00,    0.00,     0.00, 0.00,   -0.04,   -0.11);
      TERM( 3, 0,0,-234.04, 1748.74, -1212.86, 0.00,  535.41,  984.33);
      TERM( 3, 0,1,  -2.03,    3.48,    -0.35, 0.00,    6.56,   -2.91);
      TERM( 4, 0,0, -77.64,  332.63,  -219.23, 0.00,  124.40,  237.03);
      TERM( 4, 0,1,  -0.70,    1.10,    -0.08, 0.00,    1.59,   -0.59);
      TERM( 5, 0,0, -23.59,   67.28,   -43.54, 0.00,   29.44,   58.77);
      TERM( 5, 0,1,  -0.23,    0.32,    -0.02, 0.00,    0.39,   -0.11);
      TERM( 6, 0,0,  -6.86,   14.06,    -9.18, 0.00,    7.03,   14.84);
```

```
    TERM( 6, 0,1,  -0.07,     0.09,    -0.01, 0.00,    0.10,   -0.02);
    TERM( 7, 0,0,  -1.94,     2.98,    -2.02, 0.00,    1.69,    3.80);
    TERM( 8, 0,0,  -0.54,     0.63,    -0.46, 0.00,    0.41,    0.98);
    TERM( 9, 0,0,  -0.15,     0.13,    -0.11, 0.00,    0.10,    0.25);
    TERM(-1,-2,0,  -0.17,    -0.06,    -0.05, 0.14,   -0.06,   -0.07);
    TERM( 0,-1,0,   0.24,    -0.16,    -0.11,-0.16,    0.04,   -0.01);
    TERM( 0,-2,0,  -0.68,    -0.25,    -0.26, 0.73,   -0.16,   -0.18);
    TERM( 0,-5,0,   0.37,     0.08,     0.06,-0.28,    0.13,    0.12);
    TERM( 1,-1,0,   0.58,    -0.41,     0.26, 0.36,    0.01,   -0.01);
    TERM( 1,-2,0,  -3.51,    -1.23,     0.23,-0.63,   -0.05,   -0.06);
    TERM( 1,-3,0,   0.08,     0.53,    -0.11, 0.04,    0.02,   -0.09);
    TERM( 1,-5,0,   1.44,     0.31,     0.30,-1.39,    0.34,    0.29);
    TERM( 2,-1,0,   0.15,    -0.11,     0.09, 0.12,    0.02,   -0.04);
    TERM( 2,-2,0,  -1.99,    -0.68,     0.65,-1.91,   -0.20,    0.03);
    TERM( 2,-3,0,  -0.34,    -1.28,     0.97,-0.26,    0.03,    0.03);
    TERM( 2,-4,0,  -0.33,     0.35,    -0.13,-0.13,   -0.01,    0.00);
    TERM( 2,-5,0,   7.19,     1.56,    -0.05, 0.12,    0.06,    0.05);
    TERM( 3,-2,0,  -0.52,    -0.18,     0.13,-0.39,   -0.16,    0.03);
    TERM( 3,-3,0,  -0.11,    -0.42,     0.36,-0.10,   -0.05,   -0.05);
    TERM( 3,-4,0,  -0.19,     0.22,    -0.23,-0.20,   -0.01,    0.02);
    TERM( 3,-5,0,   2.77,     0.49,    -0.45, 2.56,    0.40,   -0.12);
    TERM( 4,-5,0,   0.67,     0.12,    -0.09, 0.47,    0.24,   -0.08);
    TERM( 5,-5,0,   0.18,     0.03,    -0.02, 0.12,    0.09,   -0.03);
  END;

PROCEDURE PERTEAR;   (* Stoerungen durch die Erde *)
  VAR I: INTEGER;
  BEGIN
    C[-1]:=COS(M3); S[-1]:=-SIN(M3);
    FOR I:=-1 DOWNTO -3 DO ADDTHE(C[I],S[I],C[-1],S[-1],C[I-1],S[I-1]);
    TERM( 0,-4,0,  -0.11,    -0.07,    -0.08, 0.11,   -0.02,   -0.04);
    TERM( 1,-1,0,   0.10,    -0.20,     0.15, 0.07,    0.00,    0.00);
    TERM( 1,-2,0,  -0.35,     0.28,    -0.13,-0.17,   -0.01,    0.00);
    TERM( 1,-4,0,  -0.67,    -0.45,     0.00, 0.01,   -0.01,   -0.01);
    TERM( 2,-2,0,  -0.20,     0.16,    -0.16,-0.20,   -0.01,    0.02);
    TERM( 2,-3,0,   0.13,    -0.02,     0.02, 0.14,    0.01,    0.00);
    TERM( 2,-4,0,  -0.33,    -0.18,     0.17,-0.31,   -0.04,    0.00);
  END;

PROCEDURE PERTJUP;   (* Stoerungen durch Jupiter *)
  VAR I: INTEGER;
  BEGIN
    C[-1]:=COS(M5); S[-1]:=-SIN(M5);
    FOR I:=-1 DOWNTO -2 DO ADDTHE(C[I],S[I],C[-1],S[-1],C[I-1],S[I-1]);
    TERM(-1,-1,0,  -0.08,     0.16,     0.15, 0.08,   -0.04,    0.01);
    TERM(-1,-2,0,   0.10,    -0.06,    -0.07,-0.12,    0.07,   -0.01);
    TERM( 0,-1,0,  -0.31,     0.48,    -0.02, 0.13,   -0.03,   -0.02);
    TERM( 0,-2,0,   0.42,    -0.26,    -0.38,-0.50,    0.20,   -0.03);
    TERM( 1,-1,0,  -0.70,     0.01,    -0.02,-0.63,    0.00,    0.03);
    TERM( 1,-2,0,   2.61,    -1.97,     1.74, 2.32,    0.01,    0.01);
    TERM( 1,-3,0,   0.32,    -0.15,     0.13, 0.28,    0.00,    0.00);
    TERM( 2,-1,0,  -0.18,     0.01,     0.00,-0.13,   -0.03,    0.03);
    TERM( 2,-2,0,   0.75,    -0.56,     0.45, 0.60,    0.08,   -0.17);
    TERM( 3,-2,0,   0.20,    -0.15,     0.10, 0.14,    0.04,   -0.08);
  END;
```

```
PROCEDURE PERTSAT;   (* Stoerungen durch Saturn *)
   BEGIN
     C[-2]:=COS(2*M6); S[-2]:=-SIN(2*M6);
     TERM( 1,-2,0,  -0.19,     0.33,     0.00, 0.00,    0.00,    0.00);
   END;


 BEGIN  (* MER200 *)

   DL:=0.0; DR:=0.0; DB:=0.0;
   M1:=P2*FRAC(0.4855407+415.2014314*T); M2:=P2*FRAC(0.1394222+162.5490444*T);
   M3:=P2*FRAC(0.9937861+ 99.9978139*T); M5:=P2*FRAC(0.0558417+  8.4298417*T);
   M6:=P2*FRAC(0.8823333+  3.3943333*T);
   C1[0]:=1.0;     S1[0]:=0.0;
   C1[1]:=COS(M1); S1[1]:=SIN(M1);  C1[-1]:=C1[1]; S1[-1]:=-S1[1];
   FOR I:=2 TO 9 DO ADDTHE(C1[I-1],S1[I-1],C1[1],S1[1],C1[I],S1[I]);
   PERTVEN; PERTEAR; PERTJUP; PERTSAT;
   DL := DL + (2.8+3.2*T);
   L:= 360.0*FRAC(0.2151379 + M1/P2 + ((5601.7+1.1*T)*T+DL)/1296.0E3 );
   R:= 0.3952829 + 0.0000016*T  + DR*1.0E-6;
   B:= ( -2522.15 + (-30.18 + 0.04*T) * T  +  DB ) / 3600.0;

 END;   (* MER200 *)
(*-------------------------------------------------------------------------*)
```

Venus

```
(*-------------------------------------------------------------------------*)
(* VEN200: Venus; ekliptikale Koordinaten L,B,R (in Grad und AE)       *)
(*         Aequinoktium des Datums                                     *)
(*         (T: Zeit in julianischen Jahrhunderten seit J2000)          *)
(*         (  = (JED-2451545.0)/36525                       )          *)
(*-------------------------------------------------------------------------*)
PROCEDURE VEN200(T:REAL;VAR L,B,R:REAL);
  CONST P2=6.283185307;
  VAR C2,S2:           ARRAY [ 0..8] OF REAL;
      C,S:             ARRAY [-8..0] OF REAL;
      M1,M2,M3,M4,M5,M6: REAL;
      U,V, DL,DR,DB:   REAL;
      I:               INTEGER;

  FUNCTION FRAC(X:REAL):REAL;
    BEGIN  X:=X-TRUNC(X); IF (X<0) THEN X:=X+1.0; FRAC:=X  END;

  PROCEDURE ADDTHE(C1,S1,C2,S2:REAL; VAR C,S:REAL);
    BEGIN  C:=C1*C2-S1*S2; S:=S1*C2+C1*S2; END;

  PROCEDURE TERM(I1,I,IT:INTEGER;DLC,DLS,DRC,DRS,DBC,DBS:REAL);
    BEGIN
      IF IT=0 THEN ADDTHE(C2[I1],S2[I1],C[I],S[I],U,V)
              ELSE BEGIN U:=U*T; V:=V*T END;
      DL:=DL+DLC*U+DLS*V; DR:=DR+DRC*U+DRS*V; DB:=DB+DBC*U+DBS*V;
    END;
```

```
PROCEDURE PERTMER;  (* Stoerungen durch Merkur *)
  BEGIN
    C[0]:=1.0; S[0]:=0.0; C[-1]:=COS(M1); S[-1]:=-SIN(M1);
    ADDTHE(C[-1],S[-1],C[-1],S[-1],C[-2],S[-2]);
    TERM(1,-1,0,   0.00,   0.00,   0.06, -0.09,   0.01,   0.00);
    TERM(2,-1,0,   0.25,  -0.09,  -0.09, -0.27,   0.00,   0.00);
    TERM(4,-2,0,  -0.07,  -0.08,  -0.14,  0.14,  -0.01,  -0.01);
    TERM(5,-2,0,  -0.35,   0.08,   0.02,  0.09,   0.00,   0.00);
  END;

PROCEDURE PERTEAR;  (* Keplerterme und Stoerungen durch die Erde *)
  VAR I: INTEGER;
  BEGIN
    C[-1]:=COS(M3); S[-1]:=-SIN(M3);
    FOR I:=-1 DOWNTO -7 DO ADDTHE(C[I],S[I],C[-1],S[-1],C[I-1],S[I-1]);
    TERM(1, 0,0,   2.37,2793.23,-4899.07,  0.11,9995.27,7027.22);
    TERM(1, 0,1,   0.10, -19.65,   34.40,  0.22,  64.95, -86.10);
    TERM(1, 0,2,   0.06,   0.04,   -0.07,  0.11,  -0.55,  -0.07);
    TERM(2, 0,0,-170.42,  73.13,  -16.59,  0.00,  67.71,  47.56);
    TERM(2, 0,1,   0.93,   2.91,    0.23,  0.00,  -0.03,  -0.92);
    TERM(3, 0,0,  -2.31,   0.90,   -0.08,  0.00,   0.04,   2.09);
    TERM(1,-1,0,  -2.38,  -4.27,    3.27, -1.82,   0.00,   0.00);
    TERM(1,-2,0,   0.09,   0.00,   -0.08,  0.05,  -0.02,  -0.25);
    TERM(2,-2,0,  -9.57,  -5.93,    8.57,-13.83,  -0.01,  -0.01);
    TERM(2,-3,0,  -2.47,  -2.40,    0.83, -0.95,   0.16,   0.24);
    TERM(3,-2,0,  -0.09,  -0.05,    0.08, -0.13,  -0.28,   0.12);
    TERM(3,-3,0,   7.12,   0.32,   -0.62, 13.76,  -0.07,   0.01);
    TERM(3,-4,0,  -0.65,  -0.17,    0.18, -0.73,   0.10,   0.05);
    TERM(3,-5,0,  -1.08,  -0.95,   -0.17,  0.22,  -0.03,  -0.03);
    TERM(4,-3,0,   0.06,   0.00,   -0.01,  0.08,   0.14,  -0.18);
    TERM(4,-4,0,   0.93,  -0.46,    1.06,  2.13,  -0.01,   0.01);
    TERM(4,-5,0,  -1.53,   0.38,   -0.64, -2.54,   0.27,   0.00);
    TERM(4,-6,0,  -0.17,  -0.05,    0.03, -0.11,   0.02,   0.00);
    TERM(5,-5,0,   0.18,  -0.28,    0.71,  0.47,  -0.02,   0.04);
    TERM(5,-6,0,   0.15,  -0.14,    0.30,  0.31,  -0.04,   0.03);
    TERM(5,-7,0,  -0.08,   0.02,   -0.03, -0.11,   0.01,   0.00);
    TERM(5,-8,0,  -0.23,   0.00,    0.01, -0.04,   0.00,   0.00);
    TERM(6,-6,0,   0.01,  -0.14,    0.39,  0.04,   0.00,  -0.01);
    TERM(6,-7,0,   0.02,  -0.05,    0.12,  0.04,  -0.01,   0.01);
    TERM(6,-8,0,   0.10,  -0.10,    0.19,  0.19,  -0.02,   0.02);
    TERM(7,-7,0,  -0.03,  -0.06,    0.18, -0.08,   0.00,   0.00);
    TERM(8,-8,0,  -0.03,  -0.02,    0.06, -0.08,   0.00,   0.00);
  END;

PROCEDURE PERTMAR;  (* Stoerungen durch Mars *)
  VAR I: INTEGER;
  BEGIN
    C[-1]:=COS(M4); S[-1]:=-SIN(M4);
    FOR I:=-1 DOWNTO -2 DO ADDTHE(C[I],S[I],C[-1],S[-1],C[I-1],S[I-1]);
    TERM(1,-3,0,  -0.65,   1.02,   -0.04, -0.02,  -0.02,   0.00);
    TERM(2,-2,0,  -0.05,   0.04,   -0.09, -0.10,   0.00,   0.00);
    TERM(2,-3,0,  -0.50,   0.45,   -0.79, -0.89,   0.01,   0.03);
  END;
```

```
PROCEDURE PERTJUP;  (* Stoerungen durch Jupiter *)
  VAR I: INTEGER;
  BEGIN
    C[-1]:=COS(M5); S[-1]:=-SIN(M5);
    FOR I:=-1 DOWNTO -2 DO ADDTHE(C[I],S[I],C[-1],S[-1],C[I-1],S[I-1]);
    TERM(0,-1,0,  -0.05,   1.56,    0.16,  0.04,  -0.08, -0.04);
    TERM(1,-1,0,  -2.62,   1.40,   -2.35, -4.40,   0.02,  0.03);
    TERM(1,-2,0,  -0.47,  -0.08,    0.12, -0.76,   0.04, -0.18);
    TERM(2,-2,0,  -0.73,  -0.51,    1.27, -1.82,  -0.01,  0.01);
    TERM(2,-3,0,  -0.14,  -0.10,    0.25, -0.34,   0.00,  0.00);
    TERM(3,-3,0,  -0.01,   0.04,   -0.11, -0.02,   0.00,  0.00);
  END;


PROCEDURE PERTSAT;  (* Stoerungen durch Saturn *)
  BEGIN
    C[-1]:=COS(M6); S[-1]:=-SIN(M6);
    TERM(0,-1,0,   0.00,   0.21,    0.00,  0.00,   0.00, -0.01);
    TERM(1,-1,0,  -0.11,  -0.14,    0.24, -0.20,   0.01,  0.00);
  END;



BEGIN  (* VEN200 *)

  DL:=0.0; DR:=0.0; DB:=0.0;
  M1:=P2*FRAC(0.4861431+415.2018375*T); M2:=P2*FRAC(0.1400197+162.5494552*T);
  M3:=P2*FRAC(0.9944153+ 99.9982208*T); M4:=P2*FRAC(0.0556297+ 53.1674631*T);
  M5:=P2*FRAC(0.0567028+  8.4305083*T); M6:=P2*FRAC(0.8830539+  3.3947206*T);

  C2[0]:=1.0; S2[0]:=0.0; C2[1]:=COS(M2); S2[1]:=SIN(M2);
  FOR I:=2 TO 8 DO ADDTHE(C2[I-1],S2[I-1],C2[1],S2[1],C2[I],S2[I]);

  PERTMER; PERTEAR; PERTMAR; PERTJUP; PERTSAT;
  DL:=DL + 2.74*SIN(P2*(0.0764+0.4174*T)) + 0.27*SIN(P2*(0.9201+0.3307*T));
  DL:=DL + (1.9+1.8*T);

  L:= 360.0*FRAC(0.3654783 + M2/P2 + ((5071.2+1.1*T)*T+DL)/1296.0E3 );
  R:= 0.7233482 - 0.0000002*T  + DR*1.0E-6;
  B:= ( -67.70 + ( 0.04 + 0.01*T) * T  + DB ) / 3600.0;

END;   (* VEN200 *)

(*---------------------------------------------------------------------------*)
```

Erde

Zur Berechnung der heliozentrischen Koordinaten der Erde ist kein eigenes Unterprogramm vorgesehen. Sie können jederzeit aus den geozentrischen Sonnenkoordinaten bestimmt werden, die man mit Hilfe von SUN200 (vgl. Kap. 2) erhält. Dazu kehrt man lediglich das Vorzeichen der ekliptikalen Breite der Sonne um und addiert 180° zur ekliptikalen Länge.

Mars

```
(*-----------------------------------------------------------------------*)
(* MAR200: Mars; ekliptikale Koordinaten L,B,R (in Grad und AE)          *)
(*         Aequinoktium des Datums                                       *)
(*         (T: Zeit in julianischen Jahrhunderten seit J2000)            *)
(*         (   = (JED-2451545.0)/36525              )                    *)
(*-----------------------------------------------------------------------*)

PROCEDURE MAR200(T:REAL;VAR L,B,R:REAL);

  CONST P2=6.283185307;

  VAR C4,S4:         ARRAY [-2..16] OF REAL;
      C,S:           ARRAY [-9.. 0] OF REAL;
      M2,M3,M4,M5,M6: REAL;
      U,V, DL,DR,DB: REAL;
      I:             INTEGER;

  FUNCTION FRAC(X:REAL):REAL;
    BEGIN X:=X-TRUNC(X); IF (X<0) THEN X:=X+1.0; FRAC:=X  END;

  PROCEDURE ADDTHE(C1,S1,C2,S2:REAL; VAR C,S:REAL);
    BEGIN  C:=C1*C2-S1*S2; S:=S1*C2+C1*S2; END;

  PROCEDURE TERM(I1,I,IT:INTEGER;DLC,DLS,DRC,DRS,DBC,DBS:REAL);
    BEGIN
      IF IT=0 THEN ADDTHE(C4[I1],S4[I1],C[I],S[I],U,V)
              ELSE BEGIN U:=U*T; V:=V*T END;
      DL:=DL+DLC*U+DLS*V; DR:=DR+DRC*U+DRS*V; DB:=DB+DBC*U+DBS*V;
    END;

  PROCEDURE PERTVEN; (* Stoerungen durch Venus *)
    BEGIN
      C[0]:=1.0; S[0]:=0.0; C[-1]:=COS(M2); S[-1]:=-SIN(M2);
      ADDTHE(C[-1],S[-1],C[-1],S[-1],C[-2],S[-2]);
      TERM( 0,-1,0, -0.01,   -0.03,    0.10, -0.04,   0.00,  0.00);
      TERM( 1,-1,0,  0.05,    0.10,   -2.08,  0.75,   0.00,  0.00);
      TERM( 2,-1,0, -0.25,   -0.57,   -2.58,  1.18,   0.05, -0.04);
      TERM( 2,-2,0,  0.02,    0.02,    0.13, -0.14,   0.00,  0.00);
      TERM( 3,-1,0,  3.41,    5.38,    1.87, -1.15,   0.01, -0.01);
      TERM( 3,-2,0,  0.02,    0.02,    0.11, -0.13,   0.00,  0.00);
      TERM( 4,-1,0,  0.32,    0.49,   -1.88,  1.21,  -0.07,  0.07);
      TERM( 4,-2,0,  0.03,    0.03,    0.12, -0.14,   0.00,  0.00);
      TERM( 5,-1,0,  0.04,    0.06,   -0.17,  0.11,  -0.01,  0.01);
      TERM( 5,-2,0,  0.11,    0.09,    0.35, -0.43,  -0.01,  0.01);
      TERM( 6,-2,0, -0.36,   -0.28,   -0.20,  0.25,   0.00,  0.00);
      TERM( 7,-2,0, -0.03,   -0.03,    0.11, -0.13,   0.00, -0.01);
    END;

  PROCEDURE PERTEAR;  (* Keplerterme und Stoerungen durch die Erde *)
    VAR I: INTEGER;
    BEGIN
      C[-1]:=COS(M3); S[-1]:=-SIN(M3);
      FOR I:=-1 DOWNTO -8 DO ADDTHE(C[I],S[I],C[-1],S[-1],C[I-1],S[I-1]);
```

```
TERM( 1, 0,0, -5.32,38481.97,-141856.04,  0.40,-6321.67,1876.89);
TERM( 1, 0,1, -1.12,    37.98,   -138.67, -2.93,   37.28, 117.48);
TERM( 1, 0,2, -0.32,    -0.03,      0.12, -1.19,    1.04,  -0.40);
TERM( 2, 0,0, 28.28,  2285.80,  -6608.37,  0.00, -589.35, 174.81);
TERM( 2, 0,1,  1.64,     3.37,    -12.93,  0.00,    2.89,  11.10);
TERM( 2, 0,2,  0.00,     0.00,      0.00,  0.00,    0.10,  -0.03);
TERM( 3, 0,0,  5.31,   189.29,   -461.81,  0.00,  -61.98,  18.53);
TERM( 3, 0,1,  0.31,     0.35,     -1.36,  0.00,    0.25,   1.19);
TERM( 4, 0,0,  0.81,    17.96,    -38.26,  0.00,   -6.88,   2.08);
TERM( 4, 0,1,  0.05,     0.04,     -0.15,  0.00,    0.02,   0.14);
TERM( 5, 0,0,  0.11,     1.83,     -3.48,  0.00,   -0.79,   0.24);
TERM( 6, 0,0,  0.02,     0.20,     -0.34,  0.00,   -0.09,   0.03);
TERM(-1,-1,0,  0.09,     0.06,      0.14, -0.22,    0.02,  -0.02);
TERM( 0,-1,0,  0.72,     0.49,      1.55, -2.31,    0.12,  -0.10);
TERM( 1,-1,0,  7.00,     4.92,     13.93,-20.48,    0.08,  -0.13);
TERM( 2,-1,0, 13.08,     4.89,     -4.53, 10.01,   -0.05,   0.13);
TERM( 2,-2,0,  0.14,     0.05,     -0.48, -2.66,    0.01,   0.14);
TERM( 3,-1,0,  1.38,     0.56,     -2.00,  4.85,   -0.01,   0.19);
TERM( 3,-2,0, -6.85,     2.68,      8.38, 21.42,    0.00,   0.03);
TERM( 3,-3,0, -0.08,     0.20,      1.20,  0.46,    0.00,   0.00);
TERM( 4,-1,0,  0.16,     0.07,     -0.19,  0.47,   -0.01,   0.05);
TERM( 4,-2,0, -4.41,     2.14,     -3.33, -7.21,   -0.07,  -0.09);
TERM( 4,-3,0, -0.12,     0.33,      2.22,  0.72,   -0.03,  -0.02);
TERM( 4,-4,0, -0.04,    -0.06,     -0.36,  0.23,    0.00,   0.00);
TERM( 5,-2,0, -0.44,     0.21,     -0.70, -1.46,   -0.06,  -0.07);
TERM( 5,-3,0,  0.48,    -2.60,     -7.25, -1.37,    0.00,   0.00);
TERM( 5,-4,0, -0.09,    -0.12,     -0.66,  0.50,    0.00,   0.00);
TERM( 5,-5,0,  0.03,     0.00,      0.01, -0.17,    0.00,   0.00);
TERM( 6,-2,0, -0.05,     0.03,     -0.07, -0.15,   -0.01,  -0.01);
TERM( 6,-3,0,  0.10,    -0.96,      2.36,  0.30,    0.04,   0.00);
TERM( 6,-4,0, -0.17,    -0.20,     -1.09,  0.94,    0.02,  -0.02);
TERM( 6,-5,0,  0.05,     0.00,      0.00, -0.30,    0.00,   0.00);
TERM( 7,-3,0,  0.01,    -0.10,      0.32,  0.04,    0.02,   0.00);
TERM( 7,-4,0,  0.86,     0.77,      1.86, -2.01,    0.01,  -0.01);
TERM( 7,-5,0,  0.09,    -0.01,     -0.05, -0.44,    0.00,   0.00);
TERM( 7,-6,0, -0.01,     0.02,      0.10,  0.08,    0.00,   0.00);
TERM( 8,-4,0,  0.20,     0.16,     -0.53,  0.64,   -0.01,   0.02);
TERM( 8,-5,0,  0.17,    -0.03,     -0.14, -0.84,    0.00,   0.01);
TERM( 8,-6,0, -0.02,     0.03,      0.16,  0.09,    0.00,   0.00);
TERM( 9,-5,0, -0.55,     0.15,      0.30,  1.10,    0.00,   0.00);
TERM( 9,-6,0, -0.02,     0.04,      0.20,  0.10,    0.00,   0.00);
TERM(10,-5,0, -0.09,     0.03,     -0.10, -0.33,    0.00,  -0.01);
TERM(10,-6,0, -0.05,     0.11,      0.48,  0.21,   -0.01,   0.00);
TERM(11,-6,0,  0.10,    -0.35,     -0.52, -0.15,    0.00,   0.00);
TERM(11,-7,0, -0.01,    -0.02,     -0.10,  0.07,    0.00,   0.00);
TERM(12,-6,0,  0.01,    -0.04,      0.18,  0.04,    0.01,   0.00);
TERM(12,-7,0, -0.05,    -0.07,     -0.29,  0.20,    0.01,   0.00);
TERM(13,-7,0,  0.23,     0.27,      0.25, -0.21,    0.00,   0.00);
TERM(14,-7,0,  0.02,     0.03,     -0.10,  0.09,    0.00,   0.00);
TERM(14,-8,0,  0.05,     0.01,      0.03, -0.23,    0.00,   0.03);
TERM(15,-8,0, -1.53,     0.27,      0.06,  0.42,    0.00,   0.00);
TERM(16,-8,0, -0.14,     0.02,     -0.10, -0.55,   -0.01,  -0.02);
TERM(16,-9,0,  0.03,    -0.06,     -0.25, -0.11,    0.00,   0.00);
END;
```

```
PROCEDURE PERTJUP; (* Stoerungen durch Jupiter *)
  VAR I: INTEGER;
  BEGIN
    C[-1]:=COS(M5); S[-1]:=-SIN(M5);
    FOR I:=-1 DOWNTO -4 DO ADDTHE(C[I],S[I],C[-1],S[-1],C[I-1],S[I-1]);
    TERM(-2,-1,0,  0.05,    0.03,    0.08, -0.14,   0.01, -0.01);
    TERM(-1,-1,0,  0.39,    0.27,    0.92, -1.50,  -0.03, -0.06);
    TERM(-1,-2,0, -0.16,    0.03,    0.13,  0.67,  -0.01,  0.06);
    TERM(-1,-3,0, -0.02,    0.01,    0.05,  0.09,   0.00,  0.01);
    TERM( 0,-1,0,  3.56,    1.13,   -5.41, -7.18,  -0.25, -0.24);
    TERM( 0,-2,0, -1.44,    0.25,    1.24,  7.96,   0.02,  0.31);
    TERM( 0,-3,0, -0.21,    0.11,    0.55,  1.04,   0.01,  0.05);
    TERM( 0,-4,0, -0.02,    0.02,    0.11,  0.11,   0.00,  0.01);
    TERM( 1,-1,0, 16.67,  -19.15,   61.00, 53.36,  -0.06, -0.07);
    TERM( 1,-2,0,-21.64,    3.18,   -7.77,-54.64,  -0.31,  0.50);
    TERM( 1,-3,0, -2.82,    1.45,   -2.53, -5.73,   0.01,  0.07);
    TERM( 1,-4,0, -0.31,    0.28,   -0.34, -0.51,   0.00,  0.00);
    TERM( 2,-1,0,  2.15,   -2.29,    7.04,  6.94,   0.33,  0.19);
    TERM( 2,-2,0,-15.69,    3.31,  -15.70,-73.17,  -0.17, -0.25);
    TERM( 2,-3,0, -1.73,    1.95,   -9.19, -7.20,   0.02, -0.03);
    TERM( 2,-4,0, -0.01,    0.33,   -1.42,  0.08,   0.01, -0.01);
    TERM( 2,-5,0,  0.03,    0.03,   -0.13,  0.12,   0.00,  0.00);
    TERM( 3,-1,0,  0.26,   -0.28,    0.73,  0.71,   0.08,  0.04);
    TERM( 3,-2,0, -2.06,    0.46,   -1.61, -6.72,  -0.13, -0.25);
    TERM( 3,-3,0, -1.28,   -0.27,    2.21, -6.90,  -0.04, -0.02);
    TERM( 3,-4,0, -0.22,    0.08,   -0.44, -1.25,   0.00,  0.01);
    TERM( 3,-5,0, -0.02,    0.03,   -0.15, -0.08,   0.00,  0.00);
    TERM( 4,-1,0,  0.03,   -0.03,    0.08,  0.08,   0.01,  0.01);
    TERM( 4,-2,0, -0.26,    0.06,   -0.17, -0.70,  -0.03, -0.05);
    TERM( 4,-3,0, -0.20,   -0.05,    0.22, -0.79,  -0.01, -0.02);
    TERM( 4,-4,0, -0.11,   -0.14,    0.93, -0.60,   0.00,  0.00);
    TERM( 4,-5,0, -0.04,   -0.02,    0.09, -0.23,   0.00,  0.00);
    TERM( 5,-4,0, -0.02,   -0.03,    0.13, -0.09,   0.00,  0.00);
    TERM( 5,-5,0,  0.00,   -0.03,    0.21,  0.01,   0.00,  0.00);
  END;


PROCEDURE PERTSAT;  (* Stoerungen durch Saturn *)
  VAR I: INTEGER;
  BEGIN
    C[-1]:=COS(M6); S[-1]:=-SIN(M6);
    FOR I:=-1 DOWNTO -3 DO ADDTHE(C[I],S[I],C[-1],S[-1],C[I-1],S[I-1]);
    TERM(-1,-1,0,  0.03,    0.13,    0.48, -0.13,   0.02,  0.00);
    TERM( 0,-1,0,  0.27,    0.84,    0.40, -0.43,   0.01, -0.01);
    TERM( 0,-2,0,  0.12,   -0.04,   -0.33, -0.55,  -0.01, -0.02);
    TERM( 0,-3,0,  0.02,   -0.01,   -0.07, -0.08,   0.00,  0.00);
    TERM( 1,-1,0,  1.12,    0.76,   -2.66,  3.91,  -0.01,  0.01);
    TERM( 1,-2,0,  1.49,   -0.95,    3.07,  4.83,   0.04, -0.05);
    TERM( 1,-3,0,  0.21,   -0.18,    0.55,  0.64,   0.00,  0.00);
    TERM( 2,-1,0,  0.12,    0.10,   -0.29,  0.34,  -0.01,  0.02);
    TERM( 2,-2,0,  0.51,   -0.36,    1.61,  2.25,   0.03,  0.01);
    TERM( 2,-3,0,  0.10,   -0.10,    0.50,  0.43,   0.00,  0.00);
    TERM( 2,-4,0,  0.01,   -0.02,    0.11,  0.05,   0.00,  0.00);
    TERM( 3,-2,0,  0.07,   -0.05,    0.16,  0.22,   0.01,  0.01);
  END;
```

```
BEGIN  (* MAR200 *)

  DL:=0.0; DR:=0.0; DB:=0.0;
  M2:=P2*FRAC(0.1382208+162.5482542*T); M3:=P2*FRAC(0.9926208+99.9970236*T);
  M4:=P2*FRAC(0.0538553+ 53.1662736*T); M5:=P2*FRAC(0.0548944+ 8.4290611*T);
  M6:=P2*FRAC(0.8811167+  3.3935250*T);
  C4[0]:=1.0; S4[0]:=0.0;  C4[1]:=COS(M4); S4[1]:=SIN(M4);
  FOR I:=2 TO 16 DO ADDTHE(C4[I-1],S4[I-1],C4[1],S4[1],C4[I],S4[I]);
  FOR I:=-2 TO -1 DO BEGIN C4[I]:=C4[-I]; S4[I]:=-S4[-I] END;
  PERTVEN; PERTEAR; PERTJUP; PERTSAT;
  DL:=DL + 52.49*SIN(P2*(0.1868+0.0549*T)) + 0.61*SIN(P2*(0.9220+0.3307*T))
         + 0.32*SIN(P2*(0.4731+2.1485*T)) + 0.28*SIN(P2*(0.9467+0.1133*T));
  DL:=DL + (0.14+0.87*T-0.11*T*T);
  L:= 360.0*FRAC(0.9334591 + M4/P2 + ((6615.5+1.1*T)*T+DL)/1296.0E3 );
  R:= 1.5303352 + 0.0000131*T  + DR*1.0E-6;
  B:= ( 596.32 + (-2.92 - 0.10*T) * T  + DB ) / 3600.0;

END;

(*----------------------------------------------------------------------*)
```

Jupiter

Der vollständige Programmtext zur Prozedur JUP200 ist in Kap. 5 abgedruckt
und erläutert.

Saturn

```
(*----------------------------------------------------------------------*)
(* SAT200: Saturn; ekliptikale Koordinaten L,B,R (in Grad und AE)        *)
(*         Aequinoktium des Datums                                       *)
(*         (T: Zeit in julianischen Jahrhunderten seit J2000)            *)
(*         (   = (JED-2451545.0)/36525                        )          *)
(*----------------------------------------------------------------------*)

PROCEDURE SAT200(T:REAL;VAR L,B,R:REAL);

  CONST P2=6.283185307;

  VAR C6,S6:          ARRAY [ 0..11] OF REAL;
      C,S:            ARRAY [-6.. 1] OF REAL;
      M5,M6,M7,M8:    REAL;
      U,V, DL,DR,DB:  REAL;
      I:              INTEGER;

  FUNCTION FRAC(X:REAL):REAL;
    BEGIN  X:=X-TRUNC(X); IF (X<0) THEN X:=X+1.0; FRAC:=X  END;

  PROCEDURE ADDTHE(C1,S1,C2,S2:REAL; VAR C,S:REAL);
    BEGIN  C:=C1*C2-S1*S2; S:=S1*C2+C1*S2; END;
```

```
PROCEDURE TERM(I6,I,IT:INTEGER;DLC,DLS,DRC,DRS,DBC,DBS:REAL);
  BEGIN
    IF IT=0 THEN ADDTHE(C6[I6],S6[I6],C[I],S[I],U,V)
            ELSE BEGIN U:=U*T; V:=V*T END;
    DL:=DL+DLC*U+DLS*V; DR:=DR+DRC*U+DRS*V; DB:=DB+DBC*U+DBS*V;
  END;

PROCEDURE PERTJUP;  (* Keplerterme und Stoerungen durch Jupiter *)
  VAR I: INTEGER;
  BEGIN
    C[0]:=1.0; S[0]:=0.0; C[1]:=COS(M5); S[1]:=SIN(M5);
    FOR I:=0 DOWNTO -5 DO ADDTHE(C[I],S[I],C[1],-S[1],C[I-1],S[I-1]);
    TERM( 0,-1,0,    12.0,    -1.4,   -13.9,     6.4,    1.2,   -1.8);
    TERM( 0,-2,0,     0.0,    -0.2,    -0.9,     1.0,    0.0,   -0.1);
    TERM( 1, 1,0,     0.9,     0.4,    -1.8,     1.9,    0.2,    0.2);
    TERM( 1, 0,0, -348.3,22907.7,-52915.5, -752.2,-3266.5,8314.4);
    TERM( 1, 0,1, -225.2, -146.2,   337.7, -521.3,   79.6,   17.4);
    TERM( 1, 0,2,     1.3,    -1.4,     3.2,     2.9,    0.1,   -0.4);
    TERM( 1,-1,0,    -1.0,   -30.7,   108.6, -815.0,   -3.6,   -9.3);
    TERM( 1,-2,0,    -2.0,    -2.7,    -2.1,   -11.9,   -0.1,   -0.4);
    TERM( 2, 1,0,     0.1,     0.2,    -1.0,     0.3,    0.0,    0.0);
    TERM( 2, 0,0,    44.2,   724.0, -1464.3,   -34.7, -188.7,  459.1);
    TERM( 2, 0,1,   -17.0,   -11.3,    18.9,   -28.6,    1.0,   -3.7);
    TERM( 2,-1,0,    -3.5,  -426.6,  -546.5,   -26.5,   -1.6,   -2.7);
    TERM( 2,-1,1,     3.5,    -2.2,    -2.6,    -4.3,    0.0,    0.0);
    TERM( 2,-2,0,    10.5,   -30.9,  -130.5,   -52.3,   -1.9,    0.2);
    TERM( 2,-3,0,    -0.2,    -0.4,    -1.2,    -0.1,   -0.1,    0.0);
    TERM( 3, 0,0,     6.5,    30.5,   -61.1,     0.4,  -11.6,   28.1);
    TERM( 3, 0,1,    -1.2,    -0.7,     1.1,    -1.8,   -0.2,   -0.6);
    TERM( 3,-1,0,    29.0,   -40.2,    98.2,    45.3,    3.2,   -9.4);
    TERM( 3,-1,1,     0.6,     0.6,    -1.0,     1.3,    0.0,    0.0);
    TERM( 3,-2,0,   -27.0,   -21.1,   -68.5,     8.1,  -19.8,    5.4);
    TERM( 3,-2,1,     0.9,    -0.5,    -0.4,    -2.0,   -0.1,   -0.8);
    TERM( 3,-3,0,    -5.4,    -4.1,   -19.1,    26.2,   -0.1,   -0.1);
    TERM( 4, 0,0,     0.6,     1.4,    -3.0,    -0.2,   -0.6,    1.6);
    TERM( 4,-1,0,     1.5,    -2.5,    12.4,     4.7,    1.0,   -1.1);
    TERM( 4,-2,0, -821.9,    -9.6,   -26.0,  1873.6,  -70.5,   -4.4);
    TERM( 4,-2,1,     4.1,   -21.9,   -50.3,    -9.9,    0.7,   -3.0);
    TERM( 4,-3,0,    -2.0,    -4.7,   -19.3,     8.2,   -0.1,   -0.3);
    TERM( 4,-4,0,    -1.5,     1.3,     6.5,     7.3,    0.0,    0.0);
    TERM( 5,-2,0,-2627.6,-1277.3,   117.4,  -344.1,  -13.8,   -4.3);
    TERM( 5,-2,1,    63.0,   -98.6,    12.7,     6.7,    0.1,   -0.2);
    TERM( 5,-2,2,     1.7,     1.2,    -0.2,     0.3,    0.0,    0.0);
    TERM( 5,-3,0,     0.4,    -3.6,   -11.3,    -1.6,    0.0,   -0.3);
    TERM( 5,-4,0,    -1.4,     0.3,     1.5,     6.3,   -0.1,    0.0);
    TERM( 5,-5,0,     0.3,     0.6,     3.0,    -1.7,    0.0,    0.0);
    TERM( 6,-2,0,  -146.7,   -73.7,   166.4,  -334.3,  -43.6,  -46.7);
    TERM( 6,-2,1,     5.2,    -6.8,    15.1,    11.4,    1.7,   -1.0);
    TERM( 6,-3,0,     1.5,    -2.9,    -2.2,    -1.3,    0.1,   -0.1);
    TERM( 6,-4,0,    -0.7,    -0.2,    -0.7,     2.8,    0.0,    0.0);
    TERM( 6,-5,0,     0.0,     0.5,     2.5,    -0.1,    0.0,    0.0);
    TERM( 6,-6,0,     0.3,    -0.1,    -0.3,    -1.2,    0.0,    0.0);
    TERM( 7,-2,0,    -9.6,    -3.9,     9.6,   -18.6,   -4.7,   -5.3);
    TERM( 7,-2,1,     0.4,    -0.5,     1.0,     0.9,    0.3,   -0.1);
```

```
      TERM( 7,-3,0,    3.0,    5.3,    7.5,   -3.5,    0.0,    0.0);
      TERM( 7,-4,0,    0.2,    0.4,    1.6,   -1.3,    0.0,    0.0);
      TERM( 7,-5,0,   -0.1,    0.2,    1.0,    0.5,    0.0,    0.0);
      TERM( 7,-6,0,    0.2,    0.0,    0.2,   -1.0,    0.0,    0.0);
      TERM( 8,-2,0,   -0.7,   -0.2,    0.6,   -1.2,   -0.4,   -0.4);
      TERM( 8,-3,0,    0.5,    1.0,   -2.0,    1.5,    0.1,    0.2);
      TERM( 8,-4,0,    0.4,    1.3,    3.6,   -0.9,    0.0,   -0.1);
      TERM( 9,-4,0,    4.0,   -8.7,  -19.9,   -9.9,    0.2,   -0.4);
      TERM( 9,-4,1,    0.5,    0.3,    0.8,   -1.8,    0.0,    0.0);
      TERM(10,-4,0,   21.3,  -16.8,    3.3,    3.3,    0.2,   -0.2);
      TERM(10,-4,1,    1.0,    1.7,   -0.4,    0.4,    0.0,    0.0);
      TERM(11,-4,0,    1.6,   -1.3,    3.0,    3.7,    0.8,   -0.2);
    END;


PROCEDURE PERTURA;   (* Stoerungen durch Uranus *)
    VAR I: INTEGER;
    BEGIN
      C[-1]:=COS(M7); S[-1]:=-SIN(M7);
      FOR I:=-1 DOWNTO -4 DO ADDTHE(C[I],S[I],C[-1],S[-1],C[I-1],S[I-1]);
      TERM( 0,-1,0,    1.0,    0.7,    0.4,   -1.5,    0.1,    0.0);
      TERM( 0,-2,0,    0.0,   -0.4,   -1.1,    0.1,   -0.1,   -0.1);
      TERM( 0,-3,0,   -0.9,   -1.2,   -2.7,    2.1,   -0.5,   -0.3);
      TERM( 1,-1,0,    7.8,   -1.5,    2.3,   12.7,    0.0,    0.0);
      TERM( 1,-2,0,   -1.1,   -8.1,    5.2,   -0.3,   -0.3,   -0.3);
      TERM( 1,-3,0,  -16.4,  -21.0,   -2.1,    0.0,    0.4,    0.0);
      TERM( 2,-1,0,    0.6,   -0.1,    0.1,    1.2,    0.1,    0.0);
      TERM( 2,-2,0,   -4.9,  -11.7,   31.5,  -13.3,    0.0,   -0.2);
      TERM( 2,-3,0,   19.1,   10.0,  -22.1,   42.1,    0.1,   -1.1);
      TERM( 2,-4,0,    0.9,   -0.1,    0.1,    1.4,    0.0,    0.0);
      TERM( 3,-2,0,   -0.4,   -0.9,    1.7,   -0.8,    0.0,   -0.3);
      TERM( 3,-3,0,    2.3,    0.0,    1.0,    5.7,    0.3,    0.3);
      TERM( 3,-4,0,    0.3,   -0.7,    2.0,    0.7,    0.0,    0.0);
      TERM( 3,-5,0,   -0.1,   -0.4,    1.1,   -0.3,    0.0,    0.0);
    END;


PROCEDURE PERTNEP;   (* Stoerungen durch Neptun *)
    BEGIN
      C[-1]:=COS(M8); S[-1]:=-SIN(M8);
      ADDTHE(C[-1],S[-1],C[-1],S[-1],C[-2],S[-2]);
      TERM( 1,-1,0,   -1.3,   -1.2,    2.3,   -2.5,    0.0,    0.0);
      TERM( 1,-2,0,    1.0,   -0.1,    0.1,    1.4,    0.0,    0.0);
      TERM( 2,-2,0,    1.1,   -0.1,    0.2,    3.3,    0.0,    0.0);
    END;


PROCEDURE PERTJUR;   (* Stoerungen durch Jupiter und Uranus *)
    VAR PHI,X,Y: REAL;
    BEGIN
      PHI:=(-2*M5+5*M6-3*M7); X:=COS(PHI); Y:=SIN(PHI);
      DL:=DL-0.8*X-0.1*Y; DR:=DR-0.2*X+1.8*Y; DB:=DB+0.3*X+0.5*Y;
      ADDTHE(X,Y,C6[1],S6[1],X,Y);
      DL:=DL+(+2.4-0.7*T)*X+(27.8-0.4*T)*Y; DR:=DR+2.1*X-0.2*Y;
      ADDTHE(X,Y,C6[1],S6[1],X,Y);
      DL:=DL+0.1*X+1.6*Y; DR:=DR-3.6*X+0.3*Y; DB:=DB-0.2*X+0.6*Y;
    END;
```

```
  BEGIN  (* SAT200 *)

    DL:=0.0; DR:=0.0; DB:=0.0;
    M5:=P2*FRAC(0.0565314+8.4302963*T); M6:=P2*FRAC(0.8829867+3.3947688*T);
    M7:=P2*FRAC(0.3969537+1.1902586*T); M8:=P2*FRAC(0.7208473+0.6068623*T);
    C6[0]:=1.0; S6[0]:=0.0;  C6[1]:=COS(M6); S6[1]:=SIN(M6);
    FOR I:=2 TO 11 DO ADDTHE(C6[I-1],S6[I-1],C6[1],S6[1],C6[I],S6[I]);
    PERTJUP; PERTURA; PERTNEP; PERTJUR;
    L:= 360.0*FRAC(0.2561136 + M6/P2 + ((5018.6+T*1.9)*T +DL)/1296.0E3 );
    R:= 9.557584 - 0.000186*T  +  DR*1.0E-5;
    B:= ( 175.1 - 10.2*T + DB ) / 3600.0;


  END;  (* SAT200 *)

(*--------------------------------------------------------------------------*)
```

Uranus

```
(*--------------------------------------------------------------------------*)
(* URA200: Uranus; ekliptikale Koordinaten L,B,R (in Grad und AE)         *)
(*          Aequinoktium des Datums                                        *)
(*          (T: Zeit in julianischen Jahrhunderten seit J2000)            *)
(*          ( = (JED-2451545.0)/36525                          )          *)
(*--------------------------------------------------------------------------*)
PROCEDURE URA200(T:REAL;VAR L,B,R:REAL);

  CONST P2=6.283185307;

  VAR C7,S7:          ARRAY [-2..7] OF REAL;
      C,S:            ARRAY [-8..0] OF REAL;
      M5,M6,M7,M8:    REAL;
      U,V, DL,DR,DB:  REAL;
      I:              INTEGER;

  FUNCTION FRAC(X:REAL):REAL;
    BEGIN  X:=X-TRUNC(X); IF (X<0) THEN X:=X+1.0; FRAC:=X  END;

  PROCEDURE ADDTHE(C1,S1,C2,S2:REAL; VAR C,S:REAL);
    BEGIN  C:=C1*C2-S1*S2; S:=S1*C2+C1*S2; END;

  PROCEDURE TERM(I7,I,IT:INTEGER;DLC,DLS,DRC,DRS,DBC,DBS:REAL);
    BEGIN
      IF IT=0 THEN ADDTHE(C7[I7],S7[I7],C[I],S[I],U,V)
              ELSE BEGIN U:=U*T; V:=V*T END;
      DL:=DL+DLC*U+DLS*V; DR:=DR+DRC*U+DRS*V; DB:=DB+DBC*U+DBS*V;
    END;

  PROCEDURE PERTJUP;  (* Stoerungen durch Jupiter *)
    BEGIN
      C[0]:=1.0; S[0]:=0.0; C[-1]:=COS(M5); S[-1]:=-SIN(M5);
      ADDTHE(C[-1],S[-1],C[-1],S[-1],C[-2],S[-2]);
```

```
    TERM(-1,-1,0,  0.0,     0.0,    -0.1,   1.7,  -0.1,   0.0);
    TERM( 0,-1,0,  0.5,    -1.2,    18.9,   9.1,  -0.9,   0.1);
    TERM( 1,-1,0,-21.2,    48.7,  -455.5,-198.8,   0.0,   0.0);
    TERM( 1,-2,0, -0.5,     1.2,   -10.9,  -4.8,   0.0,   0.0);
    TERM( 2,-1,0, -1.3,     3.2,   -23.2, -11.1,   0.3,   0.1);
    TERM( 2,-2,0, -0.2,     0.2,     1.1,   1.5,   0.0,   0.0);
    TERM( 3,-1,0,  0.0,     0.2,    -1.8,   0.4,   0.0,   0.0);
  END;

PROCEDURE PERTSAT;  (* Keplerterme und Stoerungen durch Saturn *)
  VAR I: INTEGER;
  BEGIN
    C[-1]:=COS(M6); S[-1]:=-SIN(M6);
    FOR I:=-1 DOWNTO -3 DO ADDTHE(C[I],S[I],C[-1],S[-1],C[I-1],S[I-1]);
    TERM( 0,-1,0,  1.4,    -0.5,    -6.4,   9.0,  -0.4,  -0.8);
    TERM( 1,-1,0,-18.6,   -12.6,    36.7,-336.8,   1.0,   0.3);
    TERM( 1,-2,0, -0.7,    -0.3,     0.5,  -7.5,   0.1,   0.0);
    TERM( 2,-1,0, 20.0,  -141.6,  -587.1,-107.0,   3.1,  -0.8);
    TERM( 2,-1,1,  1.0,     1.4,     5.8,  -4.0,   0.0,   0.0);
    TERM( 2,-2,0,  1.6,    -3.8,   -35.6, -16.0,   0.0,   0.0);
    TERM( 3,-1,0, 75.3,  -100.9,   128.9,  77.5,  -0.8,   0.1);
    TERM( 3,-1,1,  0.2,     1.8,    -1.9,   0.3,   0.0,   0.0);
    TERM( 3,-2,0,  2.3,    -1.3,    -9.5, -17.9,   0.0,   0.1);
    TERM( 3,-3,0, -0.7,    -0.5,    -4.9,   6.8,   0.0,   0.0);
    TERM( 4,-1,0,  3.4,    -5.0,    21.6,  14.3,  -0.8,  -0.5);
    TERM( 4,-2,0,  1.9,     0.1,     1.2, -12.1,   0.0,   0.0);
    TERM( 4,-3,0, -0.1,    -0.4,    -3.9,   1.2,   0.0,   0.0);
    TERM( 4,-4,0, -0.2,     0.1,     1.6,   1.8,   0.0,   0.0);
    TERM( 5,-1,0, -0.2,    -0.3,     1.0,   0.6,  -0.1,   0.0);
    TERM( 5,-2,0, -2.2,    -2.2,    -7.7,   8.5,   0.0,   0.0);
    TERM( 5,-3,0,  0.1,    -0.2,    -1.4,  -0.4,   0.0,   0.0);
    TERM( 5,-4,0, -0.1,     0.0,     0.1,   1.2,   0.0,   0.0);
    TERM( 6,-2,0, -0.2,    -0.6,     1.4,  -0.7,   0.0,   0.0);
  END;

PROCEDURE PERTNEP;  (* Stoerungen durch Neptun *)
  VAR I: INTEGER;
  BEGIN
    C[-1]:=COS(M8); S[-1]:=-SIN(M8);
    FOR I:=-1 DOWNTO -7 DO ADDTHE(C[I],S[I],C[-1],S[-1],C[I-1],S[I-1]);
    TERM( 1, 0,0,-78.1,19518.1,-90718.2,-334.7,2759.5,-311.9);
    TERM( 1, 0,1,-81.6,   107.7,  -497.4,-379.5,  -2.8, -43.7);
    TERM( 1, 0,2, -6.6,    -3.1,    14.4, -30.6,  -0.4,  -0.5);
    TERM( 1, 0,3,  0.0,    -0.5,     2.4,   0.0,   0.0,   0.0);
    TERM( 2, 0,0, -2.4,   586.1, -2145.2, -15.3, 130.6, -14.3);
    TERM( 2, 0,1, -4.5,     6.6,   -24.2, -17.8,   0.7,  -1.6);
    TERM( 2, 0,2, -0.4,     0.0,     0.1,  -1.4,   0.0,   0.0);
    TERM( 3, 0,0,  0.0,    24.5,   -76.2,  -0.6,   7.0,  -0.7);
    TERM( 3, 0,1, -0.2,     0.4,    -1.4,  -0.8,   0.1,  -0.1);
    TERM( 4, 0,0,  0.0,     1.1,    -3.0,   0.1,   0.4,   0.0);
    TERM(-1,-1,0, -0.2,     0.2,     0.7,   0.7,  -0.1,   0.0);
    TERM( 0,-1,0, -2.8,     2.5,     8.7,  10.5,  -0.4,  -0.1);
    TERM( 1,-1,0,-28.4,    20.3,   -51.4, -72.0,   0.0,   0.0);
    TERM( 1,-2,0, -0.6,    -0.1,     4.2, -14.6,   0.2,   0.4);
    TERM( 1,-3,0,  0.2,     0.5,     3.4,  -1.6,  -0.1,   0.1);
```

```
      TERM( 2,-1,0, -1.8,     1.3,     -5.5,    -7.7,    0.0,     0.3);
      TERM( 2,-2,0, 29.4,    10.2,    -29.0,    83.2,    0.0,     0.0);
      TERM( 2,-3,0,  8.8,    17.8,    -41.9,    21.5,   -0.1,    -0.3);
      TERM( 2,-4,0,  0.0,     0.1,     -2.1,    -0.9,    0.1,     0.0);
      TERM( 3,-2,0,  1.5,     0.5,     -1.7,     5.1,    0.1,    -0.2);
      TERM( 3,-3,0,  4.4,    14.6,    -84.3,    25.2,    0.1,    -0.1);
      TERM( 3,-4,0,  2.4,    -4.5,     12.0,     6.2,    0.0,     0.0);
      TERM( 3,-5,0,  2.9,    -0.9,      2.1,     6.2,    0.0,     0.0);
      TERM( 4,-3,0,  0.3,     1.0,     -4.0,     1.1,    0.1,    -0.1);
      TERM( 4,-4,0,  2.1,    -2.7,     17.9,    14.0,    0.0,     0.0);
      TERM( 4,-5,0,  3.0,    -0.4,      2.3,    17.6,   -0.1,    -0.1);
      TERM( 4,-6,0, -0.6,    -0.5,      1.1,    -1.6,    0.0,     0.0);
      TERM( 5,-4,0,  0.2,    -0.2,      1.0,     0.8,    0.0,     0.0);
      TERM( 5,-5,0, -0.9,    -0.1,      0.6,    -7.1,    0.0,     0.0);
      TERM( 5,-6,0, -0.5,    -0.6,      3.8,    -3.6,    0.0,     0.0);
      TERM( 5,-7,0,  0.0,    -0.5,      3.0,     0.1,    0.0,     0.0);
      TERM( 6,-6,0,  0.2,     0.3,     -2.7,     1.6,    0.0,     0.0);
      TERM( 6,-7,0, -0.1,     0.2,     -2.0,    -0.4,    0.0,     0.0);
      TERM( 7,-7,0,  0.1,    -0.2,      1.3,     0.5,    0.0,     0.0);
      TERM( 7,-8,0,  0.1,     0.0,      0.4,     0.9,    0.0,     0.0);
    END;

PROCEDURE PERTJSU;  (* Stoerungen durch Jupiter und Saturn *)
  VAR I: INTEGER;
  BEGIN
    C[-1]:=COS(M6);          S[-1]:=-SIN(M6);
    C[-4]:=COS(-4*M6+2*M5); S[-4]:= SIN(-4*M6+2*M5);
    FOR I:=-4 DOWNTO -5 DO ADDTHE(C[I],S[I],C[-1],S[-1],C[I-1],S[I-1]);
    TERM(-2,-4,0, -0.7,     0.4,     -1.5,    -2.5,    0.0,     0.0);
    TERM(-1,-4,0, -0.1,    -0.1,     -2.2,     1.0,    0.0,     0.0);
    TERM( 1,-5,0,  0.1,    -0.4,      1.4,     0.2,    0.0,     0.0);
    TERM( 1,-6,0,  0.4,     0.5,     -0.8,    -0.8,    0.0,     0.0);
    TERM( 2,-6,0,  5.7,     6.3,     28.5,   -25.5,    0.0,     0.0);
    TERM( 2,-6,1,  0.1,    -0.2,     -1.1,    -0.6,    0.0,     0.0);
    TERM( 3,-6,0, -1.4,    29.2,    -11.4,     1.1,    0.0,     0.0);
    TERM( 3,-6,1,  0.8,    -0.4,      0.2,     0.3,    0.0,     0.0);
    TERM( 4,-6,0,  0.0,     1.3,     -6.0,    -0.1,    0.0,     0.0);
  END;


BEGIN  (* URA200 *)

  DL:=0.0; DR:=0.0; DB:=0.0;
  M5:=P2*FRAC(0.0564472+8.4302889*T); M6:=P2*FRAC(0.8829611+3.3947583*T);
  M7:=P2*FRAC(0.3967117+1.1902849*T); M8:=P2*FRAC(0.7216833+0.6068528*T);
  C7[0]:=1.0; S7[0]:=0.0; C7[1]:=COS(M7); S7[1]:=SIN(M7);
  FOR I:=2 TO 7 DO ADDTHE(C7[I-1],S7[I-1],C7[1],S7[1],C7[I],S7[I]);
  FOR I:=1 TO 2 DO BEGIN C7[-I]:=C7[I]; S7[-I]:=-S7[I]; END;
  PERTJUP; PERTSAT; PERTNEP; PERTJSU;
  L:= 360.0*FRAC(0.4734843 + M7/P2 + ((5082.3+34.2*T)*T+DL)/1296.0E3 );
  R:= 19.211991 + (-0.000333-0.000005*T)*T  +  DR*1.0E-5;
  B:= (-130.61 + (-0.54+0.04*T)*T + DB ) / 3600.0;

END;   (* URA200 *)

(*------------------------------------------------------------------------*)
```

Neptun

```
(*----------------------------------------------------------------*)
(* NEP200: Neptun; ekliptikale Koordinaten L,B,R (in Grad und AE) *)
(*         Aequinoktium des Datums                                *)
(*         (T: Zeit in julianischen Jahrhunderten seit J2000)     *)
(*         (  = (JED-2451545.0)/36525                )            *)
(*----------------------------------------------------------------*)

PROCEDURE NEP200(T:REAL;VAR L,B,R:REAL);

  CONST P2=6.283185307;

  VAR C8,S8:      ARRAY [ 0..6] OF REAL;
      C,S:        ARRAY [-6..0] OF REAL;
      M5,M6,M7,M8: REAL;
      U,V, DL,DR,DB: REAL;
      I: INTEGER;

  FUNCTION FRAC(X:REAL):REAL;
    BEGIN  X:=X-TRUNC(X); IF (X<0) THEN X:=X+1.0; FRAC:=X  END;

  PROCEDURE ADDTHE(C1,S1,C2,S2:REAL; VAR C,S:REAL);
    BEGIN  C:=C1*C2-S1*S2; S:=S1*C2+C1*S2; END;

  PROCEDURE TERM(I1,I,IT:INTEGER;DLC,DLS,DRC,DRS,DBC,DBS:REAL);
    BEGIN
      IF IT=0 THEN ADDTHE(C8[I1],S8[I1],C[I],S[I],U,V)
              ELSE BEGIN U:=U*T; V:=V*T END;
      DL:=DL+DLC*U+DLS*V; DR:=DR+DRC*U+DRS*V; DB:=DB+DBC*U+DBS*V;
    END;

  PROCEDURE PERTJUP;  (* Stoerungen durch Jupiter *)
    BEGIN
      C[0]:=1.0; S[0]:=0.0; C[-1]:=COS(M5); S[-1]:=-SIN(M5);
      ADDTHE(C[-1],S[-1],C[-1],S[-1],C[-2],S[-2]);
      TERM(0,-1,0,  0.1,   0.1,    -3.0,   1.8,   -0.3, -0.3);
      TERM(1, 0,0,  0.0,   0.0,   -15.9,   9.0,    0.0,  0.0);
      TERM(1,-1,0,-17.6, -29.3,   416.1,-250.0,    0.0,  0.0);
      TERM(1,-2,0, -0.4,  -0.7,    10.4,  -6.2,    0.0,  0.0);
      TERM(2,-1,0, -0.2,  -0.4,     2.4,  -1.4,    0.4, -0.3);
    END;

  PROCEDURE PERTSAT;  (* Stoerungen durch Saturn *)
    BEGIN
      C[0]:=1.0; S[0]:=0.0; C[-1]:=COS(M6); S[-1]:=-SIN(M6);
      ADDTHE(C[-1],S[-1],C[-1],S[-1],C[-2],S[-2]);
      TERM(0,-1,0, -0.1,   0.0,     0.2,  -1.8,   -0.1, -0.5);
      TERM(1, 0,0,  0.0,   0.0,    -8.3, -10.4,    0.0,  0.0);
      TERM(1,-1,0, 13.6, -12.7,   187.5, 201.1,    0.0,  0.0);
      TERM(1,-2,0,  0.4,  -0.4,     4.5,   4.5,    0.0,  0.0);
      TERM(2,-1,0,  0.4,  -0.1,     1.7,  -3.2,    0.2,  0.2);
      TERM(2,-2,0, -0.1,   0.0,    -0.2,   2.7,    0.0,  0.0);
    END;
```

```
PROCEDURE PERTURA;  (* Keplerterme und Stoerungen durch Saturn *)
  VAR I: INTEGER;
  BEGIN
    C[0]:=1.0; S[0]:=0.0; C[-1]:=COS(M7); S[-1]:=-SIN(M7);
    FOR I:=-1 DOWNTO -5 DO ADDTHE(C[I],S[I],C[-1],S[-1],C[I-1],S[I-1]);
    TERM(1, 0,0, 32.3,3549.5,-25880.2, 235.8,-6360.5,374.0);
    TERM(1, 0,1, 31.2,  34.4,  -251.4, 227.4,  34.9, 29.3);
    TERM(1, 0,2, -1.4,   3.9,   -28.6, -10.1,   0.0, -0.9);
    TERM(2, 0,0,  6.1,  68.0,  -111.4,   2.0, -54.7,  3.7);
    TERM(2, 0,1,  0.8,  -0.2,    -2.1,   2.0,  -0.2,  0.8);
    TERM(3, 0,0,  0.1,   1.0,    -0.7,   0.0,  -0.8,  0.1);
    TERM(0,-1,0, -0.1,  -0.3,    -3.6,   0.0,   0.0,  0.0);
    TERM(1, 0,0,  0.0,   0.0,     5.5,  -6.9,   0.1,  0.0);
    TERM(1,-1,0, -2.2,  -1.6,  -116.3, 163.6,   0.0, -0.1);
    TERM(1,-2,0,  0.2,   0.1,    -1.2,   0.4,   0.0, -0.1);
    TERM(2,-1,0,  4.2,  -1.1,    -4.4, -34.6,  -0.2,  0.1);
    TERM(2,-2,0,  8.6,  -2.9,   -33.4, -97.0,   0.2,  0.1);
    TERM(3,-1,0,  0.1,  -0.2,     2.1,  -1.2,   0.0,  0.1);
    TERM(3,-2,0, -4.6,   9.3,    38.2,  19.8,   0.1,  0.1);
    TERM(3,-3,0, -0.5,   1.7,    23.5,   7.0,   0.0,  0.0);
    TERM(4,-2,0,  0.2,   0.8,     3.3,  -1.5,  -0.2, -0.1);
    TERM(4,-3,0,  0.9,   1.7,    17.9,  -9.1,  -0.1,  0.0);
    TERM(4,-4,0, -0.4,  -0.4,    -6.2,   4.8,   0.0,  0.0);
    TERM(5,-3,0, -1.6,  -0.5,    -2.2,   7.0,   0.0,  0.0);
    TERM(5,-4,0, -0.4,  -0.1,    -0.7,   5.5,   0.0,  0.0);
    TERM(5,-5,0,  0.2,   0.0,     0.0,  -3.5,   0.0,  0.0);
    TERM(6,-4,0, -0.3,   0.2,     2.1,   2.7,   0.0,  0.0);
    TERM(6,-5,0,  0.1,  -0.1,    -1.4,  -1.4,   0.0,  0.0);
    TERM(6,-6,0, -0.1,   0.1,     1.4,   0.7,   0.0,  0.0);
  END;

BEGIN  (* NEP200 *)

  DL:=0.0; DR:=0.0; DB:=0.0;
  M5:=P2*FRAC(0.0563867+8.4298907*T); M6:=P2*FRAC(0.8825086+3.3957748*T);
  M7:=P2*FRAC(0.3965358+1.1902851*T); M8:=P2*FRAC(0.7214906+0.6068526*T);
  C8[0]:=1.0; S8[0]:=0.0; C8[1]:=COS(M8); S8[1]:=SIN(M8);
  FOR I:=2 TO 6 DO ADDTHE(C8[I-1],S8[I-1],C8[1],S8[1],C8[I],S8[I]);
  PERTJUP; PERTSAT; PERTURA;
  L:= 360.0*FRAC(0.1254046 + M8/P2 + ((4982.8-21.3*T)*T+DL)/1296.0E3 );
  R:= 30.072984 + (0.001234+0.000003*T) * T  + DR*1.0E-5;
  B:= (  54.77 + ( 0.26 + 0.06*T) * T  +  DB ) / 3600.0;

END;   (* NEP200 *)
```

(*---*)

Pluto

Die Routine PLU200 unterscheidet sich im Aufbau von den übrigen Unterprogrammen. Die Koordinaten werden zunächst relativ zur festen Ekliptik von 1950 berechnet und anschließend in das Äquinoktium des Datums transformiert. Diese Vorgehensweise ist aufgrund der hohen Bahnneigung des Planeten Pluto nötig. Eine vollständige Entwicklung der Koordinaten würde zu einer Vielzahl säkularer Glieder führen. Weiterhin ist zu beachten, daß PLU200 nur für Berechnungen zwischen den Jahren 1890 und 2100 verwendet werden kann. Die Ursache hierfür liegt darin, daß die verwendete Reihenentwicklung nicht aus einer Störungstheorie, sondern durch Fourieranalyse einer numerisch integrierten Ephemeride über den genannten Zeitraum gewonnen wurde. Der Fehler der berechneten Koordinaten wächst bereits wenige Jahre vor 1890 oder nach 2100 stark an und erreicht dabei Werte von über $0\overset{\circ}{.}5$.

```
(*------------------------------------------------------------------*)
(* PLU200: Pluto; ekliptikale Koordinaten L,B,R (in Grad und AE)    *)
(*         Aequinoktium des Datums; nur gueltig von ca. 1890-2100 !! *)
(*         (T: Zeit in julianischen Jahrhunderten seit J2000)        *)
(*         (  = (JED-2451545.0)/36525                       )        *)
(*------------------------------------------------------------------*)

PROCEDURE PLU200(T:REAL;VAR L,B,R:REAL);

  CONST P2=6.283185307;

  VAR C9,S9:   ARRAY [ 0..6] OF REAL;
      C,S:     ARRAY [-3..2] OF REAL;
      M5,M6,M9: REAL;
      DL,DR,DB: REAL;
      I:       INTEGER;

  FUNCTION FRAC(X:REAL):REAL;
    BEGIN  X:=X-TRUNC(X); IF (X<0) THEN X:=X+1.0; FRAC:=X  END;

  PROCEDURE ADDTHE(C1,S1,C2,S2:REAL; VAR C,S:REAL);
    BEGIN  C:=C1*C2-S1*S2; S:=S1*C2+C1*S2; END;

  PROCEDURE TERM(I9,I:INTEGER;DLC,DLS,DRC,DRS,DBC,DBS:REAL);
    VAR U,V: REAL;
    BEGIN
      ADDTHE(C9[I9],S9[I9],C[I],S[I],U,V);
      DL:=DL+DLC*U+DLS*V; DR:=DR+DRC*U+DRS*V; DB:=DB+DBC*U+DBS*V;
    END;

  PROCEDURE PERTJUP;   (* Keplerterme und Stoerungen durch Jupiter *)
    VAR I: INTEGER;
    BEGIN
      C[0]:=1.0; S[0]:=0.0;  C[1]:=COS(M5); S[1]:=SIN(M5);
      FOR I:=0 DOWNTO -1 DO ADDTHE(C[I],S[I],C[1],-S[1],C[I-1],S[I-1]);
      ADDTHE(C[1],S[1],C[1],S[1],C[2],S[2]);
      TERM(1, 0,   0.06,100924.08,-960396.0,15965.1,51987.68,-24288.76);
      TERM(2, 0,3274.74, 17835.12,-118252.2, 3632.4,12687.49, -6049.72);
```

```
        TERM(3, 0,1543.52,  4631.99, -21446.6, 1167.0, 3504.00, -1853.10);
        TERM(4, 0, 688.99,  1227.08,  -4823.4,  213.5, 1048.19,  -648.26);
        TERM(5, 0, 242.27,   415.93,  -1075.4,  140.6,  302.33,  -209.76);
        TERM(6, 0, 138.41,   110.91,   -308.8,  -55.3,  109.52,   -93.82);
        TERM(3,-1,  -0.99,     5.06,    -25.6,   19.8,    1.26,    -1.96);
        TERM(2,-1,   7.15,     5.61,    -96.7,   57.2,    1.64,    -2.16);
        TERM(1,-1,  10.79,    23.13,   -390.4,  236.4,   -0.33,     0.86);
        TERM(0, 1,  -0.23,     4.43,    102.8,   63.2,    3.15,     0.34);
        TERM(1, 1,  -1.10,    -0.92,     11.8,   -2.3,    0.43,     0.14);
        TERM(2, 1,   0.62,     0.84,      2.3,    0.7,    0.05,    -0.04);
        TERM(3, 1,  -0.38,    -0.45,      1.2,   -0.8,    0.04,     0.05);
        TERM(4, 1,   0.17,     0.25,      0.0,    0.2,   -0.01,    -0.01);
        TERM(3,-2,   0.06,     0.07,     -0.6,    0.3,    0.03,    -0.03);
        TERM(2,-2,   0.13,     0.20,     -2.2,    1.5,    0.03,    -0.07);
        TERM(1,-2,   0.32,     0.49,     -9.4,    5.7,   -0.01,     0.03);
        TERM(0,-2,  -0.04,    -0.07,      2.6,   -1.5,    0.07,    -0.02);
      END;


PROCEDURE PERTSAT;  (* Stoerungen durch Saturn *)
  VAR I: INTEGER;
  BEGIN
    C[1]:=COS(M6); S[1]:=SIN(M6);
    FOR I:=0 DOWNTO -1 DO ADDTHE(C[I],S[I],C[1],-S[1],C[I-1],S[I-1]);
    TERM(1,-1, -29.47,    75.97,  -106.4, -204.9, -40.71,  -17.55);
    TERM(0, 1, -13.88,    18.20,    42.6,  -46.1,   1.13,    0.43);
    TERM(1, 1,   5.81,   -23.48,    15.0,   -6.8,  -7.48,    3.07);
    TERM(2, 1, -10.27,    14.16,    -7.9,    0.4,   2.43,   -0.09);
    TERM(3, 1,   6.86,   -10.66,     7.3,   -0.3,  -2.25,    0.69);
    TERM(2,-2,   4.32,     2.00,     0.0,   -2.2,  -0.24,    0.12);
    TERM(1,-2,  -5.04,    -0.83,    -9.2,   -3.1,   0.79,   -0.24);
    TERM(0,-2,   4.25,     2.48,    -5.9,   -3.3,   0.58,    0.02);
  END;


PROCEDURE PERTJUS;  (* Stoerungen durch Jupiter und Saturn *)
  VAR PHI,X,Y: REAL;
  BEGIN
    PHI:=(M5-M6); X:=COS(PHI); Y:=SIN(PHI);
    DL:=DL-9.11*X+0.12*Y; DR:=DR-3.4*X-3.3*Y; DB:=DB+0.81*X+0.78*Y;
    ADDTHE(X,Y,C9[1],S9[1],X,Y);
    DL:=DL+5.92*X+0.25*Y; DR:=DR+2.3*X-3.8*Y; DB:=DB-0.67*X-0.51*Y;
  END;


PROCEDURE PREC(T:REAL;VAR L,B:REAL); (* Praez. (1950->Aequin.d.Dat.) *)
  CONST DEG=57.2957795;
  VAR D,PPI,PI,P,C1,S1,C2,S2,C3,S3,X,Y,Z: REAL;
  BEGIN
    D:=T+0.5; L:=L/DEG; B:=B/DEG;
    PPI:=3.044; PI:=2.28E-4*D; P:=(0.0243764+5.39E-6*D)*D;
    C1:=COS(PI); C2:=COS(B); C3:=COS(PPI-L);
    S1:=SIN(PI); S2:=SIN(B); S3:=SIN(PPI-L);
    X:=C2*C3; Y:=C1*C2*S3-S1*S2; Z:=S1*C2*S3+C1*S2;
    B := DEG * ARCTAN( Z / SQRT((1.0-Z)*(1.0+Z)) );
    IF (X>0) THEN L:=360.0*FRAC((PPI+P-ARCTAN(Y/X))/P2)
             ELSE L:=360.0*FRAC((PPI+P-ARCTAN(Y/X))/P2+0.5);
  END;
```

```
BEGIN  (* PLU200 *)

  DL:=0.0; DR:=0.0; DB:=0.0;
  M5:=P2*FRAC(0.0565314+8.4302963*T); M6:=P2*FRAC(0.8829867+3.3947688*T);
  M9:=P2*FRAC(0.0385795+0.4026667*T);
  C9[0]:=1.0; S9[0]:=0.0;  C9[1]:=COS(M9); S9[1]:=SIN(M9);
  FOR I:=2 TO 6 DO ADDTHE(C9[I-1],S9[I-1],C9[1],S9[1],C9[I],S9[I]);
  PERTJUP; PERTSAT; PERTJUS;
  L:= 360.0*FRAC( 0.6232469 + M9/P2 + DL/1296.0E3 );
  R:= 40.7247248  +  DR * 1.0E-5;
  B:= -3.909434  +  DB / 3600.0;
  PREC(T,L,B);

END;  (* PLU200 *)

(*-----------------------------------------------------------------------*)
```

Bezeichnungen

a	große Halbachse
a	Stationskoeffizient in Länge
A	Azimut
b	ekliptikale Breite
b	Stationskoeffizient in Breite
$\dot{b}$	zeitliche Änderung der ekliptikalen Breite
B	ekliptikale Breite der Sonne
c	Lichtgeschwindigkeit ($c = 299\,792\,458$ m/s)
$c_i(E)$	Stumpffsche Funktionen
d	Durchmesser des Kernschattens der Erde
db	Störung der ekliptikalen Breite
dl	Störung der ekliptikalen Länge
dr	Störung der Entfernung
D	mittlere Elongation des Mondes von der Sonne
D	Durchmesser des Halbschattens der Erde
e	Exzentrizität
e	Vektor der Länge Eins
E	exzentrische Anomalie
ET	Ephemeridenzeit
f	Abplattung der Erde
f	Öffnungswinkel des Halb-/Kernschattenkegels
f	Koordinatendifferenz in der Fundamentalebene
F	allg.: Anziehungskraft zweier Himmelskörper
F	mittlerer Abstand des Mondes vom aufsteigenden Knoten seiner Bahn
F	Brennweite
g	Koordinatendifferenz in der Fundamentalebene
G	Gravitationskonstante ($G = 2.959122083 \cdot 10^{-4} \mathrm{AE}^3 M_\odot^{-1} \mathrm{d}^{-2}$)
GMST	mittlere Sternzeit von Greenwich
h	Höhe über dem Horizont
H	exzentrische Anomalie einer hyperbolischen Bahn
i	Bahnneigung gegen die Ekliptik
JD	Julianisches Datum
k	Gaußsche Gravitationskonstante ($k = 0.01720209895$)
k	Verhältnis von Mondradius zu Erdradius ($k \approx 0.2725$)
l	ekliptikale Länge
l	mittlere Anomalie des Mondes

l	Abstand der Spitze des Schattenkegels vom Erdmittelpunkt
l'	mittlere Anomalie der Sonne
$\dot{l}$	zeitliche Änderung der ekliptikalen Länge
L	ekliptikale Länge der Sonne
L_0	mittlere Länge des Mondes
M	mittlere Anomalie
M_h	mittlere Anomalie (Hyperbel)
$M_\odot$	Masse der Sonne
MJD	Modifiziertes Julianisches Datum
n	Dreiecksflächenverhältnis
n	tägliche Bewegung
p	Bahnparameter
$\boldsymbol{P}$	Gaußscher Vektor (in Richtung des Perihels)
q	Periheldistanz
$\boldsymbol{Q}$	Gaußscher Vektor (senkrecht zum Perihel)
r	allg.: Abstand, Entfernung
$\boldsymbol{r}$	allg.: Ortsvektor
$\dot{r}$	Änderung der Entfernung
R	Entfernung Erde-Sonne
R	Radius eines Himmelskörpers
R	Reduktion auf die Ekliptik
R	Refraktion
$\boldsymbol{R}$	Gaußscher Vektor senkrecht zur Bahnebene
$\boldsymbol{R}$	Vektor des geozentrischen Sonnenortes
S	Sektorfläche
t	allg.: Zeit
T	allg.: Zeit in julianischen Jahrhunderten seit J2000
T	Umlaufzeit
T_0	Zeitpunkt des Periheldurchgangs
$T_n(x)$	Tschebyscheff-Polynom n-ten Grades
ΔT	Differenz Ephemeridenzeit - Weltzeit
TDB	Baryzentrische dynamische Zeit
TDT	Terrestrische dynamische Zeit
u	Argument der Breite
U	Hilfsgröße für parabelnahe Bahnen
UT	Weltzeit
UTC	koordinierte Weltzeit
$\boldsymbol{v}$	allg.: Geschwindigkeitsvektor
x, y, z	allg.: kartesische Koordinaten
z	Hilfswinkel zur Beschreibung der Präzession
X, Y	Standardkoordinaten (Astrometrie)

α	Rektaszension
β	ekliptikale Breite

$\Delta\beta$	Störung der ekliptikalen Breite
δ	Deklination
Δ	geozentrische Entfernung
Δ	Dreiecksfläche
ε	Schiefe der Ekliptik
$\Delta\varepsilon$	Nutation in ekliptikaler Breite
ζ	Hilfswinkel zur Beschreibung der Präzession
η	Sektor-zu-Dreieck-Verhältnis
ϑ	allg.: sphärische Koordinate
ϑ	Hilfswinkel zur Beschreibung der Präzession
ϑ	Positionswinkel
Θ	Ortssternzeit
Θ_0	Sternzeit von Greenwich
λ	ekliptikale Länge
λ	geographische Länge (nach Westen positiv)
$\Delta\lambda$	Störung der ekliptikalen Länge
Λ	Hilfswinkel zur Beschreibung der Präzession
ν	wahre Anomalie
π	$3.1415926\ldots$
π	Äquatorial-Horizontalparallaxe
π	Hilfswinkel zur Beschreibung der Präzession
Π	Hilfswinkel zur Beschreibung der Präzession
Π	Horizontalparallaxe
ϖ	Länge des Perihels
ρ	geozentrische Entfernung
τ	Stundenwinkel
τ	Zwischenzeit
φ	allg.: sphärische Koordinate
φ	geographische Breite
φ'	geozentrische Breite
$\Delta\psi$	Nutation in ekliptikaler Länge
ω	Argument des Perihels
Ω	Länge des aufsteigenden Knotens

Υ	Frühlingspunkt
$\oplus$	Erde
$\odot$	Sonne
d	Tage
h	Stunden
m	Minuten
s	Sekunden
o	Grad

Glossar

Aberration: Die Verschiebung des beobachteten Ortes eines Gestirns gegenüber dem geometrischen Ort infolge der endlichen Lichtgeschwindigkeit. (→stellare Aberration; →Lichtlaufzeit).

Äquator: Ein gedachter Großkreis an der Himmelskugel, der auf der Rotationsachse der Erde senkrecht steht. Der Äquator trennt die nördliche und die südliche Himmelshalbkugel voneinander und ist gleichzeitig die Bezugsebene für das äquatoriale Koordinatensystem mit den Koordinaten →Rektaszension und →Deklination.

äquatoriale Koordinaten: Auf den →Äquator bezogene Koordinaten (→Rektaszension, →Deklination).

Äquinoktium: Bezugszeitpunkt bei der Angabe astronomischer Koordinaten. Da sich die Lage von Ekliptik und Äquator, die als Bezugsebene für das äquatoriale und das ekliptikale Koordinatensystem dienen, im Lauf der Zeit durch den Einfluß der →Präzession verändert, muß zusätzlich zu jeder Koordinatenangabe auch der Bezugszeitpunkt genannt werden. Nur dann sind die Koordinaten eindeutig festgelegt. Am häufigsten werden das Äquinoktium des Datums, das Äquinoktium →B1950 und das Äquinoktium →J2000 verwendet.

Astrometrie: Die Vermessung von Gestirnspositionen mit Hilfe von Teilkreisen oder fotografischen Aufnahmen.

astrometrische Koordinaten: Koordinaten zum Vergleich mit katalogisierten Sternpositionen. Astrometrische Koordinaten beziehen sich im allgemeinen auf das mittlere →Äquinoktium einer festen Standardepoche (→J2000, →B1950) und berücksichtigen bei Planeten oder Kometen die →Lichtlaufzeit.

Astronomische Einheit: Eine Längeneinheit, die zur Angabe von Entfernungen im Sonnensystem verwendet wird. Eine Astronomische Einheit (AE) ist näherungsweise gleich der mittleren Entfernung zwischen der Erde und der Sonne und beträgt etwa 149.6 Millionen km.

aufsteigender Knoten: Derjenige Bahnpunkt, in dem ein Himmelskörper die Ekliptik von Süden nach Norden durchquert.

Azimut: Eine Koordinate im →Horizontsystem. Das Azimut gibt den von Süden aus nach Westen positiv gezählten Winkel der Richtung an, in der ein Beobachter ein Gestirn sieht.

B1950: Beginn des Besseljahres 1950 (B1950 = JD 2433282.423 = Jan $0\overset{d}{.}923$, 1950). Lange Zeit gebräuchlicher Bezugspunkt in der astronomischen Zeitzählung, der heute durch die Standardepoche →J2000 abgelöst ist.

Deklination: Der rechtwinklig zum →Äquator gemessene Winkel zwischen einem Gestirn und dem Äquator. Die Deklination bildet zusammen mit der →Rektaszension die Koordinaten des äquatorialen Koordinatensystems. (→Äquinoktium)

Dynamische Zeit (TDB, TDT): Physikalisches Zeitmaß, das zum Beispiel durch Atomuhren realisiert werden kann. Die Dynamische Zeit ist wie die →Ephemeridenzeit eine gleichförmige Zeitzählung, die jedoch dem Zusammenhang von Raum und Zeit in der Relativitätstheorie Rechnung trägt. Während die Baryzentrische Dynamische Zeit (TDB) die Zeit angibt, die ein Beobachter im Schwerpunkt des Sonnensystems messen würde, gibt die Terrestrische Dynamische Zeit (TDT) die Zeit an, die eine Uhr im Erdmittelpunkt anzeigen würde. Beide Zeitdefinitionen unterscheiden sich untereinander und von der →Ephemeridenzeit nur um wenige Millisekunden.

Ekliptik: Derjenige gedachte Großkreis, der als Schnittlinie der Erdbahnebene mit der Himmelskugel entsteht. Von der Erde aus gesehen wandert die Sonne im Lauf eines Jahres einmal durch die Ekliptik. Die Ekliptik dient als Bezugsebene für das ekliptikale Koordinatensystem mit den Koordinaten ekliptikale Länge und ekliptikale Breite (→ekliptikale Koordinaten).

ekliptikale Koordinaten: Der Ort eines Gestirns relativ zur →Ekliptik wird durch die Koordinaten Länge und Breite sowie das dazugehörige →Äquinoktium festgelegt. Die ekliptikale Länge wird vom →Frühlingspunkt aus längs der Ekliptik nach Osten positiv gezählt. Die ekliptikale Breite ist der senkrecht zur Ekliptik gemessene Winkel zwischen einem Gestirn und der Ekliptik.

Elongation: Der Winkel, unter dem ein Beobachter zwei Gestirne sieht.

Ephemeride: Eine Tabelle, in der die Koordinaten eines Planeten, Kometen oder Asteroiden für einen bestimmten Zeitraum angegeben sind.

Ephemeridenzeit (ET): Eine gleichförmig ablaufende Zeitzählung, die zur Berechnung der Koordinaten eines Planeten, Kometen oder Asteroiden herangezogen wird. Die Ephemeridenzeit wurde eingeführt, um von den unregelmäßigen und nicht vorhersagbaren Schwankungen der Erdrotation, die die Grundlage für die Zählung der →Weltzeit bildet, unabhängig zu sein. Die Differenz zwischen der Weltzeit (UT) und der Ephemeridenzeit (ET) verschwand definitionsgemäß zu Beginn des 20. Jahrhunderts und beträgt gegenwärtig etwa eine Minute.

Frühlingspunkt: Derjenige Schnittpunkt der →Ekliptik mit dem →Äquator, in dem die Sonne auf ihrer scheinbaren jährlichen Bahn den Äquator von Süden nach Norden überschreitet. Dies ist gegenwärtig um den 21. März jeden Jahres der Fall. Der genaue Zeitpunkt dieses Ereignisses definiert den Beginn des Frühlings. Der Frühlingspunkt bildet die Bezugsrichtung zur Zählung der ekliptikalen Länge (→ekliptikale Koordinaten) und der →Rektaszension.

geographische Koordinaten: Zwei Größen (geographische Länge und geographische Breite), die einen Ort auf der Erdoberfläche eindeutig festlegen. Als Bezugsebene der geographischen Koordinaten dient der Erdäquator, während als Ausgangspunkt der Längenzählung nach internationaler Übereinkunft der →Meridian von Greenwich verwendet wird.

geozentrische Koordinaten: Auf den Erdmittelpunkt bezogene Koordinaten.

heliozentrische Koordinaten: Auf den Mittelpunkt der Sonne bezogene Koordinaten.

Höhe: Darunter versteht man in der sphärischen Astronomie den von einem Beobachter auf der Erdoberfläche gemessenen Winkel zwischen einem Gestirn und dem →Horizont. Die tatsächliche Höhe eines Gestirns weicht infolge der →Refraktion von seiner beobachteten Höhe um bis zu 35′ ab.

Horizont: Die gedachte Schnittlinie einer Tangentialebene an die Erdoberfläche im Standpunkt des Beobachters mit der Himmelskugel. Der Horizont dient als Bezugsebene für das →Horizontsystem mit den Koordinaten →Azimut und →Höhe.

Horizontsystem: Ein Koordinatensystem, das sich auf den lokalen Horizont des Beobachters bezieht und in dem das →Azimut und die →Höhe als Koordinaten verwendet werden. Das Horizontsystem findet beispielsweise bei der Berechnung von Auf- und Untergangszeiten der Gestirne Verwendung. Zur Angabe von Ephemeriden in einem Jahrbuch ist es jedoch ungeeignet, weil Azimut und Höhe eines Gestirns vom Beobachtungsort abhängen und sich infolge der Erddrehung ständig verändern.

J2000: Standardepoche, auf die in der astronomischen Zeitzählung immer wieder Bezug genommen wird. Sie fällt mit dem Mittag des ersten Januars 2000 (1.5 Jan 2000 = JD 2451545.0) zusammen. Der Buchstabe „J" kennzeichnet, daß es sich um eine julianische Standardepoche handelt. Aufeinanderfolgende julianische Standardepochen unterscheiden sich üblicherweise um volle julianische Jahrhunderte zu je 36525 Tagen (z.B. J1900 = JD 2415020.0). (→B1950)

Keplerproblem: Andere Bezeichnung für das →Zweikörperproblem.

Kulmination: Der Moment, in dem ein Gestirn seine größte (oder kleinste) Höhe über dem →Horizont erreicht. Die Kulmination findet statt, wenn das Gestirn den →Meridian passiert.

Lichtlaufzeit: Während der Zeit, die das Licht benötigt, um die Strecke zur Erde zurückzulegen (499 Sekunden pro Astronomische Einheit), bewegt sich ein Planet in seiner Bahn ein kleines Stück weiter. Der beobachtete Ort entspricht deshalb nicht dem tatsächlichen Ort des Planeten zur Beobachtungszeit.

Mehrkörperproblem: Die Aufgabe, die Bewegung von mehr als zwei Körpern unter dem Einfluß ihrer gegenseitigen Anziehungskräfte zu berechnen. Während sich das Zweikörperproblem geschlossen lösen läßt, ist dies beim Mehrkörperproblem im allgemeinen nicht möglich. Zur mathematischen Behandlung verwendet man neben analytischen Näherungen (Reihenentwicklungen) meist numerische Methoden.

Meridian: In der Astronomie bezeichnet man so einen Großkreis an der Himmelskugel, der durch den →Zenit des Beobachters läuft und den →Horizont im Nordpunkt und im Südpunkt schneidet (→Kulmination). In der Geographie bezeichnet der Begriff „Meridian" einen Großkreis auf der Erdoberfläche, in dessen Ebene die Erdachse liegt. Alle Meridiane verlaufen durch die Erdpole und schneiden den Erdäquator unter einem rechten Winkel. Meridiane dienen zur Angabe der geographischen Länge eines Ortes auf der Erde.

Nutation: Eine der →Präzession überlagerte Schwingung der Erdachse um ihre mittlere Lage. Die Periode der Nutation beträgt 18.6 Jahre und wird durch den Umlauf des aufsteigenden Knotens der Mondbahn bestimmt.

Parallaxe: Durch Variation des Beobachtungsortes hervorgerufene scheinbare Positionsveränderung eines Gestirns vor dem Hintergrund der Fixsterne. Die Parallaxe ist für Gestirne in geringer Entfernung am größten und macht sich daher hauptsächlich beim Mond und (in weitaus geringerem Maße) bei erdnahen Kometen und Asteroiden bemerkbar (→topozentrische Koordinaten).

Perigäum: Der erdnächste Punkt der Mondbahn oder einer Satellitenbahn.

Perihel: Der sonnennächste Punkt einer Planeten- oder Kometenbahn.

Präzession: Die langfristige Verlagerung der Ekliptik und des Himmelsäquators. Durch die Störkräfte der Sonne und des Mondes steht die Rotationsachse der Erde nicht fest im Raum. Sie wandert mit einer Periode von 26000 Jahren auf einem Kegelmantel um den mittleren Pol der Ekliptik. Dementsprechend verändert sich auch die Orientierung des Himmelsäquators. Die Kräfte der Planeten auf die Erdbahnebene führen zusätzlich zu einer langsamen Verlagerung der Ekliptik. Die Wanderung von Äquator, Ekliptik und →Frühlingspunkt erfordert, daß bei den →äquatorialen und →ekliptikalen Koordinaten eines Gestirns immer ein Bezugszeitpunkt (→Äquinoktium) angegeben werden muß.

Refraktion: Die Brechung von Lichtstrahlen in der Erdatmosphäre. Einem Beobachter am Boden erscheint ein Gestirn in einer etwas größeren Horizonthöhe, als ohne den Einfluß der Refraktion. In Horizontnähe muß ein Lichtstrahl einen besonders langen Weg durch die Atmosphäre zurücklegen. Daher macht sich die Refraktion beim Auf- oder Untergang der Gestirne am stärksten bemerkbar.

Rektaszension: Eine Koordinate des →äquatorialen Koordinatensystems. Die Rektaszension wird vom →Frühlingspunkt aus längs des →Äquators nach Osten positiv gezählt. Der sich ergebende Winkel wird üblicherweise im Zeitmaß ($15° \cong 1^h$) mit einer Unterteilung in Stunden, Minuten und Sekunden angegeben.

scheinbare Koordinaten: Koordinaten eines Gestirns, wie sie zum Beispiel beim Einstellen mit den Teilkreisen eines Fernrohrs benötigt werden. Scheinbare Koordinaten beziehen sich auf die aktuelle Orientierung der Erdachse und beinhalten deshalb Korrekturen für →Präzession und →Nutation. Berücksichtigt wird ferner die →stellare Aberration und bei Körpern des Sonnensystems die →Lichtlaufzeit.

stellare Aberration: Der Unterschied zwischen der Richtung eines Lichtstrahls für einen relativ zur Sonne ruhenden und einen sich mit der Erde mitbewegenden Beobachter.

Sternzeit: Die Rektaszension der Sterne, die ein Beobachter gerade im Meridian sieht. Ein Sterntag entspricht der Dauer einer Erdumdrehung und dauert rund 23^h56^m Weltzeit.

topozentrische Koordinaten: Koordinaten, die sich auf den Ort des Beobachters auf der Erdoberfläche beziehen. Topozentrische und →geozentrische Koordinaten unterscheiden sich durch die →Parallaxe.

Universal Time (UT): Englische Bezeichnung für die →Weltzeit.

Weltzeit: Eine aus der Erddrehung abgeleitete Zeitzählung, die die Grundlage der bürgerlichen Zeitrechnung bildet. Die Weltzeit kann aus der Beobachtung des Meridiandurchgangs von Gestirnen bekannter →Rektaszension ermittelt werden. Da die Erdrotation ungleichförmigen Schwankungen unterworfen ist, bildet die Weltzeit keine kontinuierlich verlaufende Zeitzählung (→Ephemeridenzeit, →Dynamische Zeit).

Zenit: Der senkrecht über einem Beobachter gedachte Punkt der Himmelskugel. Die →Höhe des Zenits beträgt also 90°.

Zweikörperproblem: Die Aufgabe, die Bewegung zweier Körper unter dem Einfluß ihrer gegenseitigen Anziehungskräfte zu berechnen. Das Zweikörperproblem beschreibt in vereinfachender Weise die Bewegung eines Planeten, Kometen oder Asteroiden um die Sonne, wobei Störungen durch die anderen Körper im Sonnensystem vernächlässigt werden. Die Bedeutung des Zweikörperproblems für die Ephemeridenrechnung liegt in seiner relativ einfachen mathematischen Lösbarkeit begründet.

Literaturverzeichnis

Die folgende Aufstellung enthält eine Auswahl grundlegender und weiterführender Werke aus dem Bereich der sphärischen Astronomie und Himmelsmechanik sowie verschiedene Titel zur numerischen Mathematik und zur Programmierung. Sie soll dem Leser die Möglichkeit zur Vertiefung einzelner Themen geben, die hier nur knapp behandelt werden konnten.

Allgemeine Werke

[1] *Astronomical Almanac*; U. S. Government Printing Office, Her Majesty's Stationery Office; Washington, London.

Führendes Jahrbuch im englischsprachigen Raum. Die Ausgabe von 1982 enthält eine Zusammenstellung der Zahlenwerte und Konstanten (Sternzeit, Präzession und Nutation, Planetenmassen- und -durchmesser, Elemente der physischen Ephemeriden etc.), die derzeit von der IAU für astronomische Berechnungen empfohlen werden.

[2] H. Bucerius, M. Schneider; *Himmelsmechanik I-II*; Bd. 143/144, Bibliographisches Institut; Mannheim (1966).

Moderne Darstellung der Himmelsmechanik. Neben anderen Themen werden die allgemeine Störungstheorie, die Theorie der Mondbahn und die Bahnbestimmung behandelt.

[3] L. E. Dogett, G. H. Kaplan, P. K. Seidelmann; *Almanac for Computers for the Year 19××*; Nautical Almanac Office, United States Naval Observatory; Washington.

Diese jährliche Veröffentlichung enthält Darstellungen der Koordinaten von Sonne, Mond und Planeten durch Tschebyscheff-Polynome, die eine einfache und genaue Berechnung beliebiger Ephemeriden auch auf kleinen Rechnern erlauben. Die einleitenden Kapitel geben viele Hinweise und einfache Formeln zur Berechnung astronomischer Vorgänge.

[4] *Explanatory Supplement to the American Ephemeris and Nautical Almanac*; U. S. Government Printing Office, Her Majesty's Stationery Office; Washington, London (1974).

Ergänzungsband zu den jährlichen Ausgaben des *Astronomical Almanac*. Dokumentation zu den verwendeten Daten und Rechenverfahren.

[5] R. M. Green; *Spherical Astronomy*; Cambridge University Press; Cambridge (1985).

Modernes Standardwerk zur sphärischen Astronomie.

[6] R. Herschel, F. Piper; *Pascal und Pascal-Systeme*; Oldenburg Verlag; München, 5. Aufl. (1985).

Lehrbuch der Programmiersprache Pascal.

[7] D. McNally; *Positional Astronomy*; Muller Educational; London (1974).

Einführung in die spärische Astronomie.

[8] J. Meeus; *Astronomical Formulae for Calculators*; Willmann-Bell; Richmond, Virginia (1982).

Praxisbezogene Sammlung interessanter und ausgefallener Rechenverfahren für Amateurastronomen. Ausführliche Beispiele, die auch auf kleinen Rechnern nachvollzogen werden können.

[9] J. Meeus; *Astronomical Tables of the Sun, Moon and Planets*; Willmann-Bell; Richmond, Virginia (1983).

Umfangreiche Zusammenstellung interessanter astronomischer Daten und Ereignisse wie Mondphasen, Sonnen- und Mondfinsternisse, Planetenkonstellationen, Bedeckungen von Planeten durch den Mond.

[10] I. I. Mueller; *Spherical and practical astromomy*; Frederick Ungar Publishing Co.; New York (1969).

Darstellung der sphärischen Astronomie und ihrer Anwendung in der Geodäsie. Behandelt werden unter anderem die Grundlagen und die praktische Realisierung der verschiedenen Zeitdefinitionen sowie die Vorhersage und Auswertung von Sonnenfinsternissen und Sternbedeckungen.

[11] W. H. Press, B. P. Flannery, S. A. Teukolsky, W. T. Vetterling; *Numerical Recipes*; Cambridge University Press; Cambridge (1986).

Umfassende Sammlung wichtiger Verfahren aus allen Gebieten der numerischen Mathematik. Umsetzung in Fortran- und Pascalprogramme, die auch auf Diskette verfügbar sind.

[12] A. E. Roy; *Orbital Motion*; Adam Hilger Ltd.; Bristol, 2nd ed. (1982).

Allgemeine Einführung in die Himmelsmechanik.

[13] H. R. Schwarz; *Numerische Mathematik*; B. G. Teubner Verlag; Stuttgart, 2. Aufl. (1988).

Praxisbezogene Darstellung wichtiger Algorithmen der numerischen Mathematik.

[14] K. Stumpff; *Himmelsmechanik I-III*; VEB Deutscher Verlag der Wissenschaften; Berlin (1959,1965,1974).

Gesamtdarstellung der Himelsmechanik.

Zu Kapitel 2 (Koordinatensysteme)

[15] J. H. Lieske, T. Lederle, W. Fricke, B. Morando; *Expressions for the Precession Quantities Based upon the IAU (1976) System of Astronomical Constants*; Astronomy and Astrophysics, vol. 58, pp. 1-16 (1977).

Aufstellung der verschiedenen Hilfswinkel, die zur Beschreibung der Präzession in ekliptikalen und äquatorialen Koordinaten benötigt werden. Die numerischen Werte basieren auf dem aktuellen Sytem astronomischer Konstanten der IAU von 1976.

[16] G. Moyer; *The Origin of the Julian Day System*; Sky and Telescope, vol. 61, pp. 311-313 (April 1982).

Aufsatz zur Geschichte des Julianischen Datums mit Formeln zur gegenseitigen Umrechnung zwischen der fortlaufenden Tageszählung und dem gewöhnlichen Kalender.

Zu Kapitel 3 (Auf- und Untergänge)

[17] L. D. Schmadel, G. Zech; *Empirical transformations from UT to ET for the period 1800-1988*; Astronomische Nachrichten, vol. 309, pp. 219-221 (1988).

Darstellung der beobachteten Differenz von Weltzeit und Ephemeridenzeit durch ein Polynom zwölften Grades mit einem Gültigkeitsbereich von fast zweihundert Jahren.

Algorithmen zur Berechnung von Auf- und Untergängen und zur Behandlung der Refraktion sind im *Almanac for Computers* [3] angegeben.

Zu Kapitel 4 (Kometenbahnen)

[18] J. M. A. Danby, T. M. Burkhardt; *The Solution of Kepler's Equation I-II*; Celestial Mechanics, vol. 31, pp. 95-107, pp. 317-328 (1983);

Diskussion verschiedener Iterationsverfahren zur numerischen Behandlung der Keplergleichung und der zugehörigen Startwerte.

[19] B. Marsden; *Catalogue of Cometary Orbits*; Smithonian Astrophysical Observatory; Cambridge, Mass.;

Regelmäßig überarbeitete Zusammenstellung oskulierender Bahnelemente der bekannten Kometen.

[20] *Ephemerides of Minor Planets*; Institut für theoretische Astronomie; Leningrad.

Bahnelemente und Ephemeriden der bekannten Kleinplaneten. Erscheint jährlich.

Die Behandlung parabelnaher Bahnen nach Stumpff ist in *Himmelsmechanik I* [14] beschrieben.

Zu Kapitel 5 (Planetenbahnen)

[21] P. Bretagnon, J.-L. Simon; *Tables for the motion of the sun and the five bright planets from -4000 to +2800; Tables for the motion of Uranus and Neptun from +1600 to +2800*; Willmann-Bell; Richmond, Virginia (1986).

Reihenentwicklungen und Programme, mit denen die Bewegung der inneren Planeten auch in historischen Zeiträumen mit ausreichender Genauigkeit berechnet werden kann. Die Koordinaten der äußeren Planeten werden abschnittsweise durch Polynome dargestellt.

[22] T. C. van Flandern, K. F. Pulkkinen; *Low precision formulae for planetary positions*; Astrophysical Journal Supplement Series, vol. 41, p. 391; (1979).

Reihenentwicklungen zur Berechnung heliozentrischer und geozentrischer Planetenkoordinaten mit niedriger Genauigkeit (ca. 1').

[23] E. Goffin, J. Meeus, C. Steyart; *An accurate representation of the motion of Pluto*; Astronomy and Astrophysics, vol. 155, p. 323; (1986).

Darstellung der Plutobahn durch eine trigonometrische Reihe, die durch Anpassung an eine numerisch integrierte Ephemeride gewonnen wurde.

[24] G. W. Hill; *Tables of Jupiter, Tables of Saturn*; Astronomical Papers of the American Ephemeris, vol. VII, part 1-2; Washington (1898).

Analytische Reihenentwicklungen der Bewegung von Jupiter und Saturn.

[25] M. P. Jarnagin, jr.; *Expansions in elliptic motion*; Astronomical Papers of the American Ephemeris, vol. XVIII; Washington(1965).

Reihenentwicklung der Mittelpunktsgleichung und des Radius sowie weiterer Koordinaten im ungestörten Keplerproblem bis zu hohen Ordnungen in der Exzentrizität.

[26] S. Newcomb; *Tables of the motion of the Earth, Tables of the heliocentric motion of Mercury, Tables of the heliocentric motion of Venus, Tables of the heliocentric motion of Mars*; Astronomical Papers of the American Ephemeris, vol. VI, part 1-4; Washington (1898).

Analytische Reihenentwicklungen zur Bewegung der inneren Planeten.

[27] S. Newcomb; *Tables of the heliocentric motion of Uranus, Tables of the heliocentric motion of Neptun*; Astronomical Papers of the American Ephemeris, vol. VII, part 3-4; Washington (1898).

Reihenentwicklung der Uranus- und Neptunkoordinaten.

[28] X. X. Newhall, E. M. Standish Jr., J. G. Williams; *DE102: a numerically integrated ephemeris of the moon and planets spanning fourty-four centuries*; Astronomy and Astrophysics, vol. 125, pp. 150-167 (1983);

Beschreibung der gegenwärtig besten Ephemeride über einen Zeitraum von mehreren tausend Jahren.

[29] F. E. Ross; *New Elements of Mars*; Astronomical Papers of the American Ephemeris, vol. IX, part 2; Washington (1917).

Verbesserung der Bahnelemente aus Newcombs Tafeln der Marsbahn.

Zu Kapitel 6 (Mondbahn)

[30] E. W. Brown; *An introductory treatise on the Lunar Theory*; Cambridge University Press (1896), Dover Publications (1960).

Darstellung der verschiedenen störungstheoretischen Methoden zur analytischen Behandlung der Mondbewegung.

[31] M. Chapront-Touzé, J. Chapront; *ELP 2000-85: a semi-analytical lunar ephemeris adequate for historical times*

Mittlere Bahnelemente und Störungsterme zur Darstellung der Mondbahn über lange Zeiträume.

[32] M. C. Gutzwiller, D. S. Schmidt; *The motion of the moon as computed by the method of Hill, Brown and Eckert*; Astronomical Papers of the American Ephemeris, vol. XXIII, part 1; Washington (1986).

Analytische Reihenentwicklung des Hauptproblems der Mondbewegung (ohne Berücksichtigung planetarer Störungen).

[33] *Improved Lunar Ephemeris 1952-1959*; Nautical Almanac Office; Washington, 1954.

Überarbeitete Version der Brownschen Mondtheorie von 1954 mit allen benötigten Störungstermen und den mittleren Argumenten.

Eine gute Einführung in die Theorie der Mondbahn und die grundlegenden Störungen findet man auch in dem Band *Himmelsmechanik II* von Bucerius und Schneider [2]. Die Approximation von Funktionen durch Tschebyscheff-Polynome ist in den Lehrbüchern zur numerischen Mathematik erläutert (siehe [11] und [13])

Zu Kapitel 7 (Sonnenfinsternisse)

[34] T. Oppolzer; *Canon der Finsternisse*; Denkschriften der Math.-Naturw. Classe der Kaiserlichen Akademie der Wissenschaften Bd. 52, Wien (1883); Dover Publications, Inc., New York (1962).

Elemente der Sonnen- und Mondfinsternisse im Zeitraum -1207 bis 2163. Karten zum Verlauf der Zentrallinie bei totalen Sonnenfinsternissen.

[35] H. Mucke, J. Meeus; *Canon of Solar Eclipses, -2003 to 2526*; Astronomisches Büro, Hasenwartgasse 32, Wien (1984).

Elemente von 10774 Sonnenfinsternissen aus rund 4500 Jahren auf der Basis der Newcombschen Theorie der Sonnenbahn und der Mondtheorie von Brown. Einfache Orientierungskarten zum ungefähren Verlauf der Zentrallinie.

Das Buch *Astronomical Formulae for Calculators* von J. Meeus [8] stellt verschiedene Methoden vor, die sich insbesondere zur schnellen Vorhersage und Beurteilung möglicher Finsternistermine eignen. Fertige Tabellen aller Arten von Sonnenfinsternissen findet man in [9]. Die klassische Methode zur Berechnung von Sonnenfinsternissen mit Hilfe der Besselschen Elemente ist im *Explanatory Supplement* [4] und bei Mueller [10] beschrieben.

Zu Kapitel 8 (Sternbedeckungen)

[36] J. Robertson; *Catalog of 3539 Zodiacal Stars for the Equinox 1950.0* Astronomical Papers of the American Ephemeris, vol. X, part 2; Washington (1917).

Referenzkatalog für die Vorhersage und Auswertung von Sternbedeckungen. Enthält ekliptiknahe Sterne bis etwa zur neunten Größenklasse, die vom Mond bedeckt werden können.

Die Vorhersage von Sternbedeckungen wird in verschiedenen Lehrbüchern der sphärischen Astronomie (zum Beispiel Green [5]) und im *Explanatory Supplement* [4] beschrieben. Nähere Einzelheiten zur Untersuchung der Mondbahn und der Erdrotation werden in dem Buch *Spherical and practical astromomy* [10] behandelt.

Zu Kapitel 9 (Bahnbestimmung)

[37] C. F. Gauß; *Theory of the Motion of the Heavenly Bodies Moving about the Sun in Conic Sections*; Dover Publications; New York;

Englische Übersetzung der „Theoria motus corporum coelestium", in der Gauß seine Bahnbestimmungsmethode beschreibt. Das Buch ist im wesentlichen von historischem Interesse, eignet sich jedoch weniger als Lehrbuch der Bahnbestimmung.

[38] H. Bucerius; *Bahnbestimmung als Randwertproblem I-V*; Astronomische Nachrichten, vol. 278, 280, 281, 282 (1950-1955);

Folge von fünf Aufsätzen, in denen unter anderem die Eignung der gekürzten und der ungekürzten Gaußschen Bahnbestimmungsmethode untersucht wird. Eine Vielzahl von Beispielen zeigt die möglichen Probleme, die im Rahmen der Bahnbestimmung auftreten können.

Eine zeitgemäße Einführung in die Bahnbestimmung bietet darüber hinaus das entsprechende Kapitel in *Himmelsmechanik I* von Bucerius und Schneider [2].

Zu Kapitel 10 (Astrometrie)

[39] *SAO Star Catalog*; Smithsonian Astrophysical Observatory; Cambridge Massachusetts (1966);

Vierbändiger Sternkatalog mit Positionen, Eigenbewegungen und Helligkeiten von 258 997 Sternen. Epoche und Äquinoktium 1950.0. Die Genauigkeit der Sternpositionen liegt bei rund 1″.

[40] W. Dieckvoss; *AGK3 Star Catalogue of Positions and Proper Motions North of -2°.5 Declination*; Hamburg-Bergedorf (1975).

Umfangreicher Positionskatalog des nördlichen Sternhimmels für astrometrische Aufgaben. Basierend auf photographischen Himmelsdurchmusterungen der Sternwarten Bonn und Hamburg-Bergedorf. Äquinoktium 1950.0.

[41] W. Tirion, B. Rappaport, G. Lovi; *Uranometria 2000.0*; Willmann-Bell; Richmond, Virginia (1987).

Atlas des gesamten nördlichen und südlichen Sternhimmels mit 473 Karten im Maßstab 1.85 cm=1° für das Äquinoktium 2000. Enthält Sterne bis 9^m5 auf der Grundlage der Bonner Durchmusterung, der südlichen Bonner Durchmusterung und der Cordoba Durchmusterung. Ein entsprechender Sternkatalog ist in Vorbereitung.

Die Berechnung der Standardkoordinaten wird in vielen Lehrbüchern der sphärischen Astronomie behandelt (vgl. [5]). Hinweise zur Ausgleichsrechnung findet man in den Büchern zur numerischen Mathematik, wie [11] und [13].

Sachverzeichnis